숲해설 아카데미

숲해설 아카데미

초판 1쇄 발행 | 2005년 6월 30일
초판 12쇄 발행 | 2022년 11월 15일

글 | '생명의 숲' 숲해설 교재편찬팀
그림 | 최달수
사진 | 이원규 외
펴낸이 | 조미현

펴낸곳 | (주)현암사
등록 | 1951년 12월 24일 · 제10-126호
주소 | 04029 서울시 마포구 동교로12안길 35
전화 | 02-365-5051 · 팩스 | 02-313-2729
전자우편 | editor@hyeonamsa.com
홈페이지 | www.hyeonamsa.com

글 ⓒ (사)생명의숲국민운동 · 2005
그림 · 사진 ⓒ (주)현암사 · 2005

* 지은이와 협의하여 인지를 생략합니다.
* 잘못된 책은 바꾸어 드립니다.

* 이 책은 (주)삼성에버랜드의 지원으로 제작하였습니다.

ISBN 978-89-323-1317-7 03400

숲해설 아카데미

'생명의 숲' 숲해설 교재편찬팀 지음
최달수 그림 | 이원규 외 사진

현암사

숲해설가의 탄생

우리 주변에는 늘 높고 낮은 산이 있고 산에는 크고 작은 나무와 풀들로 어우러진 숲이 있습니다. 굳이 산이 아니어도 마을 어귀나 바닷가에도 제각기 독특한 모양과 기능을 가진 숲이 있습니다. 그런 의미에서 우리 모두는 늘 숲에 둘러싸인 채 태어나고 자라고 죽는다고 해도 과언이 아닙니다.

이렇게 더불어 지내 온 숲에 대해 우리는 얼마나 잘 알고 있을까요? 숲이 늘 우리 곁에 있어 숲을 자주 찾기만 하면 숲을 잘 아는 것일까요? 숲을 안다는 것은 무슨 뜻일까요? 숲에서 만나게 되는 나무와 풀의 이름을 맞출 수 있다는 뜻일까요? 아니면 공기를 맑게 하고 홍수를 예방해 주는 숲의 기능에 대해 설명할 수 있다는 뜻일까요? 그것도 아니면 숲의 아름다움을 감상하고 즐길 수 있다는 뜻일까요? 숲은 우리와 어떤 관계이며 우리에게 어떤 의미가 있을까요? 이런 물음들에 스스로 답을 찾기란 쉬운 일이 아닙니다.

숲해설가는 이렇게 늘 가까이 있는 듯하지만 사실은 잘 모르고 지내 온 숲과 사람을 연결하고 관계를 맺어주는 다리 역할을 하는 전문가입니다. 바로 옆을 지나면서도 보지 못하던 꽃과 벌레를 발견하게 도와주고 산 정상을 정복하기 위해 앞으로만 내달리던 사람들에게 새소리를 들려주며 바위에 이름을 새기는 대신 바위의 무늬를 감상하도록 이끌어주는 안내자입니다.

비공식적이지만 최근 몇 해 동안 전국적으로 100개 이상의 숲해설 양성과정이 진행되었다고 합니다. 현재 산림청에서는 숲해설 교육과정 인증제를 도입하려고도 하고 있습니다. 이 책은 그에 맞추어 숲해설가가 되고자 하는 사람을 위해 만든 책이지만 숲해설 전문가가 아니더라도 소그룹이나 자녀들에게 숲을 설명하고자 하는 사람, 숲에 대한 관심은 있으나 어렵게 느끼는 사람까지 쉽게 볼 수 있게 만들었습니다. 따라서 이 책에서 다루고 있는 내용의 범위는 숲해설의 가나다에 불과하며 다 읽고 나면 '이제 알겠다!' 하는 느낌보다 '더 공부해야 할 것이 많구나.' 하는 느낌이 더 클지도 모릅니다.

숲은 단순히 사전적 의미인 나무와 풀의 합이 아닙니다. 오랫동안 인간과 자연이 서로 영향을 주고받으면서 만들어낸 문화생태적 복합체입니다. 따라서 나무와 풀 못지않게 생태계를 구성하는 다른 요소들, 즉 동물과 무생물적 요소들을 골고루 포함하려고 노력하였습니다. 기존의 숲해설가 양성과정에서 잘 다루지 않던 숲과 인간의 역사, 숲을 표현한 예술, 숲 보호를 위해 시행했던 산림정책과 같은 이야기도 비중 있게 다루었습니다. 또한 되도록 쉬운 용어를 선택하고 그림과 사진을 많이 넣어 시각적으로 딱딱한 느낌이 들지 않도록 다채롭게 구성하였습니다. 그런 노력이 독자 여러분에게도 전달되었으면 좋겠습니다.

이 책이 나오기까지 많은 분의 도움이 있었습니다. 책의 집필과 제작에 필요한 재정적 지원을 아끼지 않은 (주)삼성에버랜드에 감사를 드립니다. 쫓기는 시간 속에서 더 좋은 책을 내자고 마지막까지 뜻을 함께하며 원고를 다듬어 준 (주)현암사의 김영화 팀장님과 엄경임씨, 여러 저자가 함께 쓴 책인 만큼 사소하게 챙겨야 할 것이 많아 마음고생이 적지 않았을 생명의 숲 정용숙 부장님께도 감사의 마음을 전합니다.

2005년 6월
저자 일동

차례

머리말 … 4

1부. 숲의 의미

숲으로! … 12

숲과 인간 … 16

    우주 속의 지구, 지구 속의 숲 … 16

        숲의 탄생 … 18
        새도 꽃도 없는 침묵의 숲 / 꽃피고 새 우는 활엽수림 /
        눈과 얼음에 덮인 숲 / 숲, 인간을 낳다

    숲과 인간의 삶 … 24

        인간과 함께 호흡하다 … 24
        마을숲 / 숲과 더불어

        인류의 흔적에 귀 기울이다 … 29
        시와 소설로 풀어내다 / 종교의 시작은 언제나 /
        산수화의 생명 / 숲의 노래로 생기를 불어넣는다

숲의 생태 … 38

    어우러져 숲을 이룬다 … 38

        숲 생태계의 구성 요소 … 38
        무생물적 요소 / 생물적 요소

        물질 순환 … 46
        탄소의 순환 / 질소의 순환 / 물의 순환

    숲이 주는 것과 우리가 줘야 할 것 … 50

        숲이 우리에게 해 주는 게 뭔데? … 51
        자원의 곳간 / 재해를 막아주는 파수꾼 / 병을 고치는 명의

        정책으로 보호한다 … 61

        나무 심는 사람 … 64
        심으면 땅이 살아난다 / 골라 심으면 효과 2배!

        적절한 비료주기로 나무를 관리한다 … 68

2부. 숲에서 마주치는 생물

숲에서 만나는 식물 ... 74

식물의 기본 ... 74
식물의 기본구조와 기능 ... 75
잎 / 줄기 / 뿌리 / 꽃

식물의 생활 엿보기! ... 81
식물의 기본 생활 ... 82
광합성 / 증산작용 / 호흡 / 낙엽 / 단풍 / 휴면
생장과 번식 ... 85
영양생장 / 생식생장

식물 구분하기 ... 92
식물 분류의 기본 ... 95
식물의 특징을 설명하는 용어들 ... 97
줄기 / 잎 / 꽃차례 / 꽃부리와 꽃잎 / 수술 / 씨방 / 열매
식물 각 과별 특징 ... 104
겉씨식물문 / 속씨식물문

숲에서 만나는 곤충 ... 118

숲과 곤충 ... 118
곤충의 기본 ... 121
곤충의 생활 엿보기! ... 124
다른 모습으로 변신! ... 125
곤충이 보는 세상 ... 126
곤충의 대화 ... 126
곤충의 사회생활 ... 127

곤충 구분하기 ... 130
곤충 각 목별 특징 ... 133

곤충 관찰 실습 ... 146
관찰하기 전에 ... 146
곤충을 관찰하는 자세 / 준비물과 복장
숲에서 곤충을 찾으려면? ... 148
소리에 귀를 기울여라 / 곤충이 주로 있는 곳을 살펴라

* 쉽게 하는 유충 검색표 ... 153
* 쉽게 하는 성충 검색표 ... 154

숲에서 만나는 야생동물 — 156

숲과 야생동물 … 156

야생동물의 기본 … 161
- 포유류 … 162
- 조류 … 163

포유류 관찰 실습 … 164
- 관찰하기 전에 … 164
  포유류를 관찰하는 자세 / 준비물과 복장
- 숲에서 포유류를 찾으려면? … 167
- 숲 속에서 볼 수 있는 포유류 … 168
  멧돼지 / 노루 / 고라니 / 오소리 / 고슴도치 / 족제비
  너구리 / 멧토끼 / 청설모 / 다람쥐 / 두더지

조류 관찰 실습 … 173
- 관찰하기 전에 … 173
  새를 관찰하는 자세 / 준비물과 복장
- 숲에서 새를 찾으려면? … 174
  소리에 귀를 기울여라 / 새들이 즐겨 찾는 곳을 살펴라
- 필드 마크로 나는 새도 구분한다 … 176
  크기와 형태를 살핀다 / 동작을 주시한다 / 색채와 패턴을 파악한다
- 숲 속에서 볼 수 있는 새 … 181
- 내 집에서 보는 새 … 185
  먹이대 만들기 / 새집 만들기

3부. 나도 숲해설가

왜 우린 숲으로 가는가 — 190

자연과 멀어져만 가는 우리들 … 190

숲이 우리를 부른다 … 192
- 직접 찾아가자 … 192
- 자연체험으로 얻는 능력 … 194
  질문하고 이해하는 능력 / 느끼고 감상하는 능력
  자연에 가치를 부여하는 능력

숲을 이야기하는 사람 ——————————— 200

숲을 설명해 주다 … 200
숲속에서 펼쳐지는 무한한 상상력의 세계 … 200
숲해설이란? … 204
환경교육과 환경해설 / 숲해설

숲해설의 계획, 실행, 평가 … 207
숲해설의 6가지 원칙 … 207
숲해설의 계획 … 209
대상지에 대한 이해 / 주제 설정 / 해설 장소의 선정
숲해설의 실행 … 212
준비 단계 / 도입 단계 / 본 해설 단계 / 마무리 단계
숲해설의 평가 … 216
숲에서 응급상황이 발생하면? … 220

놀면서 배운다 ——————————— 224

숲 교육에서의 자연놀이 … 224
자연놀이? / 자연놀이로 숲해설 구성하기 / 이렇게 해야 좋은 해설가

숲에서 할 수 있는 자연놀이의 실제 … 228
자연놀이 진행시 유의점 … 228
자연놀이의 예 … 230
같은 모양 찾아오기 / 먹이그물 만들기 / 나이테로 말하기
빙고! 빙고! 빙고! / 도전! 골든벨! / 숲 속의 비밀 찾아내기
글자퍼즐 맞추기 / 자연물을 활용한 모빌 만들기

부록 … 238
내 뜰에 야생을 심는다 / 아스팔트 틈바구니에 핀 꽃 찾아보기
숲이나 나무와 관련된 속담 / 산림관계법

참고문헌 … 264
도감 찾아보기 … 268
표 · 도판 · 상자글 찾아보기 … 271

숲의 의미

숲은 우리에게 무엇인가.
인간의 욕구를 채우는 도구일 뿐일까.
숲의 의미를 찾아 떠나보자.

높고 웅장한 산이나 깊고 어두운 숲 앞에 섰을 때 우리 가슴 속에서는 뭔가 특별한 일이 벌어지곤 한다. 새벽에 일어나 집 가까운 약수터를 찾아갈 때, 오랜만에 큰맘을 먹고 국립공원을 찾았을 때, 우리는 저기에서 어렴풋이 커다란 숲이 다가오는 것을 보면서 야릇한 설렘과 두려움을 느끼게 된다. 이 설렘과 두려움의 정체는 무엇인가. 우리에게, 그리고 나에게 숲은 무엇인가. 먼저 정태춘의 노래 가사의 일부를 인용해 본다.

> 후미진 아파트 하수구에서 왕모기나 잡으며
> 하루 종일을 보내는 애들
> 서울 변두리 학교 앞에는 앳된 병아리를 팔고
> 비닐봉지에 사 담아 집으로 돌아가는 애들
> 자연이란 이들에게 무슨 의미가 있을까
> 거친 들판과 깊은 산과 긴 강물이란

자연은 우리에게 어떤 의미가 있는가. 산과 숲은 우리에게 어떤 의미가 있는가. 주말이 되면 서울 근교의 산들은 건강을 걱정하는 등산객들로 발 디딜 틈이 없다. 가을이 되면 수백만 명이 설악산과 내장산을 찾아 단풍을 즐긴다. 그들에게 산과 숲은 자연형 헬스클럽이나 눈요깃거리에 불과할까. 자연은 우리의 욕구를 채워주는 도구에 불과할까.

이른 봄날 나비나 꽃을 만나면 기분이 좋아진다. 이 세상에 인간 이외의 생물이 없었다면 인간은 외로움 때문에 죽었을 것이라는 말도 있다. 이렇게 숲은 단순한 눈요깃거리나 건강을 돕는 도구 이상의 의미를 지

숲으로!

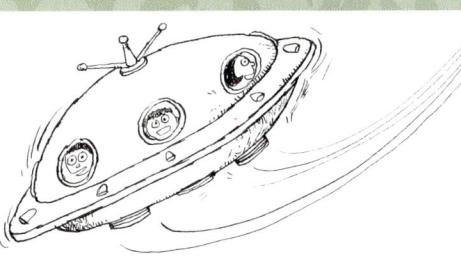

닌다. 나아가 숲은 어머니 태양과 자식인 지구를 연결해주는 탯줄과 같은 존재이다. 숲은 광합성을 통해 지구의 어머니인 태양의 빛을 고정함으로써 지구상의 모든 생물이 살아갈 수 있는 에너지를 공급해 주기 때문이다. 따라서 반딧불이의 엉덩이에 반짝이는 그 빛도 따지고 보면 태양빛인 셈이고 우리가 오늘을 사는 것도 결국 숲이 존재하기 때문이다. 우리의 조상은 이러한 사실을 알고 태양을 숭배한 것처럼 숲을 신성하게 여겼다. 우리의 유전자 속에는 어쩌면 우리 생존의 근원인 태양과 그 태양과 우리를 이어주는 탯줄로서의 숲의 가치를 기억하고 회상하는 어떤 능력이 새겨져 있는지도 모른다.

  숲과 우리 인간 사이의 관계를 설명하는 두 가지 가설이 있다. 하나는 인간과 숲이 별개로 존재하고 그 뒤에 인간과 숲의 관계가 성립되었다는 존재론적 관계론이다. 이와는 달리 인간과 숲의 존재는 둘의 관계에 의해 관계 속에서 결정되고 이해된다는 관계론적 존재론이 있다. 지금까지 우리 인간이 숲과의 관계를 형성하거나 이해하는 방식은 주로 존재론적 관계론이었다. 그러나 그 가정은 숲을 우리 안에서 빼내어 저만치에 던져놓게 만드는 심각한 착각이었다. 이런 착각 속에서 인간은 숲을 인간의 필요대로 사용하고 파괴했다. 이제 숲, 넓은 의미의 자연을 대하는 우리의 관점이 관계론적 존재론으로 바뀌어야 한다. 숲과 인간은 독립적으로 존재할 수 없으며 서로의 관계 속에서 생사와 각자의 가치가 결정되기 때문이다.

　숲은 나무와 풀이 합쳐서 된 말이다. 그러나 숲은 나무와 숲의 단순 합이 아니다. 그렇다고 그 속에 살고 있는 곤충이나 새, 나무의 뿌리가 묻혀 있는 땅, 나무 위로 내리쬐는 햇볕과 나뭇가지 사이를 스쳐가는 바람의 합 그 모든 것의 합도 아니다. 그것들은 그릇의 껍데기이다. 숲의 거죽이다. 숲에는 내가 있다. 우리 인간을 인간이게 만드는 텅 빈 관계의 그물로 충만해 있다. 숲이 사라질 때 나무, 풀, 벌레, 바람, 햇빛만 사라지는 것이 아니라 우리의 일부가 사라지는 것이다. 우리가 숲 앞에 섰을 때 설레고 두려운 것은 그 안에 바로 우리 자신이 있기 때문이다.

　자, 이제 숲을 통해 우리 자신을 만나는 색다른 여행을 시작해 보자.

숲?

'숲'의 사전적 의미는 '수풀의 준말'이다. 수풀은 '나무들이 무성하게 우거지거나 꽉 들어찬 것'을 뜻하니 한마디로 숲이란 나무가 울창하게 자라는 곳을 의미한다. 그러나 숲은 단순히 나무들의 집합을 의미하지 않는다. 숲은 나무를 비롯한 다른 생물체들의 상호작용과 그 작용을 통해 나타나는 문화까지를 의미한다. 그래서 현재는 숲의 개념을 확대하여 나무와 초본류뿐만 아니라 토양생태계와 산림 문화를 포함하는 넓은 개념으로 사용한다.

순 우리말인 숲은 15세기 중반 조선 초에 간행된 『월인석보』나 『석보상절』에서 '숳'의 형태로 나타난다. 이후에 '숩', '수플'로 쓰이다가 '숲'이 된 듯하다.

'숲'을 한자로는 '산림山林', '삼림森林', '임수林藪'라 한다. 가장 흔히 쓰는 한자는 '산림'으로 산의 숲을 의미한다. 하지만 전 국토의 65%가 산이라 숲이 평지보다는 거의 산에 있어 숲과 산림을 같은 의미로 사용한다. 산림과 동일하게 '삼림'을 사용하기도 하는데 굳이 따진다면 삼림은 단지 나무가 우거진 숲을 뜻하고 산림은 산과 그 안에 있는 숲을 포함한 지역을 뜻한다. 현재 삼림이라는 단어는 일본이나 대만에서 많이 쓰고 있으며 이 두 나라 외에는 역사적으로 산림이라는 단어를 많이 썼다.

우리나라에서는 옛날부터 '산림'이라는 단어를 써 왔다. 그런데 '삼림'이라는 한자가 쓰이기 시작한 것은 구한말 일본인의 영향으로 1908년 '삼림법', 1911년 '삼림령'이 만들어지면서부터이다. 이러한 이유로 우리 전통을 찾는다면 숲을 뜻하는 한자어는 산림으로 표기해야 옳다. 그래서 현재 숲을 관장하는 우리나라 최고 행정기관도 '산림'청이다.

조금 생소한 낱말인 임수는 수풀 혹은 사물이 많이 모이는 곳을 말한다. 수藪는 '수풀 수'로서 숲에는 갖가지 수數많은 풀과 나무와 동물이 모여 있기 때문에 나타난 단어가 아닌가 생각한다. 크고 작은 나무가 울창한 곳 '숲으로' '쑤욱' 들어가 보면 볼 것도 많고 들을 것도 많으며 맛볼 것도 냄새 맡을 것도 느껴 볼 것도 많다.

우주 속의 지구, 지구 속의 숲

지구의 탄생에 대해서는 고온의 가스가 뭉쳐 만들어졌다는 성운설과 태양에서 떨어져 나왔다는 조석설이 있고 우주를 떠돌던 먼지와 운석이 뭉쳐 형성되었다는 운석설, 하느님이 창조했다는 창조설이 있다. 어느 가설이 맞든지 간에 지구는 이 광활한 우주 공간에 시공간의 좌표를 설정하면서 달을 위성으로 갖고 태양의 세 번째 행성으로 태어났다.

지구의 나이는 45억 살로 추정한다. 극한 온도로 불타던 지구 표면이 차가워지는 데에는 장구한 세월이 필요했다. 초기 지구는 계속되는 지각운동으로 거친 들판, 바위투성이의 산악, 여기저기 펄펄 끓는 간헐천이나 불타는 화산, 죽음의 바다들이 널려 있었다. 원시 지구는 황량한 행성의 모습 그대로였다. 생명의 불을 밝히기에는 여전히 캄캄한 어둠 속의 세월이 계속되었지만 점차 지구에 생명체가 태어날 순간이 다가오고 있었다.

지구가 생긴 지 수십억 년이 지나는 동안 물이 고여 있던 바다는 영양물질이 증가하고 풍화·침식·퇴적작용이 계속되면서 두텁던 지각은 암석투성이의 표면에서 점점 부드러운 표층으로 변했다. 생명의 불씨를 예지할 수 없었던 캄캄한 지구에 이른바 생명체가 탄생하기 위한 여명이 밝기 시작한 것이다.

지구상에 생명체가 언제부터 나타났는지는 화석을 통해 알 수 있다. 최

숲과 인간

지질 연대 구분과 생물의 탄생

상대연대 구분				절대연대(B.P.*) 단위: 년	출현 생물	비고	
이언	대代	기紀/세世					
은생이언	원시지구			45~38억			
^	시생대			38~25억	• 곰팡이	• 최고最古 암석은 26억 년 이전의 암석으로 아프리카 등지에서 발견 • 조산운동 시작	
^	원생대			25~5.7억		• 칼레리아, 킬라네, 천 조산운동	
현생이언	고생대	캄브리아기		5.7~5.05억	• 해파리, 혀긴조개, 삼엽충, 해조류 등	• 이끼	
^	^	오르도비스기		5.05~4.38억	• 해조류 등 원시 어류		
^	^	실루리아기		4.38~4.08억	• 프실로피톤을 포함한 하등 양치식물 • 육상동물 • 상어류의 수생동물	• 물 속에서만 살던 식물이 줄기에 물과 양분의 통로가 생기며 프실로피톤에 이르러 상륙	
^	^	데본기		4.08~3.60억	• 어류, 양서류 • 버섯, 소형 양치식물	• 어류 시대 • 바리스칸조산운동	
^	^	석탄기	미시시피기	3.60~3.20억	• 대형 양치식물	• 양서류 시대 • 지름 1m, 높이 30m 이상의 4대 양치식물이 번성하여 거대한 산림 형성 • 고온다습한 기후	침묵의 숲
^	^	^	펜실바니아기	3.20~2.86억	^	^	^
^	^	페름기		2.86~2.45억	• 파행동물 • 소철(겉씨식물)		^
^	중생대	삼첩기		2.45~2.08억	• 원시 포유류, 파충류 • 은행나무(겉씨식물)	• 겉씨식물 증가	
^	^	쥐라기		2.08~1.44억		• 송백류, 소철류, 은행나무 번창 • 알프스 조산운동 시작	
^	^	백악기		1.44~0.664억	• 플라타너스를 비롯한 속식물	• 꽃피는 식물의 시대	
^	신생대	제3기	효신세	6640~5780만	• 침엽수, 활엽수	• 침엽수와 활엽수가 혼효림을 이룸	
^	^	^	시신세	5780~3660만			
^	^	^	점신세	3660~2370만			
^	^	^	중신세	2370~530만	• 라마피테쿠스	• 알프스조산운동 종료 • 현재의 자연 환경과 유사	
^	^	^	선신세	530~170만	• 오스트랄로피테쿠스, 호모하빌리스	• 도구를 제작하여 사용	
^	^	제4기	홍적세 (갱신세)	170~1만	인류시대 • 호모에렉투스原人 • 호모사피엔스	• 빙하시대 / 구석기시대	
^	^	^	충적세 (현세)	1만~4700	^	• 중석기시대 / 수렵·채취 시작	
^	^	^	^	4700~2000	^	• 신석기시대 / 식량 생산 • 청동기시대	
^	^	^	^	2000~현재	^	• 철기~전자시대	

*B.P. : before present 의 약자로 '지금부터 몇 년 전'이라는 뜻이며 1950년을 0년으로 한다.

초의 생물은 물이 있는 바다에서 탄생했다. 대기가 온통 유독가스로 채워져 있어 육지에서는 살 수 없었기 때문이다. 원시식물은 물밑 땅속에 뿌리를 박고 살아가야 했다. 그러다 점차 몸 안에 물과 양분의 통로를 갖춘 식물이 태어났다. 이는 식물의 역사에서 혁명이었다. 이러한 조직발달 덕에 식물은 뿌리에서 물을 흡수하고 대기에서 이산화탄소를 빨아들여 탄수화물을 만드는 탄소동화작용을 하게 되었고 이로써 대기에 산소량이 증가하면서 대기가 식물 생육 최적의 환경으로 변화해 갔다.

숲의 탄생

새도 꽃도 없는 침묵의 숲

하등한 양치식물이 상륙한 실루아기를 지나 데본기에 이르면서 석송, 속새류, 고사리와 같은 양치식물이 번성하기 시작했다. 물에서 막 육지로 나온 식물들은 처음에는 물가에서만 자라다 점차

프실로피톤 psilophyton 최초의 육상식물로 고사리와 비슷한 하등 양치식물이다. 뿌리와 줄기의 구분이 있고 길이는 약 40cm였다. 지상부 줄기에는 가시가 돋아 있고 작은 잎이 달려 있어 명백한 녹색 양치식물로 규정한다.

데본기의 숲 지구 최초의 숲으로, 물가에서 자라기 시작한 양치식물이 점차 내륙으로 이동하며 숲을 이루었다.

석탄기의 숲 대형 양치식물이 거대한 숲을 형성하였다. 우리가 풍부한 석탄의 혜택을 누리는 것도 이 시기에 지구를 뒤덮었던 거대한 나무 덕분이다.

내륙으로 퍼져나갔다. 소규모로 형성되기 시작한 숲은 데본기 중기에 이르면서 제법 규모가 커졌다. 8~12m까지 자라는 아네우로피톤, 30m나 자라는 아르카에오프테리스와 같은 나무들이 만든 숲이 지구상 최초의 숲이었다. 4억 8백만~3억 6천만 년 전의 일이다.

데본기의 숲은 약 5,000만 년 동안 지속되다가 서서히 덩치 큰 식물들에 의해 점령당했다. 대략 3억 6천만 년 전부터 대형 식물들이 자라기 시작했으며 우리는 이 시대를 카본기 또는 석탄기라고 부른다.

석탄기에는 대형 양치식물이 거대한 산림을 형성하여 지구를 뒤덮었다. 석탄기 4대 양치식물인 노목(蘆木, calamites), 인목(鱗木, lepidodendron), 봉인목(封印木, sigillaria), 코르다이트cordait는 지름이 1m 이상, 높이가 30m 이상에 이르는 거목들이었다. 이 나무는 데본기에 시작한 바리스칸 조산운동으로 지층 깊이 묻혀 우리에게 '석탄'을 제공하고 있으며 그래서 이 시기를 석탄기라고 부른다. 그러나 이렇게 거대한 숲을 이루던 대형 양치식물은 3억 년이라는 긴 세월이 지난 오늘날 쇠뜨기, 석송, 속새로 부르는 지름 2~3mm, 높이 30cm 안팎의 왜소한 식물로 전락하고 말았다. 생명의 영고성쇠榮枯盛衰를 확인할 수 있는 좋은 예이다.

　석탄기가 지나며 지구는 새로운 숲 시대를 맞이한다. 약 4천만 년 동안 지속된 고생대 마지막 지질시대인 페름기로서 이 때부터 겉씨식물이 나타나기 시작하여 중생대의 쥐라기에 이르기까지 소철, 종려나무, 소나무, 전나무, 은행나무로 대표되는 겉씨식물이 나타나 번성한다. 석탄기부터 이 때까지를 새도 울지 않고 꽃도 피지 않는다고 해서 특별히 '침묵의 숲 Silent Forest'이라고도 부른다.

꽃피고 새 우는 활엽수림

페름기를 끝으로 고생대가 끝나고 중생대가 시작된다. 페름기 시대를 열었던 겉씨식물의 숲은 중생대의 삼첩기와 쥐라기를 지나며 점차 울창해진다. 이는 쥐라기를 살아남은 겉씨식물이 우위를 차지하는 백악기 초기

백악기의 숲 속씨식물이 등장하고 번창함으로써 드디어 숲에는 꽃이 피고 새가 울게 되었다.

까지 이어진다. 그러나 시간이 흐르면서 플라타너스 같은 속씨식물과 낙엽수가 등장하고 결국 백악기는 속씨식물의 세계가 되고 말았다. 이로써 숲에는 꽃이 만발하게 되어 이 때를 '씨앗식물의 시대'라고 한다.

이제 숲은 꽃이 피고 새가 나는 아름다운 자연의 자태를 갖춘 모습으로 재등장한다. 이 때의 산림은 침엽수와 활엽수가 골고루 섞여 있고 계절에 맞춰 각양각색의 꽃이 피며 대자연을 형성하였다.

눈과 얼음에 덮인 숲

수많은 생명체가 부산하게 움직이는 울창한 백악기 숲은 신생대 제3기까지도 계속되었다. 제3기에는 기후가 매우 온난하여 동식물계뿐만 아니라 바다와 육지의 모양까지 현재와 매우 비슷했다. 하지만 신생대 제3기 말부터 온도가 떨어지기 시작하여 제4기 초에는 여러 차례의 빙하기가 산림을 습격하였다.

현재는 육지의 10% 정도가 빙하로 덮여 있지만 가장 혹독했던 제4빙기인 뷔룸빙기(7만2천~1만 년 전)에는 지구 전체의 1/3~1/4이 빙하로 덮여 있었다. 빙기와 간빙기가 반복되며 빙하가 만들어졌다 녹는 과정이 되풀이되고 이로써 내륙에 늪과 호수, 계곡 등 새로운 지형이 만들어졌다. 이런 상황에서 빙하기 이전에 형성되었던 숲은 혹독한 시련을 받게 되었다.

다행히 알프스 산맥의 남쪽은 알프스 산맥의 지형적인 영향 때문에 빙하의 공격을 피할 수 있었지만 제4기 후반에는 기후의 급격한 온난화와 광범위한 변화가 일어나 서유럽의 툰드라성 식생은 자작나무와 소나무 숲으로 변하였고 이것은 후에 다시 참나무·개암나무·느릅나무와 같은 활엽수림으로 변화해 갔다. 이러한 기후의 온난화는 최적기후optimum climate 또는 기후간극이라고 알려진 기간인 기원전 3~6천 년 전에 최고에 달했는데 그 때 당시의 연평균 기온은 지금보다 2~3℃ 높았다고 한다. 그 결과로 유럽 북부와 북미의 활엽수림지대는 오늘날보다 훨씬 북쪽으로 넓게 분포하였다.

숲, 인간을 낳다

인간이 지구상에 등장한 것은 약 200만 년 전에 불과하다. 숲이 태어나고 4억 년이라는 시간이 흐른 뒤에야 인간이 태어난 것이다. 초기의 인간인 오스트랄로피테쿠스는 거대한 수목들이 빽빽하게 들어선 숲을 헤치면서 의식주를 해결하였다. 뇌의 용량이 작아 동물적인 감각만으로 생활했지만 숲 한가운데 장승처럼 버티고 서 있는 거목들에 위압감을 느꼈으며 여기서부터 숲과 자연에 대한 경외와 숭배가 싹텄다.

이후로 좀더 뇌 용량이 커지고 완전한 직립 보행과 지능으로 무장한 호모사피엔스가 대거 등장하였다. 빙하기는 계속되었고 숲도 인간도 모두 여전히 추위에 맞서 싸워야만 했다. 움직일 수 없는 숲은 그 자리에 그대로 서서 추위와 맞서 싸울 수밖에 없었지만 인간은 달라진 새로운 환경에 적응하기 위해 생활양식을 바꾸었다. 나무 등을 도구로 사용하였고 이 때부터 평화롭던 숲에는 일종의 동요가 일었다. 자기 무리를 조절하며 생태계의 법칙에 순응하여 숲과 함께 평화로움을 유지해 온 다른 동물과 달리 인간은 처음부터 자기 의사에 맞추어 인위적으로 숲을 이용하였다.

기원전 5천 년경에는 정착생활이 일반화되며 수렵·채취하던 경제활동이 농경생활로 변하였다. 이로써 숲은 인간과 더욱 긴밀한 관계를 맺게 되었다. 인구가 늘어가며 더 많은 양의 식량과 거처할 곳이 필요했고 종족간의 힘겨루기가 증가하면서 성벽을 쌓고 배를 만들며 무기를 제조해야 했다. 인간은 숲을 개간하여 논과 밭과 집터를 만들고 나무를 베어 필요한 물자를 충당했다. 바야흐로 새로운 싸움이 시작되었다. 마지막 빙하기를 무사히 이겨 낸 숲과 인간 사이의 투쟁이 시작한 것이다. 하지만 이 투쟁은 일방적인 것처럼 보였다. 늘어난 인구의 의식주 해결과 문명의 건설을 위해 우주의 비밀을 품은 숲은 희생될 수밖에 없었다.

그렇다고 숲과 인간이 항상 투쟁의 관계에 있던 것은 아니다. 약 5억 년에 달하는 생명의 역사 속에서 단일 생명체로서 가장 오래 살고 가장 몸집이 크며 가장 키가 큰 생명체인 나무에 대해, 그리고 나무로 무리 지어진 숲에 대해 인간은 다른 한편으로는 그의 위대함과 장엄함, 숭고함을 아름답게 찬미해 왔다. 나무와 숲은 우리의 보금자리가 되기도 하고 정신적 안식처 역할도 담당했다.

숲과 인간의 삶

인간이 중심이 되어 자연을 인간의 의도대로 바꾸는 것이 '문화'의 이전 개념이라면 지금은 음식문화, 놀이문화, 게임문화 등 인간이 관련된 모든 것을 문화라 한다. 이 가운데에서도 숲과 인간의 삶이 얽힌 모든 것을 '산림문화'라고 한다.

산림문화의 형태는 매우 다양하다. 우리나라 개국신화에 나타난 신단수를 시작으로 성황림·당산나무 등은 종교 제의의 형태로 표현된 산림문화이며 마을숲·방풍림 등은 자연 환경과의 보완·조화·적응을 보여 주는 환경 자원적 형태의 산림문화이다. 자연휴양림은 정신적인 이완을 위한 레저 휴양 형태의 산림문화, 산삼을 비롯한 각종 약재와 구황식물은 생존자원 형태의 산림문화, 나무나 산림 생산물은 자원 활용 형태의 산림문화이다.

산림문화는 지역의 환경에 따라 다르게 나타나기도 하지만 세계 어느 지역에서나 공통적으로 볼 수 있는 부분도 있다.

인간과 함께 호흡하다

우리는 산이 전 국토면적의 65%를 차지하는 산악 국가이다. 이 땅에서 생활하는 사람들은 모두 날마다 산을 보며 산과 더불어 산다. 아침에 눈을 뜨면 만나는 산, 생활하는 한가운데에서 언제든지 고개를 들면 눈에 들어오는 산, 어디를 바라보아도 우리의 눈은 산을 벗어나지 못한다. 그리고 그 산은 산이자 곧 숲이다. 평지가 적은 탓에 특수한 경우가 아니면 평지 숲은 쉽지 않다. 이러한 환경 조건 아래에서 우리의 삶은 산과 숲과 어우러지는 것이 자연스러울 수밖에 없었다.

무리를 이루어 형성한 마을은 자연스럽게 산을 중심으로 자리를 잡았다. 다른 동물에 비하여 신체적 조건이 열세인 인간은 산 혹은 숲을 이용하여 그 열세를 보완하는 다양한 방법을 찾아내고 익혔다. 필요한 것은 주로 산에서 얻었고 산을 장벽 삼아 사나운 짐승들과 다른 종족에게서 자신을 보호하였으며 숲을 가까이 함으로써 홍수 같은 자연재해도 피할 수 있었다.

이러한 것이 아니더라도 마을을 형성하는 공간에서 산이 차지하는 비중은 절대적이었다. 우리의 삶을 산과 연결 지으려고 했던 전통적 사고방식은 현대까지 이어져 아파트를 구하면서도 앞쪽으로 멀리 산을 조망할 수 있는 단지를 선호한다. 시간의 원근을 떠나 우리의 마을 공간에서 산은 그만큼 중요한 위치를 차지하는 것이다.

마을숲

우리의 마을 초입에는 대부분 숲이 있다. 이런 숲을 마을숲이라 부르는데 자연적으로 이루어진 숲을 잘 유지·관리하여 마을숲을 삼기도 했지만 때로는 인공적으로 심어 만들기도 했다.

마을숲은 인류의 등장과 함께 시작하였다. 지구상에 인류가 등장하면서부터 사람들은 식량을 구하기 쉽고 밖을 내다보면서 자신과 가족 혹은 무리의 안전을 도모할 수 있는 숲과 가까운 곳을 찾아 모여들었다. 특히 우리나라는 예로부터 풍수지리를 중요하게 여겨 마을을 세울 만한 곳은 생리生利, 인심人心, 산수山水와 함께 배산임수背山臨水라는 지리적 조건을 갖추어야 한다고 생각했다. 우리나라는 산으로 둘러싸여 있기는 하지만 지리적 조건을 완벽하게 갖춘 장소가 흔한 것은 아니었다. 자연히 모자라는 부분은 인위적으로 숲을 만들어서 채울 수밖에 없었다. 특히 소나무와 같은 상록수로 구성된 숲은 산을 대신하는 기능을 했다. 경북 안동 내앞마을의 개호송, 춘천의 심금솔숲과 같은 마을숲이 그런 것들이다.

우리나라 마을숲은 풍수적인 측면, 조성된 장소나 형태, 수종, 조성자 등에 따라 지역마다 다양한 이름으로 부르는데 일반적으로 '-수, -쑤, -림' 등의 접미사를 달지만 수구막이, 성황림(서낭숲), 당숲, 숲정이, 숲마당 등으로 부르기도 한다. 전국적으로 분포하는 마을숲은 1938년에 간행된 『조선의 임수』에 약 200곳, 『마을숲』(김학범·장동수, 1994)에는 342곳으로 기록하고 있다.

이러한 마을숲은 기본적으로 마을 입지를 선정할 때 지세의 부족함을 보충하거나 변경시키는 역할을 하여 마을의 안정과 그 안에서 생활하는 마을 사람들의 번영을 기원했다. 하지만 바람과 모래가 날리는 것을 막고 홍수나 사태 같은 재해를 방지하는 실질적인 기능도 하였으며 마을 모임을 갖는 공간이기도 했고 농사의 곤함을 쉬는 그늘이기도 했다. 마을숲의 육성과 유지를 위한 공동 모임을 통하여 마을 사람으로서의 소속감과 유대감을 도모할 수도 있었고 마을이 외부에 노출되는 것을 막아 외부에서 들어오는 위험에 방비하기도 했다. 마을의 울타리 구실도 하여 마을사람들에게는 심리적인 안정감을 주고 마을 전체에는 안정된 공간감을 형성해 주어 안온하고 평온한 분위기를 조성했다. 원주 신림의 성황림에서 보듯이 마을숲 한쪽에 있는 성황당을 통해서는 마을 사람들의 정신적 지주 역할도 했다. 마을 사람들은 푸른 숲을 바라보며 생활하여 부지불식간에 심성이 고와지고 유대감이 자라며 자연을 소중히 대하는 마음과 눈을 간직할 수 있었다. 또 마을숲은 마을을 찾아드는 길손이 가쁜 숨을 추스르고 슬며시 자신의 차림새를 한번 돌아보게 하는 공간이면서 동시에 그 마을에 마을의 안녕과 번영을 생각하는 식견을

갖춘 사람들이 살고 있음을 은연중 내보여 마을의 격을 높여주는 장소로서의 역할도 하였다.

숲과 더불어

우리의 삶과 산과의 만남은 태어나기 전부터 시작한다. 조상이 혜안으로 선택한 마을은 산을 중심으로 선택한 공간이고 산신과 당산나무에 새 생명의 점지를 소원하여 태어난 우리는 솔과 숯과 한지로 구성된 금줄을 만나게 된다. 모친과 생명을 나누던 신성한 태를 묻는 공간도 역시 경관이 좋고 청정한 산이었다. 우리가 의식하기 전부터 산과 숲은 우리 안에 들어와 있었던 것이다.

그리고 성장하면서 산채, 도토리, 송홧가루, 송이 등 다양한 먹을거리를 산에서 얻는다. 이들은 우리 몸의 살과 피가 되어 산과 숲은 어느덧 우리와 혼연 일체를 이룬다. 온돌을 데우고 밥을 짓기 위한 땔감도 산에서 얻었다. 다양한 나무를 활용하여 만든 집기와 가구들은 생활에 편리함과 풍요로움을 가져왔고 아름다움을 더해 주었다. 가구는 거의가 목재로 만들었다. 구조가 복잡한 가구는 단일 목재보다는 2종 이상의 목재로 꾸미고 골재와 판재를 달리 썼다. 뼈대를 이루는 판재는 소나무, 잣나무, 배나무, 호두나무, 가래나무, 모과나무, 참죽나무, 물푸레나무 등 단단한 나무를 사용하고 판재로는 오동나무, 분비나무, 은행나무, 가시나무, 피나무, 멀구슬나무, 음나무(엄나무), 후박나무 등 가볍고 연장이 잘 먹는 나무를 사용했다. 성질에 차이를 보이는 목재를 적절히 사용하여 더 튼튼하고 실용적이면서도 아름다운 가구를 만드는 지혜를 보였다.

   나무에 대한 이런 쓸모는 아들을 낳으면 뒤뜰에 소나무를 심고 딸을 낳으면 오동나무를 심는 풍습도 낳았다. 산을 드나들며 마주치는 진산鎭山의 산신각에, 마을에서 늘 마주치는 당산나무에 가만히 소원을 빌어 보기도 했다. 농민은 산을 개간하여 삶의 터전으로 삼았고 물푸레나무에서는 푸른색 염료를 얻었다. 소금이 귀한 산간지방에서는 붉나무로 짠맛을 대신하기도 했다. 새 집을 짓는 것도 나무 없이는 생각할 수 없다. 산촌의 귀틀집, 서민의 초가집, 양반의 기와집, 모든 것이 숲에서 얻은 나무에서 비롯하였다. 그리고 집의 뒤뜰에는 산이 있었다. 산과 자연스럽게 연결되게 하거나 산 모양의 작은 동산과 숲을 만들었다. 선비는 속세를 벗어나 도피하거나 자아실현, 순수한 즐거움을 찾기 위해 산중생활을 영위하기도 했다.

   국가적인 차원에서 나무는 성책, 선박, 무기를 만드는 데 필요한 제일의 국방 자원이었다. 고려 후기 권문세가들이 산림을 거의 차지해 산림을 훼손하자 조선시대에 이르러서는 산림을 국가 소유로 바꾸고 개인이 사사로이 소유하여 사용하는 것을 금지하였으며 본격적으로 산림관계법제를 정비하였다. 나라에서 필요한 목재 수요를 확보하고 사사로이 벌채하는 것을 금지한 금산禁山과 봉산封山을 두었고 전국적으로 소나무를 심어 가꾸기에 좋은 장소인 의송지宜松地와 송전松田을 지정하여 소나무를

가꾸고 송계松契를 두어 소나무 숲을 관리하도록 하였다.

  어느덧 늙어서 일생을 마무리하는 순간, 저 세상의 또 다른 삶을 위한 작은 공간도 역시 칠성판 목재를 짊어지는 것으로 시작하여 산으로 간다. 새로 태어나면서 태를 묻은 산에 다시 한 몸을 누이는 것이다. 그리고 그 자리는 도톰한 봉분으로 또 하나의 작은 산이 된다.

  이렇게 우리는 산에서 생명을 시작하고 산에서 생명을 마감한다. 시작에서 마감의 시간, 어느 한 순간도 우리는 산 혹은 산과 숲에서 비롯한 것들에서 벗어나지 않고 면면히 이어져 왔다.

인류의 흔적에 귀 기울이다

숲으로 둘러싸인 우리의 경우 숲과의 관계가 여느 나라보다 긴밀하지만 어느 곳의 인간도 숲 없이 존재할 수는 없었다. 모든 인간은 육체적 활동을 가능케 하는 양분을 숲에서 얻었으며 정신적 활동인 철학, 과학, 예술, 문학 등도 자연(숲)에서 터득했거나 모방한 것에 불과하기 때문이다.

  인간에게 숲이란 무엇인가. 인간이 지구상에 태어났을 때 그 앞에 전개된 것은 공포와 경외의 대상으로서의 숲이었다. 정복할 수 없는 대상이었기 때문에 인간 스스로 몸과 마음을 다스려서 숲이 격분하지 않도록 숭배했다. 인류 정신문명의 원형이라고 할 수 있는 원시 종교는 그렇게 하여 태동했다.

인류 물질문명의 기본 요소라 할 수 있는 의식주도 숲에서 이루어졌다. 나뭇잎과 나무껍질로 옷을 만들고 열매를 따먹으며 움막을 지어 의식주를 해결했다. 숲을 개간하여 밭을 만들고 도로를 내어 도시를 건설하였으며 자연의 섭리들을 정리하여 학문의 토대로 삼았다. 숲은 인류가 살아온 삶의 흔적인 셈이다.

숲이 문화의 형성과 불가분의 관계에 있음을 반영하듯 산림학에 관련된 용어들은 어원상 자연스럽게 숲Silva과 문화Culture라는 단어로 결합되어 있다. 나무를 심어 숲을 만드는 것에 관한 조림학은 Silvicultura(라틴어), Silviculture(영어), Sylviculture(프랑스어), Selvicoltura(이탈리아어)로 쓴다. 예술적 냄새가 더욱 물씬 풍기는 용어는 산림학으로 Ars Silvatica(라틴어), Waldkunst(독일어), 즉 산림예술로 표현된다. 예로부터 숲을 아름답게 가꾸는 일은 단순히 더 많은 먹을거리를 얻으려는 차원의 일이 아니었으며 미적인 것이라든가, 문화·예술 등 뚜렷한 목적을 가진 일이었다. 실제로 울창하고 아름다운 숲은 철학가들의 사색의 장소로 안성맞춤이었고 대문호와 작곡가, 예술가들의 창작을 위한 구상의 장소, 종교와 민족 신앙의 태동지로서 역할을 해왔다.

시와 소설로 풀어내다

작가들에게 나무와 숲은 무엇일까? 흰 구름의 시인 헤르만 헤세는 나무야말로 진리를 말하는 가장 훌륭한 설교자라고 고백한다. 그가 이렇게 외칠 수 있었던 것은 오랫동안 숲과 나무를 관찰하고 깊은 성찰을 해왔기 때문일 것이다.

나무들 Bäume

헤르만 헤세 | 김기원 옮김

나무는 나에게 언제나 제일 감명 깊은 설교자였습니다. 그들이 사람들 속에 섞여 살아갈 때 나는 숲과 울창한 정원에 있는 나무들을 존경합니다. 그리고 그들이 홀로 서 있을 때면 나는 더욱더 존경합니다. 그들은 고독한 사람들과도 같습니다. 어떤 허약함으로 인하여 떠나지 않은, 세상을 등진 은둔자가 아니라 위대한, 고독하게 된 사람과 같습니다. 마치 베토벤이나 니체처럼 말입니다. 나뭇가지 끝은 세상을 향해 살랑거리고 나무뿌리는 무한함 속에서 침묵하고 있습니다. 그러나 그들은 쇠하는 것이 아니라 자기 생명의 모든 힘을 발휘하여 오로지 하나만을 추구합니다. 그들 고유의 내재하는 법칙을 이룩하는 것, 그들 고유의 모습을 본떠 보는 것, 제 모습을 연기해 보이는 것입니다. (중략)

나무는 성소입니다. 그와 이야기하고 그에게 귀 기울일 줄 아는 이는 진리를 경험하는 것입니다. 나무는 가르침과 처방을 설교하지 않습니다. 작은 일에 연연하지 않으며 삶의 근본법칙을 깨닫도록 설교합니다.

헤세만이 아니라 세계적인 불멸의 작가 괴테도 시인, 극작가, 정치가로 활동하면서 식물에 대해 많은 관심을 쏟았다. 괴테는 이탈리아로 여행하며 식물과 자연 그림을 1,000여 장이나 그렸다. 식물에 대한 연구를 하여 『식물 변태론』이라는 논문을 쓰기도 하였다. 식물이나 자연에 몰두하여 얻은 감수성은 괴테가 문학 작품을 구상할 때 훌륭한 아이디어나 동기로 작용했을 것이다.

월든 호숫가에서 숲속 생활을 그린 소로의 『월든Walden』도 숲 문학으로 유명하지만 프랑스 작가 장 지오노의 『나무를 심은 사람』은 가장 대표적인 숲 문학이다. 이 소설은 1953년 한 미국 출판사의 요청으로 쓰게 되었다. 평생 만난 사람 중 잊을 수 없는 인물에 대해 써 달라고 했으나 출판사의 조사 결과 엘지에 부피에라는 주인공은 실존 인물이 아니었다. 결국 출판되지 못했고 1년이 지난 후에야 미국의 패션 잡지 「보그Vogue」지에 「희망을 심고 행복을 가꾼 사람」이란 제목으로 출판되며 세상에 나올 수 있었다. 지오노는 사람들이 나무 심기를 사랑하도록 하기 위해 이 이야기를 만들었다고 했는데 실제로 『나무를 심은 사람』은 12개 국어 이상으로 번역되어 많은 사람에게 나무 사랑과 식목 의식을 심어 주었다.

우리나라에는 산림문학이라는 장르가 있다. 산림문학이란 산과 들이나 농촌에 숨어 글 쓰고 책 읽는 것을 낙으로 삼는 선비들이 창작한 문학을 말한다. 혼란한 시대에는 언제나 산림에 은둔하는 경향이 있어 당쟁 이후 대표적인 산림문학이 많이 나왔다. 대표 작가로는 퇴계 이황, 율곡 이이, 송강 정철, 고산 윤선도, 노계 박인로, 화담 서경덕, 다산 정약용 등이 있다. 나무와 숲은 이들 작가에게 벗이 되었고 삶의 터전이 되었다.

현대에도 산림문학이 문학의 한 갈래로 존재하는데 과거와는 달리 자

바람의 소리

바람이 숲을 지날 때면 조용하면서도 마음 설레게 하는 소리가 들린다. 우리 조상은 특별히 소나무 숲을 지나는 바람 소리를 바람의 세기와 소리의 느낌에 따라 여러 단어로 표현했다.

- **슬성瑟聲** 솔솔 부는 솔바람을 의성어로 표현한 것.
- **송운松韻** 솔잎을 스쳐지나가는 잔잔한 바람소리.
- **송뢰松籟** 약한 바람이 불 때 솔잎, 솔가지를 스쳐 지나는 '쉬이익 쉬이익' 혹은 '휘익 휘익' 소리가 퉁소에서 나는 소리 같아서 붙인 이름.
- **송도松濤** 바람이 조금 강하게 불면 솔잎 스치는 '쏴아 쏴아' 소리를 큰 파도 소리에 비유한 표현.

연을 대상으로 하는 문학 전체를 가리킨다. 감각적인 김진경의 「숲」과 회화적인 박희진의 「소나무에 관하여」라는 두 편의 현대시를 통해 직접 숲과 나무를 느껴보자.

오늘 숲길을 따라 걸었다.
간벌을 위해 닦아 놓은 길을 따라 올라가노라면
여기저기 흙이 무너진 곳,
새로이 흐르는 작은 개울물 간혹 베어진 통나무를 만나곤 한다.
숲 깊이 들어가노라면 어느새 나무들의 향기에 싸이고
이 향기는 어디로부터 오는 것일까.
다시 베어진 통나무 더미를 만나 숨이 멎듯 발걸음을 멈춘다.
진한 향기는 베어진 나무의 생채기에서 퍼져 숲을 가득 채우고 있다.
우리의 상처에서도 저렇게 향기가 피어날 수 있을까?
- 김진경의 「숲」에서

한국의 낙락장송落落長松, 그런 소나무는 서양엔 없다.
바위에도 뿌리를 내릴 수 있는 나무는 소나무뿐
일가풍 一家風이란 말의 뜻을 알려거든 소나무를 보아라.
포플러는 시인詩人이고 소나무는 철학자哲學者.
솔잎 사이로 새는 달빛으로 목욕을 할까나.
뜰에 소나무 서너 그루 있으면, 집은 초가삼간草家三間이라도 좋다.
오라, 벗이여, 송화松花다식 안주에다 송엽주松葉酒 들어보세.
청솔방울 따다가 백자白磁접시에 수북이 담아놓다.
떨어진 솔잎은 뿌리에 쌓여 솔잎방석 되나니.
하루 한 번은 소나무 아래 좌정하여 명상에 잠겨 볼 일.
- 박희진의 일행시 一行詩 「소나무에 관하여」에서

종교의 시작은 언제나

불교의 석가모니는 룸비니 동산숲의 사라수 아래에서 태어나 일곱 발짝을 걸어 나가 '천상천하유아독존'이라고 외쳤다. 숲속에서 고행하다 보리수 아래에서 깨달음을 얻었고 입적할 때는 사방에 두 그루씩 쌍을 지어 나무들이 서있었다고 한다. 석가모니에게 큰 일이 있을 때마다 나무가 연관되어 있었고 그 중에서도 사라수나 보리수는 불교에서 신성한 나무, 생명의 나무, 지혜의 나무로 여겼다.

기독교의 에덴동산도 숲이다. 하느님은 아담과 하와를 창조하시고 그들을 에덴동산에 살게 했다. 여기엔 선과 악을 구별하게 하는 지혜의 나무가 있었다. 뱀의 유혹에 넘어간 하와와 아담은 선악을 알게 하는 선악과를 따먹어 원죄를 짓고 에덴동산에서 쫓겨난다. 인간 세상의 모든 문제는 아담과 하와가 에덴 '숲'을 떠나는 데서 발생한다. 왜 하느님은 아담과 하와를 다른 곳이 아닌 에덴동산에 살게 했을까? 강, 바다, 들판 등 다른 창조의 세계도 많은데 하필 '숲'에 살게 했을까? 생태적으로 말한다면 숲이 가장 완벽한 생태 공간이기 때문일 것이다.

우리 전통신앙에서도 숲은 중요한 의미를 지닌다. 연초에 마을에서 동제洞祭를 지낼 때 성황당에 가서 동신洞神을 모시고 마을의 안녕을 빌었다. 성황당이 있는 숲을 성황림이라 부르고 신은 하늘에서 당산나무나 신나무(내림대)를 타고 내려와 당집에 좌정한다. 집을 지키는 신은 가신家神이라 하며 그 중 우두머리는 성주신城主神/聖主神이다. 새로 집을 지을 때 대들보를 올리는 의식을 상량식上梁式이라고 하는데 이 때 성주신을 모시는 의식을 치른다. 이를 성주풀이, 성주굿이라 한다. 성주신은 원래 천신이었지만 지상으로 쫓겨 내려왔다. 집을 짓게 해달라고 천신께 빌었더니 안동땅 제비원에 가서 소나무 씨를 받아 길러 집을 짓고 살라 하였다. 그래서 성주신은 소나무 속에 살게 된 것이고 대들보를 소나무로 올리는 것이다.

　나무나 숲을 신성시한 사례는 세계 도처에서 공통으로 나타난다. 단군신화에 등장하는 신단수神檀樹라든가 조선시대의 「부상일월도扶桑日月圖」에서 그린 상상 속의 신화적 나무인 부상扶桑, 중국이나 일본의 소나무, 우리나라의 물푸레나무에 해당하는 노르웨이의 이그드라실yggdrasil은 세계나 우주를 지배한다고 믿는 세계수, 우주수로서 신성한 나무의 흔적이다. 이렇게 세계적으로 여러 종교에서 숲과 나무를 중요하게 여긴 것은 숲이 단지 유기체로서의 존재가 아니라 인간의 정신세계를 지배하는 신비로움을 지니고 있다고 믿었기 때문일 것이다.

산수화의 생명

나무는 살아있는 모습으로 봄, 여름, 가을, 겨울 서로 다른 아름다움을 선사한다. 어떤 명작도 사시사철 변화무쌍한 연출로 나무처럼 살아있는 아름다움을 줄 수는 없다. 나무는 예술품이고 숲은 그들이 진열된 박물관이다.

　동양에서 아름다운 산수자연은 특별히 자기 수양과 안빈낙도를 위한 유토피아였다. 그리고 그와 같은 자연의 이상향을 꿈꾸면서 그려낸 것이 산수화였다. 동양화에서 가장 큰 비중을 차지하는 분야 중 하나인 산수화는 대부분 나무와 숲으로 되어 있다. 산세와 지형이 산수화의 틀이요 윤곽이라면 나무와 숲은 옷이다. 사람의 모습과 인상을 변화시키는 가장 큰 요인이 옷이듯이 산수화에서는 나무와 숲이 핵심적인 역할을 한다.

　산수화는 특별히 조선시대에 와서 다양하게 발전하였다. 학문과 교양을 갖춘 문인들이 비직업적으로 그린 남종화와 기교적인 직업 화가들이 그린 북종화가 있으며 표현법에 따라서는 실제의 경치를 그린 실경산수화와 이상 세계를 그린 이상산수화가 발달했다.

이 중에서 문인들이 취미삼아 그린 그림을 문인화라는 이름으로 따로 부른다. 문인화는 산수 이외에도 문장이 삽입되고 작가의 깊은 화의畵意가 담겨 있는 것이 특징이다. 그림에 표현되는 나무들은 저마다 작가의 의도를 분명하게 담고 있으며 문인화를 통해 나무와 숲의 세계가 작가의 정신으로 상징화된다.

우리나라 문인화를 대표하는 그림 중에 하나가 추사 김정희의 「세한도歲寒圖」이다. 이 그림은 추사가 제주도에서 귀양살이하던 시절인 1844년에 그린 것인데 가운데 초옥을 중심으로 좌우로 나무가 한 쌍씩 서 있는 간결한 선과 구도로 되어 있다. 이 나무들은 소나무와 잣나무를 나타내는 것으로서 맨 오른쪽에 서 있는 노송老松은 거의 죽기 직전의 상태이나 여전히 솔잎이 시퍼렇게 살아있다. 이 그림은 유배된 자신에게 두 번이나 북경의 귀한 책을 구해 준 그의 제자 이상적에게 의리와 정을 기리기 위해 그린 것이라고 한다.

산수화에 등장하는 나무와 숲은 단순히 그림을 구성하는 소재로 쓰이기도 하였지만 문인화처럼 화가의 깊은 이념과 정신을 담는 도구로서의

추사 김정희의 「세한도」 (종이에 수묵, 23.7×70.2cm)

역할을 하기도 했다. 이러한 그림을 보면서 우리는 정신을 살찌우고 그 과정에서 나무나 숲이 지닌 문화예술적 가치를 깨달을 수 있다.

숲의 노래로 생기를 불어넣는다

나무는 악기를 만드는 재료로서 음악예술 형성에 기여했을 뿐만 아니라 숲에서 들리는 자연의 소리로 훌륭한 음악을 만들어 내기도 하였다. 또한 음악의 소재로 즐겨 사용되어 음악사의 한 부분을 차지해 왔다.

　슈베르트 연가곡집 『겨울 여행』에 나오는 다섯째 곡 「보리수」는 실연하고 절망한 한 젊은이가 자기의 모든 것을 성문 앞 우물가에 서 있는 한 그루의 보리수에 의지하고 싶어하는 뜻을 담는다. 베토벤의 「전원 교향곡」은 숲의 정경을 잘 묘사한 명작이다. 이 곡을 쓸 당시 베토벤은 귓병이 더욱 심해져 더 이상 악보를 쓸 수 없을 때가 많았다고 하는데 이런 때면 빈에 있는 숲 비너발트Wienerwald를 찾아가 정신을 가다듬고 악상을 구상하여 완성했다고 한다. 요한 슈트라우스 2세의 왈츠 곡인 「빈Wien 숲 속의 이야기」도 숲을 다룬 곡이다. 1866년 6월, 오스트리아가 독일 프로이센과의 전쟁에서 패하자 사람들은 방황하고 나라는 우울하여 사기를 잃었다. 이럴 때 슈트라우스는 오스트리아 국민의 영혼이 잠들어 있는 빈 숲의 이야기를 경쾌한 왈츠 리듬에 담아 우울하고 침통한 국민들의 마음을 다시 생기 있고 활발하게 하였다. 이 외에 러시아의 음악가 쇼스타코비치도 「숲의 노래」라는 곡을 만들었는데 이 곡으로 인하여 숙청의 위기를 모면하고 스탈린상까지 받았다.

　우리나라에서는 박두진의 「청산도」에서 영감을 얻어 창작한 황병기의 가야금 독주곡 「숲」이 숲을 소재로 하고 있다. 숲의 정경을 가야금 선율로 옮긴 것으로 '녹음綠陰', '뻐꾸기', '비', '달빛' 4곡으로 이루어져 있다.

어우러져 숲을 이룬다

인간보다 먼저 태어나 인간과 함께 역사를 만들어 온 숲은 여러 요소로 이루어져 있다. 숲에서 뿌리를 내리고 자라는 식물과 숲을 누비며 살아가는 동물, 곤충뿐만 아니라 빛과 공기, 물 등도 숲을 이루는 요소이다. 이처럼 숲에 살고 있는 모든 생물과 숲 내의 비생물적 환경을 하나로 묶어 숲 생태계라 한다.

숲 생태계는 크게 무생물적 요소와 생물적 요소로 구성되며 숲 생태계의 구성요소는 아니지만 숲을 이루는 또 다른 중요 요소로 낙엽층을 들 수 있다. 이 모두는 독립적으로 존재하는 것이 아니며 인접한 생태계와 교류하면서 상호간에 서로 영향을 미친다.

숲 생태계의 구성 요소

숲 생태계는 무생물적 요소와 생물적 요소로 구성된다. 무생물적 요소는 빛, 온도, 물, 공기, 토양으로 이루어지며 생물에게 필요한 물질과 생활 장소를 제공한다. 이 다섯 가지는 반드시 필요한 것으로써 이 가운데 어느 것 하나라도 없다면 생물은 살 수 없다. 또한 어느 것 하나라도 균형 관계를 잃게 되면 제한 요소가 되고 어느 것이 지나치면 오염물질이나

숲의 생태

숲 생태계의 순환

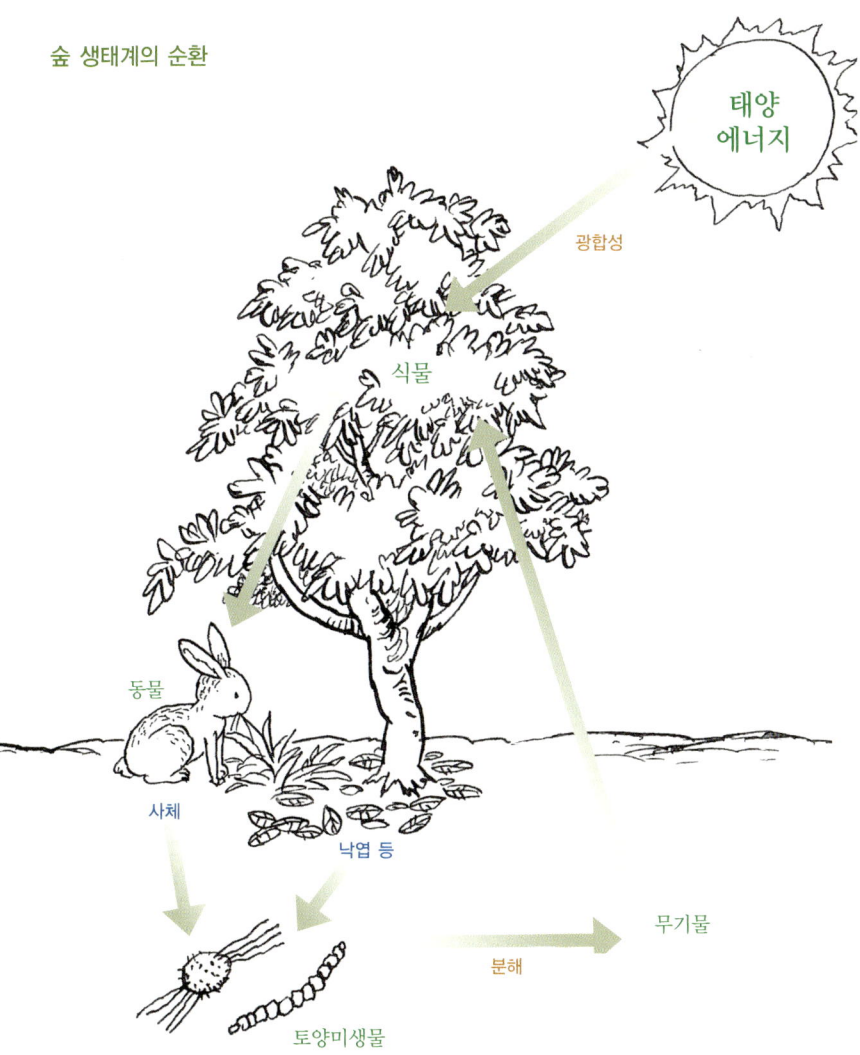

숲 생태계의 구성 요소

저해 요소가 되어 생물은 제대로 살 수가 없다.

생물적 요소는 기능적으로 생산자, 소비자, 분해자로 나뉘는데 생산자는 스스로 영양분을 만들어 살아가는 식물과 미생물에 해당하며 소비자는 동물, 분해자는 동식물의 사체나 배설물의 유기물을 분해하여 에너지를 얻어 살아가는 미생물을 가리킨다. 분해자는 분해 과정에서 무기물을 만드는데 이는 다시 생산자의 양분이 되어 순환한다.

무생물적 요소

생물에게 필요한 물질과 생활 장소를 제공하는 무생물적 요소에는 빛, 온도, 물, 공기, 토양이 있다.

빛 숲의 나무가 태어나고 자라는 데 가장 큰 영향을 준다. 특히 광합성을 통해 생성된 탄수화물을 생장에 필요한 여러 물질로 전환하는 탄소동화작용에 꼭 필요한 요소이다. 빛을 요구하는 정도에 따라 음지식물, 반음지식물, 양지식물로 나누며 일반적으로 나무가 어리거나 땅이 비옥하면 그늘에 강하다. 반대로 양지식물은 빛을 많이 받기 때문에 땅이 척박해도 잘 자란다.

온도 생물의 분포에 많은 영향을 미치며 위도 1도를 북진하거나 표고 100m 상승하면 평균 0.52℃씩 감소한다. 온도에 따라 분포하는 산림의 종류와 형태가 달라지는데 이것을 산림대라 하며 우리나라의 경우에는 온대가 주를 이루고 한대와 난대가 일부 나타난다.

우리나라 산림대

물 식물의 세포에 들어 있는 원형질의 성분이 되며 식물이 생활하는 모든 작용에 필요하므로 물

토양생성작용

모재, 기후, 지형, 생물, 시간, 인간이 상호작용하여 토양을 만드는 것을 토양생성작용이라 하며 각각이 토양 생성에 미치는 영향은 다음과 같다.

모재 토양의 재료가 되는 암석으로 토양의 성질에 영향을 미치며 지형의 형성에도 크게 관여한다. 우리나라의 경우 화강암과 화강편마암(전국), 석회암(경상도, 강원도 일부 지역), 화산암(제주도, 울릉도)이 주종을 이루고 이 중 화강암은 모암母巖의 2/3를 차지하여 양질 또는 사질 토양을 형성하므로 배수 등 물리적 성질이 양호하다.

기후 기후 중에서도 강수량과 습도는 중요한 인자로서 토양 중 유기물과 수분의 함량, 점토 광물의 생성, 암석 풍화에 영향을 준다. 우리나라 연평균기온은 7~14℃이고, 연강수량의 60% 이상이 7~9월에 집중해서 내려 반도성 기후를 형성한다. 겨울에는 한랭 건조하고 여름에는 온난 다습하여 한서寒暑의 차가 뚜렷하고 온도의 차가 심하며 증발과 증산의 양이 많아 건조하고 척박한 토양이 생성되기 쉽다.

지형 기후에 큰 영향을 주며 특히 토양 물질의 안정도, 퇴적 상태, 수분 상태에 영향을 준다. 저지와 평탄지는 토양의 수분 함량이 달라 배수의 정도에 차이가 있으며 급경사지는 토양 침식이 심하여 토심이 얕다. 지형에 따라 토양의 종류가 달라 산악에는 갈색산림토양, 암쇄토양이 분포하고 저구릉지에는 적황색토양이 주로 분포한다.

생물 땅에 떨어진 나뭇잎이나 나뭇가지, 땅속에서 죽은 뿌리 등은 토양에 유기물을 공급하며 지렁이 같은 토양 내 소동물은 물과 공기가 쉽게 통과할 수 있는 공간을 만들어 통기성을 좋게 한다. 식물의 뿌리는 암석의 균열을 심화시키고 지표를 낮게 덮는 식물의 유무에 따라 토양 내 온도와 토양의 침식 정도가 달라진다. 우리나라는 대부분 나무가 어려 토양의 유기물 함량이 적은 담색淡色 토양이 많다.

시간 토양의 생성 초기에는 모재의 성질이 강하게 지배하지만 시간이 지나며 모재의 특성이 약해지고 기후 조건과 식생에 따라 각각 특징을 가진 토양으로 변한다. 건조 및 배수 불량 지역은 물리적 혹은 화학적 반응이 느리게 나타나 토양 형성에 더 많은 시간이 소요된다.

인간 인간은 농경지 외에 임지에서도 솎아베기나 식재 등으로 토양 성질 변화에 막대한 영향을 미친다. 고려, 조선시대에 도자기 문화가 발달하며 가마를 굽는 데 쓰는 나무가 많이 필요해지자 산지가 급속도로 황폐하게 된 것이 그 예이다. 이처럼 완전히 성숙된 산림토양일지라도 인간에 의해 미성숙토로 쉽게 변할 수 있다.

의 증발을 억제하는 조직이 발달한다. 서식지의 수분함량에 따라 건생식물, 중생식물, 습생식물로 나눈다. 선인장, 바위솔 등이 건생식물이며 살이 많은 다육조직이 발달하여 습기를 몸속에 지니고 있다. 중생식물은 보통 땅에서 흔히 볼 수 있는 식물로 우리나라는 대체로 중생식물이 많다. 갈대, 골풀, 부처꽃 등은 습생식물에 해당하며 증산작용이 쉽게 이루어지고 수분이 부족하면 잎이 탄력을 잃으면서 금방 시든다.

공기 대기에만 있는 것이 아니라 토양과 물속에도 있다. 공기의 구성 성분 중에서 산소는 생물의 호흡에, 이산화탄소는 식물의 광합성에 쓰이고 질소는 질소동화에 이용된다. 또한 공기의 이동인 바람은 꽃가루나 씨를 멀리 전달해준다.

토양 식물에 필요한 무기양분과 수분을 공급해 주고 동물과 식물, 미생물의 생활 장소가 된다. 토양은 암석이 잘게 부서져 만들어지며 모재, 기후, 지형, 생물, 시간, 인간에 따라 다르게 형성된다.

생물적 요소

숲 생태계의 생물적 요소는 흔히 생물의 역할에 따라 생산자, 소비자, 분해자로 나누지만 각각의 생물에 초점을 맞추면 토양미생물, 식물, 야생동물, 소동물로 나눌 수 있다.

토양미생물 탄소와 무기물을 산화하며 생기는 에너지로 살아가기 때문에 광합성을 하는 남조류를 제외하고는 어디에서나 살 수 있다. 유기물을 분해하여 무기물을 만들기 때문에 토양을 비옥하게 하고 균류의 미생물은 식물 뿌리에 감염되면 다른 병원균으로부터 뿌리를 보호한다. 일반적으로 토양미생물의 수는 지표면이나 뿌리 주변에 가장 많으며 땅속 깊이 내려갈수록 적어진다. 토양미생물에는 조류, 균류, 방사상균, 세균 등이 있다.

숲의 또 다른 구성 요소 낙엽층

낙엽층은 숲 생태계의 구성요소는 아니지만 낙엽층이 있어 숲 토양과 일반 토양이 구분되기 때문에 숲을 이루는 중요 요소라고 할 수 있다. 낙엽층은 지표면 가장 윗부분에 나뭇잎이나 나뭇가지 등이 떨어져 있는 곳을 의미하며 완전히 분해되어 식물의 형체를 알아볼 수 없으면 낙엽층이라 하지 않는다. 흔히 'L층'으로 표시하며 숲 토양의 온도가 급격하게 변하지 않게 하고 숲 토양의 유실을 막아준다. 수분 함량을 높여 주며 습지의 경우에는 숲 토양의 통기성을 높여준다. '낙엽층은 숲 토양의 심장이다.' 하는 말이 있을 정도로 숲과 숲 토양에 중요한 역할을 한다. 유기물층이라고도 부르는데 낙엽층, 분해층, 부식층으로 나뉜다.

낙엽층은 낙엽의 성질, 낙엽층의 물리적 환경, 토양 미생물의 종류와 수에 따라 분해 속도가 다르다. 열대 지방에서는 완전히 분해되는 데 약 1년이 걸리며 온대 및 한대 지방에서는 2~3년 이상이 걸린다. 한랭·건조하고 비옥도가 낮을수록 분해 속도가 느려진다. 숲 발달 초기에는 낙엽량이 급속히 늘어나 낙엽층이 두꺼워지나 나중에는 낙엽량과 분해량이 일치하여 낙엽층의 두께는 변동 없이 일정하게 된다.

낙엽층은 산불, 솎아베기, 정지작업, 숲의 변화, 비료주기에 따라 변한다. 산불이 나면 양분과 무기물이 급속하게 사라져 낙엽층에 악영향을 주는데 한대 지방에서는 불필요한 식생을 제거하고 두꺼운 부식층을 태워 분해 속도를 높이기 위해 일부러 불을 내기도 한다. 일조량과 습도를 향상시켜 나무가 더 잘 자라게 하기 위해 일부러 나무를 베기도 하며 솎아베기 후에 남은 식물을 정리하고 땅을 고르는 정지작업은 토지를 비옥하게 하고 통기성을 높여준다. 비료주기는 양분의 순환 속도를 빠르게 하고, 침엽수림에 활엽수를 섞어 심으면 유기물 분해 속도가 향상되기도 한다.

식물 생산자로서 광합성을 통해 무기물을 유기물로 만든다. 다른 생물과는 달리 스스로 양분을 만들어 섭취하며 1차 소비자의 먹이가 되어 숲 생태계 내에서 다른 생물에게 영양분을 공급하는 역할을 한다.

야생동물 소비자로서 숲에 해를 끼치는 많은 해충을 잡아먹어 해충이 늘어나는 것을 막으며 해충으로 인한 나무의 피해도 예방한다. 두더쥐, 오소리, 토끼, 다람쥐 등은 토양에 구멍을 뚫어 통기성을 향상시키며 이러한 과정에서 토양 구조를 바꾸기도 한다. 또한 이들의 사체와 배설물은 토양 내 다른 생물의 먹이가 되어 순환한다.

소동물 지렁이와 곤충이 있는데 지렁이는 토양 소동물 중 가장 중요하다. 7천여 종이나 되는 지렁이는 죽은 동식물만 먹으며 지렁이가 분비하는 점액은 토양을 비옥하게 한다. 지렁이가 이동한 구멍은 토양의 공기와 식물 뿌리의 통로가 된다.

물질 순환

이와 같이 숲을 이루는 많은 요소는 고정된 것이 아니라 순환하면서 이동한다. 자연계의 물질순환은 여러 가지가 있지만 그 중에서 탄소, 질소, 물의 순환이 가장 대표적이다.

탄소의 순환
탄소는 생물체를 구성하는 원소 중에서 약 20%를 차지한다. 대기 중의 이산화탄소는 생산자인 식물에 의해 유기물이 된다. 유기물은 먹이 사슬을 따라 소비자를 거쳐 이동하고 그 동안 유기물의 일부가 호흡에 의해 이산화탄소로 되어 배출된다. 동식물의 사체나 배설물 속의 유기물은 분해자에 의해 분해되며 탄소는 다시 이산화탄소의 형태로 대기 중이나 물 속으로 되돌아간다.

　대기 중의 이산화탄소의 농도는 약 0.03%밖에 되지 않으나 녹색 식물이 광합성으로 흡수하는 이산화탄소의 양과 생물이 호흡으로 방출하는 이산화탄소의 양은 대체로 같기 때문에 대기 중의 탄소는 생태계를 순환하면서 평형을 이룬다. 하지만 현재는 화석 연료 사용의 급증 등으로 인해 대기 중의 이산화탄소 농도가 증가하여 이상기후현상 등이 나타난다.

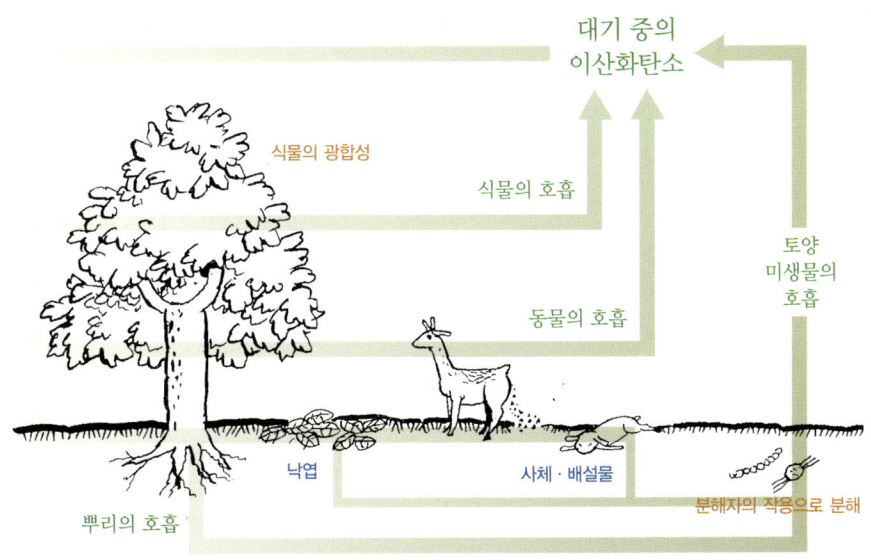

질소의 순환

질소는 생물의 몸을 구성하는 단백질, 핵산 등의 중요 성분이며 대기를 구성하는 기체의 약 78%에 해당한다. 그러나 대부분의 생물은 이 질소 가스를 직접 이용할 수 없다. 대기 중의 질소는 질소 고정 세균에 의해 암모늄태질소로 고정된다. 또는 번개 등 공중 방전으로 산화질소를 형성한 후 빗물에 녹아 땅 속으로 들어가서 질산태질소가 된다. 이 암모늄태질소와 질산태질소는 녹색 식물의 질소동화작용으로 단백질과 같은 유기 질소 화합물이 된다. 이것을 동물이 먹고 먹이 사슬을 따라 이동한다. 유기 질소 화합물은 생물의 사체나 배설물이 분해자에 의해 분해되면서 암모니아가 된다. 대부분의 식물은 이 암모니아를 직접 이용할 수 없고 세균이 암모늄태질소(NH_4^+)나 질산태질소(NO_3^-)로 만들고 나면 흡수하여 다시 사용한다.

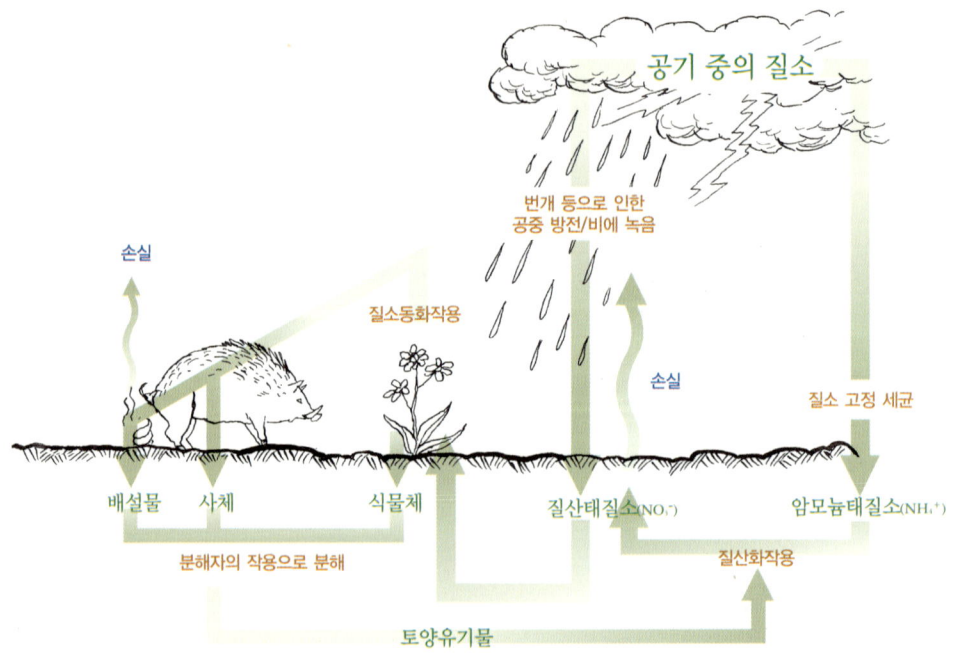

물의 순환

생물체의 대부분은 물로 이루어져 있다고 말할 수 있을 정도로 물은 생명의 기반이 될 뿐만 아니라 많은 생물이 살아가고 있는 강, 호수, 바다와 같은 서식처를 제공한다. 강이나 바다의 물은 태양열에 의해 증발되어 구름이 되고, 이것은 다시 비, 눈, 이슬, 서리 등이 되어 지상으로 떨어진다. 한편, 생물이 취한 물은 체액의 성분으로 이용되거나 식물의 광합성에 쓰이며 호흡에 의해 생긴 물은 식물의 경우에는 증산을 통해, 동물의 경우에는 호흡을 통해 대기 중으로 나간다. 그리고 동물은 배설물로도 수분을 자연계로 되돌려 보낸다. 이 모두가 다시 구름이 되어 순환한다.

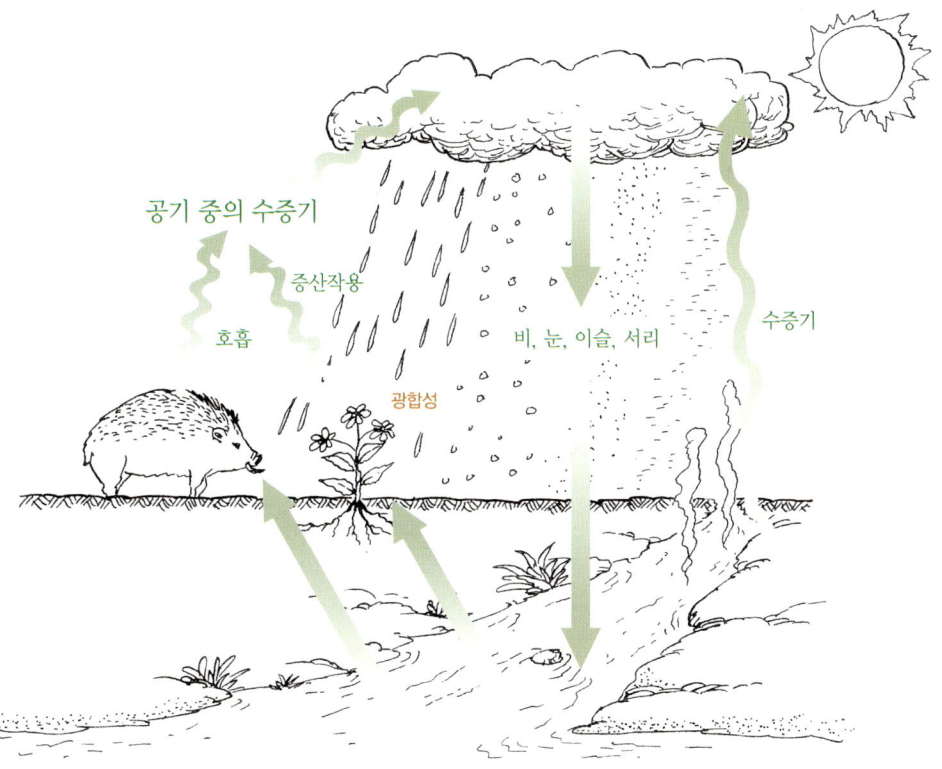

숲이 주는 것과 우리가 줘야 할 것

우리나라의 국토 면적은 993만ha이며 그 가운데 약 65%인 641만ha가 산림이다. 그래서 우리나라를 '산림국'이라고도 하지만 국민 1인당 숲 면적은 약 0.14ha로 선진국에 비해 적은 편이다. 우리나라의 산들은 대부분 동해안을 따라 뻗어 있는 태백산맥 줄기를 중심으로 솟아 있으며 특히 중북부 지역에 많이 분포한다. 우리나라의 산림대는 남쪽에서부터 난대림, 온대림, 한대림으로 구분되며 숲의 분포는 침엽수림 42%, 활엽수림 26%, 혼효림 29%, 기타 3%의 비율이다. 사유림이 70%이고 국유림이 22%, 공유림이 8%라서 산림청에서는 경영이 어려운 사유림을 사들여 국유림을 늘리려 노력하고 있다.

이렇게 우리 국토의 2/3를 차지하는 숲은 예로부터 우리에게 먹을거리와 맑은 공기, 비옥한 토양을 제공하고 산사태나 홍수, 강한 바람을 막아주었다. 숲은 그 자체로서 우리에게 심리적인 안정감을 주었으며 실제로 숲은 불안한 정서를 치료하고 피를 맑게 하며 두뇌활동을 활발하게 한다. 우리나라는 이런 숲의 가치를 일찍이 깨달아 정책을 통해 강력하

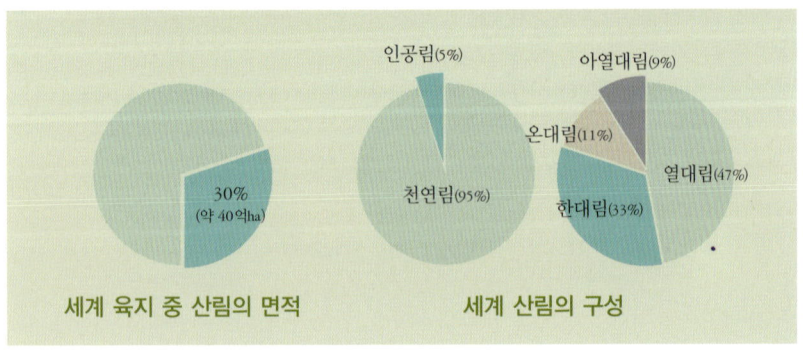

게 보호했다. 하지만 일제 강점기와 6·25전쟁을 겪으며 우리의 많은 숲이 파괴되었다. '치산녹화 10개년 계획'으로 많은 나무를 심었지만 이제는 산업화로 인해 숲이 오염되고 있다. 이제 다시 숲을 위해 무언가를 할 때이다. 끊임없이 나무를 심어 훼손된 숲을 복원해야 하며 때로는 적절한 비료를 사용하여 죽어가는 나무를 살려야 한다. 더 나아가 도시에도 많은 숲을 조성하여 쾌적하고 안정감 있는 도시 생활을 누리고 숲을 직접 체험하고 배우고 알 수 있도록 해야 한다.

숲의 울창함 측정하기!

숲이 얼마나 울창한지는 일정한 면적에 얼마나 많은 나무가 자라고 있는가로 알 수 있다. 1ha(100m×100m)에 자라고 있는 나무의 부피를 '단위 면적당 임목 축적'이라고 부르는데 선진 임업국인 독일이나 오스트리아는 300m³/ha나 된다. 우리나라는 6·25전쟁이 끝났을 때 약 7m³/ha로서 매우 빈약하였으나 1970~80년대에 전 국민이 엄청난 양의 나무를 심어 2003년 기준으로 전국 평균 약 70m³/ha 정도로 10배가 증가하였다. 그래도 아직은 선진국의 1/4 수준이지만 그동안 심은 나무들이 자라기 때문에 단위 면적당 임목 축적은 점점 증가할 것이다.

숲이 우리에게 해 주는 게 뭔데?

인간이 숲에서 얻는 혜택은 크게 물질적 혜택, 환경적 혜택, 문화 휴양적 혜택으로 나누며 환경적 혜택과 문화 휴양적 혜택을 합하여 공익적 혜택이라 부르기도 한다. 이러한 모든 혜택은 숲이 지닌 기능이고 효용 가치이다.

자원의 곳간

물질적 혜택이란 숲에서 자라는 나무와 그 부산물을 이용하여 얻는 혜택을 말한다. 목재는 건축물과 고급 가구, 공예품이나 악기에서부터 일상

생활에 필요한 종이와 화장지에 이르기까지 생활의 구석구석을 채우고 있는 긴요한 원자재이다. 숲에서는 여러 가지 나물, 버섯 같은 청정 채소류도 얻을 수 있으며 특히 송이나 표고버섯 등은 우리나라 임산물 중에서 그 비중이 날로 커지는 숲의 중요한 산물이다.

재해를 막아주는 파수꾼

숲은 목재와 그 부산물을 제공하고 바람을 막아주며 야생동물의 서식처가 되고 먼지를 흡수한다. 현대인의 여가 활동의 장소가 되어 심신의 안정을 도모하기도 한다. 이처럼 인간 삶의 환경을 지켜주고 삶의 질을 높여주는 혜택을 환경적 혜택이라 한다.

우선 숲은 물의 양을 조절한다. 나무뿌리와 소동물의 움직임으로 숲의 토양에는 스펀지처럼 작은 공간들이 많다. 이 공간에는 빗물을 저장할 수 있어 폭우가 쏟아져도 문제없다. 저장된 물은 계곡을 통해 천천히 흘

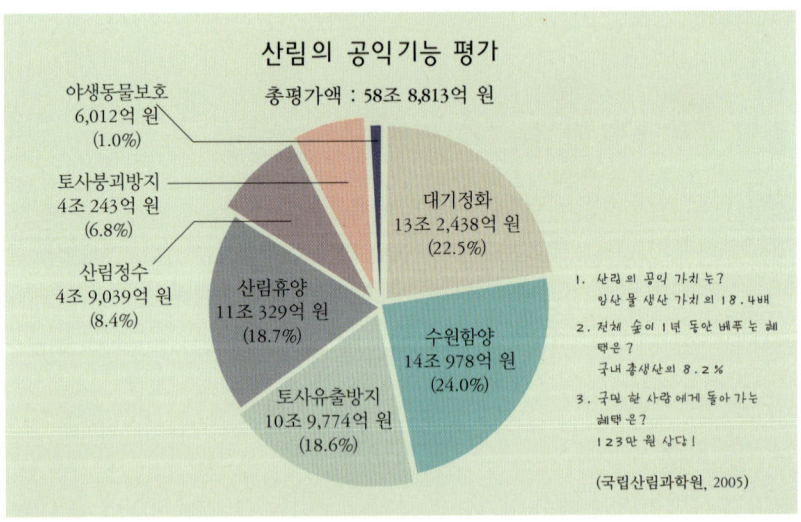

이 평가액은 소음방지, 기상완화, 방풍, 생물종 다양성 보존 등의 환경적 가치와 문화, 예술, 교육, 종교 등 산림문화적 가치는 포함하지 않았으므로 사실상 숲이 주는 혜택의 총가치는 이보다 훨씬 더 크다.

숲과 다른 환경의 물이 스며드는 능력 비교

구분		침엽수 숲	활엽수 숲	솎아 벤 곳	잡초 있는 곳	산사태 난 곳	길
스며드는 능력 (mm/ha)	평균	246	272	160	191	99	11
	범위	104~387	87~395	15~289	22~193	24~281	2~29

러나오며 이 때문에 일 년 내내 계곡에는 물이 흐를 수 있다. 이런 기능을 '녹색댐 기능'이라 부른다. 특히 우리나라는 강수량이 세계 평균보다 높기는 하지만 여름에 집중되기 때문에 물부족 국가라 이런 숲의 기능이 중요하다.

나무나 풀의 뿌리는 숲의 토양을 단단히 고정시켜 경사진 곳이라 할지라도 토양 알갱이가 씻겨 나가는 것을 막아준다. 이런 토사 유출 방지 능력은 숲이 황폐지의 227배에 달한다. 숲의 토양은 상층-중층-하층으로 구성되는데 상층과 중층은 빗방울이 땅에 떨어지며 토양을 깎는 작용을 막는다. 하층에는 풀과 낙엽, 나뭇가지가 쌓여 있기 때문에 빗물을 흡수하여 그 흐름을 부드럽게 한다. 이 때 흡수된 물은 영양물질이 작은 토양 알갱이나 표면에서 떨어져 나가지 않도록 붙잡는 역할도 한다.

숲은 바람을 막아 주어 경작지 주변이나 해풍의 피해가 심한 곳에는

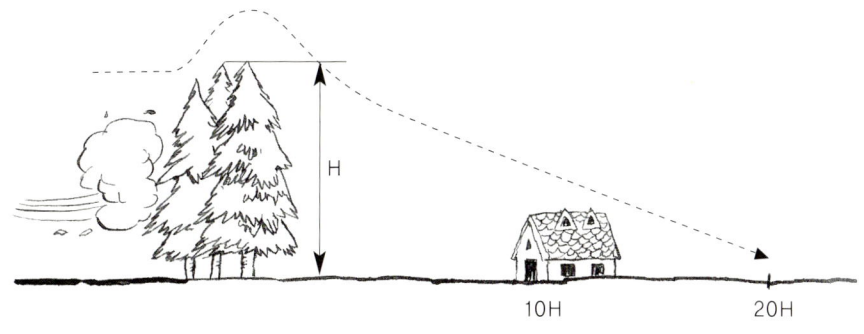

숲이 가진 방풍 효과의 영향 범위

인공적으로 방풍림防風林(prevention forest of wind)을 조성한다. 큰 나무들과 작은 나무들이 서로 어울려 잘 만들어진 방풍림은 나무높이의 30~35배에 가까운 거리까지 바람을 막아준다. 최근에는 공장지대에서도 방풍림을 조성하여 흩날리는 먼지를 막는 역할을 하고 있다.

숲은 소음을 막고 자연의 소리를 들려준다. 소음은 현대인의 스트레스 원인 가운데 하나이며 계속되는 소음은 정신건강에 좋지 않다. 숲이 있으면 소음은 나무와 잎, 가지를 지나며 파동 에너지를 잃는다. 그렇지 않더라도 숲이 있는 거리만큼 소리 나는 곳과 거리가 멀어지니 자연스레 소음이 줄어든다. 소음을 막으면서 나뭇가지나 잎을 스치면서 나는 감미로운 바람소리, 새들의 지저귐, 곤충들이 나뭇잎을 갉아먹는 소리, 계곡의 물 흐르는 소리 등을 들려주어 도회지 문명의 소리를 잊게 해 준다.

나무의 가지와 잎은 대기 중에 떠다니는 먼지와 오염물질을 빨아들인다. 일반적으로 키가 클수록 더 많은 표면적을 가지고 있어 많은 오염물질을 빨아들일 수 있다. 잎의 단위면적당 흡수량은 침엽수가 활엽수보다 더 많지만 침엽수는 잎의 면적이 너무 적어 산림 면적당 흡수량은 활엽수림이 침엽수림보다 2배 이상 많다. 지나치게 많은 오염물질을 빨아들이다보면 나무가 중금속에 오염되어 말라죽기도 한다. 달라붙은 물질들이 잎의 기공을 막아 광합성을 방해하기 때문이다. 그러나 은행나무나 플라타너스 등과 같이 대기오염에 강한 수종은 잘 견딘다.

숲과 다른 생태환경의 먼지 흡착 능력

환경구분	농경지	잔디밭	관목 숲	울창한 숲
농경지에 대한 흡착률	1	2	20	200

* Mayer, H., 1984, Waldbau auf soziologisch-okologischer Grundlage.

숲은 야생동물을 보호하기도 한다. '숲이 울창해야 새들이 깃든다.' 하는 속담처럼 울창한 숲은 먹이가 풍부하고 안정된 생활환경을 제공하여 각종 야생동물의 서식처가 된다. 일 년 내내 흐르는 계곡물은 찬물에 사는 물고기에게 삶터를 제공하기도 한다.

지형은 선과 형태를 갖고 있어 윤곽을 결정하지만 윤곽에 옷을 입혀 풍경의 아름다움을 결정하는 것은 색과 질감을 좌우하는 숲이다. 모자이크처럼 보이는 숲의 나무들은 사시사철 변화무쌍한 색과 모양, 질감을 통해 자연의 아름다움을 선사한다. 숲의 토양에 있는 수만 가지 기화요초琪花瑤草는 앙증맞은 꾸밈새와 모양새로 감정을 자극하여 즐거움을 더해 준다. 그리고 이러한 감정의 변화는 새로운 활동으로 이어지는 동인이 된다.

산업혁명 이후 화석연료 소비가 증가하여 대기 중 이산화탄소 농도가 짙어졌다. 지구를 따뜻하게 유지하는 온실가스는 55%가 이산화탄소라 온실가스의 양도 늘었고 우주로 빠져나가야 하는 열까지 붙잡아 대기 온도가 올라가는 '온실효과green house effect'를 불러왔다. 이로 인해 빙하가

숲의 공기정화

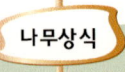

나무상식

숲의 산소 배출량

아주 빠르게 생장하는 어린 숲일수록 탄소 흡수량이 산소 배출량보다 많습니다. 어린 숲이 자라 성숙해지면 둘의 배출량이 비슷해집니다.

녹아 해수면이 높아지며 생태계가 흔들리고 기상 이변이 자주 일어나게 되었다. 그러나 숲은 이산화탄소를 흡수하여 양분을 얻고 산소를 배출하기 때문에 지구 온난화를 방지한다.

숲은 온도를 조절하기도 한다. 숲에 가면 여름에는 시원하고 겨울에는 포근하다. 여름에는 빛을 받아 증산 작용을 하면서 주위의 열을 빼앗고 잎과 가지가 일정량의 햇빛을 차단하며 겨울에는 땅에서 방출하는 열을 차단하여 온실의 역할을 하기 때문이다. 따라서 나무가 있는 지역이 여름에는 평균 3~4℃ 낮고 겨울에는 평균 2~3℃ 높아 적절한 기후 조건을 조성한다. 산간 지역에서는 숲이 겨울철 산 위쪽에서 내려오는 찬 기운을 막아주기도 한다.

대기 중의 오염물질이 비에 섞여 내려도 숲의 나무와 낙엽, 흙을 거치면 오염물질이 감소한다. 숲은 산사태나 눈사태, 낙석 등을 방지하기도 한다. 때로는 풍수적으로 기가 약한 곳에 나무를 심어 기를 보강하기도 하는데 이런 목적으로 조성된 숲을 풍수 비보림裨補林이라고 한다.

병을 고치는 명의名醫

현대인은 물질적으로는 풍요로운 삶을 누리지만 정신적으로는 환경오염과 스트레스 때문에 불안정한 생활을 하고 있다. 그래서 자연스레 녹음 짙고 맑은 공기가 넘실대는 원시 자연을 동경한다. 실제로 숲은 공업지대에 비해 250~1,000배, 대도시에 비해 50~200배 청정하며 정서적으로 안정을 되찾게 한다. 여기에 숲의 경관은 인간의 감성을 자극하여 상상력을 문학적 구상으로 발전할 수 있게 하고 예술 활동의 원동력을 제공하며 우주만상의 철리哲理를 깨닫게도 한다. 이 모두를 숲의 문화 휴양적 혜택이라 한다.

  동서고금을 막론하고 숲을 벗하며 유유자적의 삶을 살아온 사람들이 많으며 현대에 들어와서도 숲은 요양과 휴양의 장소로 각광받고 있다. 숲의 변화무쌍한 풍경을 바라보고 청량한 공기를 들이마시며 몸과 마음이 편히 쉴 수 있기 때문이다. 맑고 깨끗한 공기는 그 쇄락함으로 인간의 오욕칠정을 씻어낸다. 실제로 나무들이 내뿜는 물질은 보건 의학적으로 유익한 갖가지 성분을 함유하고 있어 정서를 안정시키고 동공 면적을 확대시켜 뇌 활동을 촉진한다. 그래서 비행 청소년을 일정기간 숲에 머물게 하면 그 전보다 심리적으로 안정되며 숲 가까이 있는 사무실에서 근무하는 회사원이 그렇지 않은 사람보다 근무 성과가 좋다는 연구 결과도 발표되었다.

계절에 따른 침엽수 잎의 테르펜 양 변화 단위: ml/100g

수종명	여름	겨울	수종명	여름	겨울
낙엽송	0.3		편백	4.0	2.5
소나무	0.2	0.2	화백	1.4	2.3
왕소나무	0.3		섬향나무	1.7	
섬잣나무	2.0		가이즈까향나무	0.9	
스트로브잣나무	0.6		노간주나무	1.3	
솔송나무	0.8		연필향나무	0.5	
금송	0.1		서양측백나무	4.0	2.0
왜금송	0.7		나한백	2.4	1.8
주목	0.1		은행나무	0.4	
눈주목	0.2		일본전나무	0.9	
비자나무	0.7		히말라야시이다	0.3	
삼나무	3.1	2.3	가문비나무	2.1	0.9

식물은 대사과정에서 각종 물질을 발산하는데 그 중에서도 나무는 테르펜terpene을 뿜는다. 테르펜은 살균, 진정, 소염 등 20가지 이상의 약리작용을 하는 성분이다. 테르펜 중에서도 살균작용을 하는 성분을 피톤치드phytoncide라 부르는데 '식물'을 의미하는 'phyto'와 '죽이다, 살균하다'는 뜻의 'cide'가 합쳐진 합성어로서 '식물성 살균물질'을 의미한다. 이는 식물이 적의 침입에서 자기 몸을 방어하기 위해 발산하는 살균 물질이다. 실제로 독일의 한 병원에서 복도에 침엽수 가지를 꺾어 두었더니 이전에 비해 세균 수가 월등히 적어졌다는 실험 보고가 있다.

숲 속의 공기가 맑고 깨끗한 것은 이 테르펜의 살균작용과 나무의 광합성작용에서 방출하는 산소 때문이다. 마음이 가벼워지는 것은 숲 속에 무균질로 살아 숨쉬는 맑은 공기와 테르펜의 진정작용에 의한 것이다. 몸속까지 맑아지는 느낌은 숲에 많은 음이온 때문이다. 음이온은 피를 맑게 하고 신진대사를 촉진하며 불면증을 없애주는 등의 효과가 있는데 물분자 운동이 활발한 습지, 분수대 근처, 하천, 계곡, 폭포, 식물의 광합성작용이 왕성한 곳에 많다.

맑고 깨끗한 무균질의 공기가 살아 넘실대며 살균성 물질로 가득 차

서로 다른 환경의 대기 중에 포함된 음이온의 양(입자의 수)

환경	음이온의 양(개/cm³)	숲과의 비교
도회지 실내	30~70	1
도회지 실외	80~150	1.1~5
교외	200~300	2.8~10.0
산야	700~800	10.0~26.7
숲	1,000~2,300	14.3~73.3
인체 수요량	700	

있고 음이온이 충만하며 두뇌활동이 활발해지는 곳, 그곳이 바로 숲이다. 숲이 가진 이 같은 보건 의학적인 작용으로 산림욕이 나타나고 산림휴양이라는 여가 활동을 위해 자연 휴양림을 만들고 있다. 이것은 또한 사회적 이익으로 이어진다. 휴양 자원의 개발과 관리를 위해 고용의 기회가 증가하고 지역 발전을 도모하며 더 나아가 세입이 증가하는 등의 부수적 이익까지 낳는다. 숲은 우리에게 이렇게 무한한 혜택을 제공하며 인간은 그 속에서 삶의 질을 누리고 고양시켜 나갈 수 있다.

도시숲을 조성하자!

도시는 정치·경제·문화의 중심지이기에 편리함을 우선시하는 인공적인 곳일 수밖에 없다. 햇빛과 시선을 차단하는 높다란 빌딩과 개성보다는 실용성을 중심으로 디자인된 일률적인 건물들 속에서 우리는 자연의 아름다움을 동경하게 된다. 그래서 만들어진 것이 도시 한 가운데 자리하는 '도시숲'이다.

도시숲이란 말 그대로 도시 속의 숲을 말하며 도심 한복판에 우뚝 솟아 있는 산, 약수를 뜨고 산책로로 이용하는 주택가 뒷산, 공원에 조성한 숲, 건물 앞에 조성한 녹지, 심지어 도로변 화단이나 가로수까지 모두 도시숲에 해당한다.

우리는 도시숲을 통해 도심지에서도 자연을 느낄 수 있다. 도시숲도 일반 숲과 동일한 역할을 하여 스트레스와 피로를 풀어 주고 맑은 공기를 제공하지만 시간과 노력을 들여 찾아가야 하는 숲이 아니라 내 집 가까이에 있는 숲이라는 점에서 직접적으로 도시인의 삶에 큰 변화를 가져올 수 있다.

도시숲의 예 (자료 : 조재형 제공)

◀ 대구 앞산
▼ 대구 두류공원

정책으로 보호한다

2005년 노벨평화상 수상자는 급속히 사막화하는 아프리카에 나무심기 운동을 주도한 여성 환경운동가 왕가리 마타이였다. 정치 이외의 분야 사람이 노벨평화상을 받은 것은 이 때가 처음이었다. 그만큼 세계는 환경문제에 주목하고 있다. 그러나 그와 동시에 아직도 세계 곳곳에서는 아무런 불안감 없이 환경을 파괴하고 오염시키고 있는 것이 현실이다. 『침묵의 봄』을 쓴 미국의 해양생물학자 레이첼 카슨은 '침묵의 봄은 예고도 없이 어느 날 갑자기 우리 앞에 나타날 것'이라고 말한다. 상상해보자. 그렇게 찾아온 그날의 봄을. 모든 생명체가 멸종했거나 다 죽어가는 그곳에서 인간이 과연 어떻게 살아남을 수 있을 것인가. 침묵의 봄이 오는 그날은 바로 인류가 멸망하는 날이다.

우리 조상은 이러한 숲의 중요성을 알아 숲을 보호하기 위해 정책과 법을 제정하여 보호했다. 그러한 기록은 조선시대 이후부터 나타나기 시작한다. 고려 후기 숲은 거의 권문세가들의 소유였다. 이로 인해 일반백성들은 나무를 쉽게 사용할 수 없어 문제가 되었고 조선왕조는 숲을 국가 소유로 돌려 개인이 사사로이 숲을 소유하지 못하도록 금하였다. 숲의 나무를 함부로 베지 못하게 하였으며 이를 어겼을 때에는 엄벌에 처했다. 이러한 내용은 조선시대 법전에서 찾아볼 수 있다.

우리나라에서 현존하는 법전 중 가장 오래된 『경국대전』(성종 7년, 1485년)에는 마을의 주요 경제수종 수와 산지에 대해 기록하고 있으며 입산이 금지된 금산禁山에서 나무 베는 것을 금지하고 나무를 심으면 그 수를 보고하도록 했다. 이를 어기면 관련자에 따라 곤장의 수가 정해지고 형벌을 받았다. 『경국대전』 이후에 조례를 모아 간행한 『속대전』(영조 22년, 1746년)에서는 지방에 관리를 파견하여 일정기간 국가에서 필요한 나무를 벨 수 있도록 했다. 산에 불을 낸 사람, 나무를 함부로 베거나 베도록 허가한 사람에게는 무거운 형벌이 가해졌다. 『경국대전』과 『속대전』 등 여러 법령을 통합하여 편찬한 『대전통편』(정조 5년, 1785년)에는 나무를 많이 심어 재목으로 키운 사람에게 상을 내렸다는 기록이 남아 있다. 소나무를 함부로 벤 자는 국경 지방으로 귀양을 보내고 한성에서 가까운 곳에 있는 소나무는 베지 못하도록 하였다. 입산이 금지된 산에 있는 나무 중에 특별히 베지 못하도록 지정한 소나무禁松를 벤 사람은 극형(사형)에 처하도록 규정하고 있다. 그 밖에도 정조 6년(1782년)에 나온 『식목실총』에서는 식목에 대해 규정해 놓고 있으며 조선시대 마지막 법전인 『대전회통』(고종 2년, 1865년)에도 나무를 함부로 베는 자를 엄하게 다스린다는 규정이 있다.

이렇게 엄격한 법을 제정했지만 조선시대 후기로 갈수록 유교와 풍수를 중시하는 사상이 강해져 숲을 관리하기가 어려워졌다. 음택陰宅, 즉 조상의 묘에 관한 관심이 늘어나면서 묘지 주변의 숲을 점점 확장하여 소유하는 경우가 많아졌고 나중에는 국가에서 손을 쓸 수 없을 정도로 권력층에서 숲을 개인 소유하게 되었다. 여기에 우리의 숲 자원을 노린 열강들까지 가세하여 러시아에게 나무를 솎아 벨 수 있는 벌채권을 주는

등 국법에 의해 숲을 통제하는 힘을 잃었고 일제 강점기에 이르러서는 더욱 숲이 황폐화하였다.

을사보호조약(1905년)을 맺은 후 일제는 통감부를 설치하여 내각총리대신 이완용과 법무대신의 이름으로 산림법(1908년)을 만들었다. 22조로 되어 있는데 제1조에 산림의 소유를 제실림(왕실림), 국유림, 공유림, 사유림 등 4가지로 구분하였다. 1910년 한일합방 후에는 산림법을 폐지하고 본령 30조와 시행령 46조로 구성된 산림령(1911년)을 제정하였다. 이 법령들은 조선 후기부터 한반도 숲 소유 관계가 문란해져 주인 없는 산이 많은 것을 알아차리고 숲의 소유주를 확실하게 구분하여 소유가 불명확한 숲을 접수할 목적으로 만들어진 것들이었다.

이 법령은 해방 후에도 남아 있다가 1961년에서야 폐지되고 산림법으로 새로 탄생했다. 이 때 제정된 산림법은 일제 강점과 8·15광복, 6·25전쟁, 4·19혁명 등으로 인해 황폐한 숲을 속히 녹화하겠다는 의지를 담았다. 1973년에서 1982년을 '제1차 치산녹화 10개년 계획'으로 세워 나무를 심었는데 착수한 지 6년 만에 10년 목표를 달성하여 1978년에 완수하였으며 '제2차 치산녹화 10개년 계획'(1979~1988년)도 9년 만인 1987년에 완수하였다. 그 결과 우리 숲은 헐벗은 곳 없이 완전하게 녹화한 모습을 되찾았다. 이것은 헐벗은 산을 최단 기간에 녹화한 것이어서 우리나라는 세계적으로 조림 성공 국가로 인정받고 있다. 하지만 나무들이 아직 어려 자원으로서의 가치는 적어 '제3차 산림 기본 계획'(1988~1997) 기간인 10년간은 녹화된 숲을 자원화하겠다는 산지자원화정책을 펼쳐나갔다. 이어서 1998~2007년까지 향후 10년 동안을 '제4차 산림 기본 계획' 기간으로 잡고 산림 복지 국가로 발전하기 위해 지속 가능한 산림 경영 기반을 구축하는 정책을 펴고 있다.

현재 시행되고 있는 주요 산림관계법은 부록(260쪽)에 실었다.

나무 심는 사람

프랑스 낭만주의 초기 작가이자 외교관이었던 샤토브리앙은 "문명 앞에는 숲이 있고 문명 뒤에는 사막이 남는다." 하는 명구를 남겼다. 인류의 문명도 숲에서 시작하였다. 메소포타미아 문명이 발생한 유프라테스·티그리스 강 유역이 그러하고 나일 문명, 인더스 문명, 황하 문명은 강과 함께 숲을 모태로 하여 번창할 수 있었다. 숲은 초기 문명에서 늘어난 인구를 부양할 수 있는 중요한 원천이었다. 그러나 숲을 파괴하여 도시와 사원을 건축하고 경작지를 늘렸던 문명 발상지의 대부분에서 오늘날 발견할 수 있는 것은 사막뿐이다.

이러한 현상은 지금도 마찬가지여서 숲을 단순히 목재를 생산하는 곳으로만 인식하는 사람들이 많다. 소중한 우리 숲은 해가 갈수록 산업화와 산불 등으로 면적이 줄어들고 있다. 우리나라의 경우 최근 5년간 23,600여ha의 숲이 줄었는데 이는 여의도(840만m²)의 약 28배에 해당하는 넓은 면적이다. 이로써 귀한 야생동물이 사라지고 장마철만 되면 곳곳에서 홍수와 산사태가 발생한다. 세계적으로도 인구는 늘기만 하는데 벌목과 토양 유실로 세계 경작지의 1/3에 해당하는 면적이 생산력을 잃어가고 있어 개발도상국의 기아문제도 심각해지고 있다. 대기와 토양 등의 지구환경 전체가 오염되

예상되는 산림 면적 감소

식물학적 오염토양복원기술 예 김포(왼쪽), 난지도(오른쪽)의 쓰레기 매립장에 토양 복원을 위해 나무를 심었다.

며 세계적으로 사막화가 가속되고 있으며 생태계가 파괴되어 이상기후 현상이 나타나고 대기오염으로 인해 각종 피부병과 호흡기 질환 등으로 많은 사람이 고생하고 있다. 숲이 없으면 이런 문제들을 더욱 해결하기가 어려운데도 우리는 여전히 숲을 없애기만 할 뿐이다.

심으면 땅이 살아난다

나무를 심으면 그 자체로 많은 목재와 부산물을 제공하며 오염된 환경도 정화한다. 환경오염 중에서도 토양오염은 대기오염이나 수질오염에 비해 자연적인 정화나 복원 속도가 느리고 좁은 곳이라도 오염이 남아 있으면 다른 환경에 지속적인 영향을 미쳐 복원이 쉽지 않다. 토양 복원 방법 중에서도 나무를 심어 해결하는 것을 '식물학적 오염토양복원기술 phytoremediation'이라 한다. 이것은 단순히 나무를 심어 나무뿌리가 땅을 정화하도록 하는 것이어서 다른 오염을 유발하지 않는다. 처리 비용이 저렴하며 환경적 친밀감이 높아 사람들도 좋아한다. 자연적으로 정화되기를 기다리는 '자연정화기법natural attenuation'보다 정화 속도도 빠르다.
 그러나 뿌리의 대사활동으로 정화하는 것이라 정화할 수 있는 범위가 얕고 좁다. 초본이나 콩과식물을 이용할 경우에는 처리 깊이가 50cm 정도밖에 되지 않고 나무의 경우에도 2~3m를 넘지 못한다. 한 식물이 처리할 수 있는 정화력에 한계가 있어 오염상태가 심각한 지역에 심으면 오히려 식물이 해를 받을 위험도 있다. 그래서 오염이 심한 경우는 다른 물리·화학·생물학적 방법을 선행한 후에 사용한다. 또한 자연정화기법보다는 빠르지만 식물이 스스로 정화시키도록 하는 것이라 다른 생물학적 처리기법보다는 처리 속도가 느리며 식물체 내에 축적된 오염물질이 곤충이나 새의 먹이에 포함되어 다시 인간에게 돌아올 수 있고 아직까지 생소한 기술이라는 한계점도 있다. 그러나 이 기술이 제기된 지 20년이 채 되지 않아 연구 초기 단계라 할 수 있으므로 앞으로 이러한 단점들을 보완할 수 있는 가능성이 높다.

골라 심으면 효과 2배!
나무를 심을 때는 무조건 아무 나무나 심는 것보다는 지형이나 용도에 맞게 심어야 더 효과적이다.
 일반적으로 숲을 조성하기 위해서는 침엽수와 활엽수를 잘 섞어 심는다. 우리는 빠른 시일 내에 숲을 조성하느라 주로 침엽수를 심었다. 활엽수는 한꺼번에 많은 나무를 심으면 잘 자라지 못하지만 침엽수는 넓은 면적에 일시적으로 많은 수의 나무를 심어도 잘 자라기 때문이다. 하지만 침엽수만 있는 것보다는 활엽수가 섞여 있어야 다양한 생물이 살 수 있으므로 섞어 심는 것이 좋다. 활엽수를 심을 때는 한꺼번에 많은 수의 나무를 넓은 곳에 심지 않는다. 햇빛을 많이 받아야 잘 자라는 자작나무 같은 양지나무는 상관없지만 그늘을 좋아하는 음지나무나 그 중간의 반음지나무는 실패하기 쉽기 때문이다. 또한 음지나무나 반음지나무는 한 곳에 모아 심기 보다는 다른 나무 사이에 심는다.

이 외에도 활엽수 조림이 성공하기 위해서는 각 수종별 특성을 잘 알아야 한다. 예를 들면 피나무는 산등성이 바로 밑에서 잘 자라며 계곡에 심으면 잘 자라지 못한다. 층층나무, 까치박달나무처럼 가슴높이지름이 50cm를 넘지 않는 나무는 처음부터 심지 않는 것이 좋다. 느티나무는 계곡을 따라 심는데 산이 말안장모양으로 생긴 부분은 토양 습도가 잘 유지되기 때문에 산등성이라도 고로쇠나무나 느티나무가 잘 자란다. 떡갈나무는 햇볕이 충분히 내려쬐고 토양습도가 잘 유지되는 곳에 심는다.

목재로 사용하기 위해 심을 때에도 적절한 종의 나무를 적절한 곳에 심어야 한다. 크게 자라지 않는 나무는 심지 않으며 산등성이와 계곡에는 심지 않는다. 산등성이와 계곡의 나무는 산림 경영 기반의 외곽을 보호한다는 측면에서 목재로 사용하지 않고 보전하는 것이 바람직하다. 우리나라 산지의 산등성이에는 대부분 신갈나무가 분포하는데 신갈나무는 목재 가치가 떨어지므로 목재로 이용하기보다는 친자연적인 경영을 하는 것이 낫다. 계곡부에서 자란 나무도 목재가 물러서 잘 썩기 때문에 이들을 솎아 베는 것보다는 남겨두는 것이 낫다.

해안가 방풍림의 예

대기오염을 줄이기 위해서는 오염 물질에 내성을 가지는 나무를 활용한다. 기본적으로 활엽수와 침엽수를 복합적으로 조성해야 오염 물질 제거에 효율적이며 오염 물질의 방출 속도, 흡수 속도, 생태계의 물질 순환 기능 등을 종합하여 고려한다. 은행나무·양버들·은사시나무 잎은 유황 흡수량이 많으면서 피해가 낮고 오동나무·편백·화백·향나무 등은 유황 흡수량은 적으나 피해도가 낮다.

　소음 완화 기능도 숲의 구성에 따라 크게 달라진다. 잎이 많고 겨울철에도 잎이 달려 있는 상록수와 키가 큰 나무가 바람직하다. 나무가 빽빽하게 서 있고 가지 높이가 낮을수록 방음효과가 뛰어나 나무와 가지 높이가 높은 경우에는 낮은 나무도 같이 심는 것이 바람직하다.

　바람을 막는 방풍림은 너비 20~40m 정도로 조성하는 것이 안전하며 풍향의 직각 방향으로 조성한다. 바람을 막아야 하는 지역과 방풍림과의 간격은 나무 높이의 20배 정도가 되게 한다. 방풍수로는 크고 빨리 자라며 바람에 잘 견디고 힘이 좋은 상록수와 오래 사는 침엽수가 좋으므로 삼나무, 편백, 해송, 낙엽송, 전나무, 가시나무, 참나무류, 느티나무, 미루나무 등을 많이 심는다.

적절한 비료주기로 나무를 관리한다

　나무를 보호하고 가꾸는 방법에는 여러 가지가 있지만 적절한 비료를 사용하여 토양을 잘 관리하는 것도 중요한 방법 중 하나이다. 숲에서의 비료주기는 비료의 종류나 나무의 종류, 입지 환경 등에 따라 다르며 잘못 사용하거나 너무 많은 양을 사용하면 여러 가지 문제가 발생한다. 그래서 양분이 부족한 경우에는 비료를 주기보다는 필요 없는 나무를 솎아

식물의 기능과 양분 결핍 증상

질소 (N)	기능		식물의 모든 부분에서 다량으로 함유되는 성분으로서 중요한 유기화합물을 구성하는 가장 필수적인 원소 중의 하나이다.
	결핍증상	침엽수	잎이 황록색이 되며 길이가 짧아진다.
		활엽수	잎이 황록색이 되며 작아지고 한 잎자루에 달리는 작은잎의 수가 줄어든다.
인산 (P)	기능		식물이 영양성장을 할 때 분열작용에 가장 중요한 역할을 한다. 열매에 많으며 열매를 성숙하게 한다. 식물체 중에서 땅속에 있는 부분을 발달시켜 뿌리가 자라게 하며 발달한 뿌리는 양분흡수면적이 커지므로 추위나 건조에 잘 견딘다. 따라서 식물체를 강하게 하고 병해에 대한 저항력을 높인다.
	결핍증상	침엽수	잎 끝이 황갈색으로 변한다.
		활엽수	잎과 잎맥이 작아지고 잎 색이 담황색 또는 적자색으로 변한다.
칼륨 (K)	기능		뿌리에서 질소를 속히 단백질로 합성한다. 열매보다 잎에 많다. 동화작용과 질소화합물의 합성 및 세포분열을 촉진하며 뿌리의 발달을 돕는다.
	결핍증상	침엽수	잎 끝이 죽어 담황색이나 담녹색이 된다.
		활엽수	잎의 가장자리가 말라죽고 잎맥이 황록색이 된다.
황 (S)	기능		단백질의 성분으로 식물 생육의 필수요소이다.
	결핍증상	침엽수	잎이 죽고 잎 색이 담녹색으로 변하며 잎 끝부분은 황색이 된다.
		활엽수	잎이 담황색으로 변한다.
칼슘 (Ca)	기능		잎에 많다. 유독물질을 중화 및 흡수하며 생기는 유기산을 중화한다. 엽록소를 만들고 탄수화물을 옮겨주며 당이 만들어져 쓰이는 데 관여한다. 뿌리의 발달을 촉진하고 조직을 강하게 한다. 칼슘의 결핍은 분열조직의 생장이 줄어들 때부터 나타나며 이러한 결핍증은 이미 자란 끝부분과 어린잎에서 볼 수 있다.
	결핍증상	침엽수	잎 끝이 황백색이 되고 잎 중간에 황색 줄이 생긴다.
		활엽수	잎이 작아지고 잎의 수가 줄어든다. 잎맥이 뚜렷해지며 잎 색이 녹황색으로 변하고 잎 가장자리와 중간이 붉은 갈색이 된다.
마그네슘 (Mg)	기능		엽록소의 성분이 되며 단백질을 만들고 옮기는 데 관여한다. 인산의 이동과 지방 생성에도 필요하다.
	결핍증상	침엽수	잎 끝이 죽거나 갈색으로 변한다.
		활엽수	잎 중간에 황색 띠가 생기고 잎맥은 담녹색, 잎맥 주위는 담황색이 된다.
철 (Fe)	기능		식물체 내 함량은 매우 적으나 식물의 생육에는 꼭 필요하다. 철이 부족하면 엽록소가 만들어지지 않아 잎이 황백색을 띠게 된다.
	결핍증상	침엽수	잎이 연한 초록색이 되며 잘 성장하지 않는다.
		활엽수	잎맥이 담녹색으로 뚜렷해지며 잎은 백색 또는 황백색이 된다.
망간 (Mn)	기능		비교적 움직이지 않는 양분으로서 엽록체 생성에 가장 영향을 미친다. 망간이 부족해진 조직은 작고 세포벽이 두꺼우며 표피조직과 표피조직 사이가 오므라든다.
	결핍증상	침엽수	잎 끝이 황색이며 죽으면 갈색이 된다.
		활엽수	잎이 녹황색으로 변한다.
아연 (Zn)	기능		효소의 기능을 활성화한다.
	결핍증상	침엽수	잎이 죽으면 암갈색이 되며 끝은 황색이 된다.
		활엽수	뚜렷한 특징이 없다.
붕소 (B)	기능		식물의 생장점이나 형성층에 영향을 미친다. 탄수화물이나 단백질의 신진대사에도 필요하다.
	결핍증상	침엽수	잎의 가장자리가 연한 갈색이 되며 생장이 위축된다.
		활엽수	잎의 수가 줄어들고 잎의 모양이 변형된다.

베는 방법을 선호하기도 한다. 솎아 베면 일시적으로 낙엽 생산량은 줄지만 솎아 베면서 죽은 뿌리나 여러 잔존물이 증가하여 전체적으로는 유기물의 양이 많아질 수 있기 때문이다. 이 외에도 양분 함량이 높은 하층 식물이나 활엽수 낙엽을 뿌려 낙엽의 양분량을 증가시키는 방법을 쓰기도 한다.

토양에 양분을 제공하는 방법에는 이처럼 여러 가지가 있지만 일부 영양소의 부족으로 문제가 생겼을 때 가장 빠른 시일 내에 효과를 낼 수 있는 것은 비료주기이다. 나무가 자라는 데 필요한 영양소는 한 가지라도 부족하면 바로 부족현상이 나타나기 때문에 어떤 비료를 주어야 하는지 쉽게 알 수 있다. 하지만 현재 우리나라의 많은 숲에서는 어린 숲을 제외하고 비료주기가 거의 시행되고 있지 않다. 숲해설가는 참가자에게 숲에 대해 해설해 주는 것 외에 숲 관리자에게 나무에 적절한 비료를 쓸 수 있도록 조언해 주는 역할을 하는 것이 좋다.

나무상식

나무는 가만히 있는데 어떻게 영양분이 식물 내에서 이동할 수 있나요?

나무는 체관부가 발달하여 체관부 세포를 통해 멀리 떨어진 뿌리와 잎 사이까지 물질의 이동이 쉽게 일어납니다. 이동하는 원리는 세포 내부의 압력 차이입니다. 이를 팽압이라 하는데요, 광합성을 통해 양분을 만들게 되면 양분이 부족한 부분보다 농도가 높아지기 때문에 농도가 낮은 곳으로 이동하게 되는 것이지요. 양분의 이동량은 빛과 온도, 수분에 따라 달라지는데 빛이 적으면 광합성량이 줄어들고 온도가 30℃ 이상이 되면 호흡량이 늘어 양분의 이동량이 줄어듭니다. 수분이 너무 적어도 이산화탄소 흡수량이 떨어져서 양분의 이동량이 줄어듭니다. 이렇게 양분을 이동시켜주는 체관부는 활엽수, 침엽수 모두 수명이 1년이랍니다. 그리고 좀더 자세한 것 하나 더! 이런 양분 이동 속도는 활엽수는 최고 시간당 40~70cm, 침엽수는 최고 시간당 18~20cm이며 평균 속도는 둘 다 시간당 1~2cm입니다.

교토의정서, 탄소배출권, 그리고 숲해설

세계 각국에 온실가스 감축량을 부과하는 교토의정서가 2005년 2월에 발효되었다. 교토의정서는 1992년 리우에서 열린 지구정상회의에서 체결한 기후변화협약의 부속 의정서로서 1997년 일본 교토에서 채택하여 교토의정서라 한다. 교토의정서는 지구온난화를 방지하기 위해 대표적인 온실가스 6종류(CO_2, CH_4, N_2O, HFCs, PFCs, SF6)를 감축하기 위한 행동지침을 담고 있다.

선진국들은 2008~2012년에 온실가스 배출량을 1990년 대비 평균 5.2% 감축해야 하며 일본 경제 산업성에 따르면 2012년까지 1차 이행 기간 동안 일본이 감축 목표를 달성하기 위해서는 약 61조 원이 필요하다고 한다. 감축 목표를 달성하지 못할 경우 CO_2 1톤당 약 40~100유로의 벌금을 내야 하며 부여받은 감축량보다 더 줄인 나라는 못 줄인 나라에게 탄소배출권을 팔 수 있어 탄소배출권 시장이 형성되고 있다.

우리나라는 교토의정서를 체결할 당시에는 개발도상국으로 분류되어 감축 의무 대상에서 제외되었으나 2013년 이후에는 감축 의무 대상이 될 것이다. 우리나라는 현재 OECD 회원국이면서 온실가스를 세계에서 9번째로 많이 배출하는 나라이기 때문이다. 우리나라는 탄소배출권으로 인해 연간 약 6조 원의 기업 이익이 줄어들 수도 있다고 우려하고 있다. 산림의 양과 질에 따라 배출할 수 있는 산소배출권 양이 달라지는데 현재 우리나라에는 약 642만ha의 산림이 있으나 모든 산림이 탄소배출권으로 인정받은 것은 아니어서 산림청에서는 사유림과 국유림을 막론하고 2022년까지 산림 관리 계획을 실행하여 탄소 약 715만 톤을 흡수하는 것을 목표로 하고 있다.

이제 나무를 심는 것만으로는 부족한 시대가 되었다. 나무를 솎아내고 가지치기하고 꾸준히 돌보아서 탄소배출권을 인정받을 수 있는 숲으로 만드는 것이 중요한 과제가 되었다. 숲해설가는 시민들에게 지구온난화를 포함한 환경문제에서 숲이 얼마나 중요한지 알리고 숲을 가꾸는 데 필요한 의지와 능력을 키우도록 도와주어야 한다. 이제 숲해설은 즐거움과 배움의 나눔을 넘어서 한국 사회의 지속 가능한 발전과 지구촌 공동체 일원으로서의 책임에 관한 중요한 역할을 담당해야 한다.

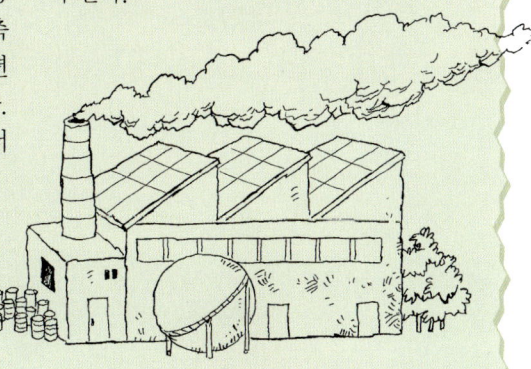

숲에서 마주치는 생물

숲에는 수많은 식물과 곤충, 동물이 살고 있다. 작은 들풀, 발자국 하나도 지나치지 말고 각 생물의 기본 특징을 알아 직접 구분해보자.

식물의 기본

식물은 종류나 수가 많기도 하지만 움직이지 않는 생물이기 때문에 야생 동물이나 곤충, 새에 비해 숲에서 쉽게 볼 수 있다. 자연히 숲해설가들이 주로 설명하게 되는 것도 식물이며 그 때문에 다른 생물에 비해 좀더 자세히 알아두어야 한다.

　식물은 크게 잎, 줄기, 뿌리, 꽃으로 이루어진다. 잎은 빛을 받아 광합성작용을 하며 식물 내의 수분을 밖으로 내보내는 증산작용을 한다. 줄기는 식물의 땅 윗부분을 지탱하고 호흡을 한다. 뿌리는 식물 전체를 지탱하며 토양에서 수분과 양분을 흡수한다. 꽃은 식물을 널리 퍼뜨리는 역할을 한다. 식물은 가을에 잎이 떨어지고 겨울에는 잠시 생장을 멈추기도 하며 자라고 번식한다.

　식물 기관의 역할과 식물의 한살이를 알았다면 이제 숲의 식물을 구분할 수 있어야 한다. 우선 잎이나 줄기, 꽃차례, 꽃잎, 수술, 열매의 종류와 특징을 설명하는 용어와 구분법을 알아야 한다. 이것은 식물 식별의 기본이 될 뿐만 아니라 다른 도감이나 전문서적을 통해 더 공부하기 위해서도 기본적으로 알아두어야 하는 사항이다. 그 다음은 식물을 구분하는 기준과 그 기준에 따라 나뉜 세부 분류를 알아야 한다. 이것을 숙지하면 모르는 식물을 보더라도 대충 어느 과科의 어느 속屬, 어느 종種인지 알 수 있으며 비슷해 보이는 식물도 분명하게 구분할 수 있다.

숲에서 만나는 식물

식물의 기본구조와 기능

식물은 영양기관(잎, 줄기, 뿌리)과 생식기관(꽃, 열매, 종자)으로 이루어진다. 기관은 조직으로 이루어져 있으며 조직은 세포로 이루어진다. 이 가운데 식물의 대표 기관인 잎, 줄기, 뿌리, 꽃에 대해 알아보자.

잎

잎은 빛을 이용하여 탄수화물을 합성하는 광합성작용을 한다. 이산화탄소를 흡수하고 생물의 호흡에 필요한 산소를 내보내며 동시에 식물 내부의 수분을 수증기의 형태로 내보내는 증산작용을 한다. 이렇게 잎은 식물 생존에 중요한 역할을 하는 기관이라 가시모양으로 되거나 독성물질을 함유하여 자신을 보호하기도 한다.

■ 잎의 구조

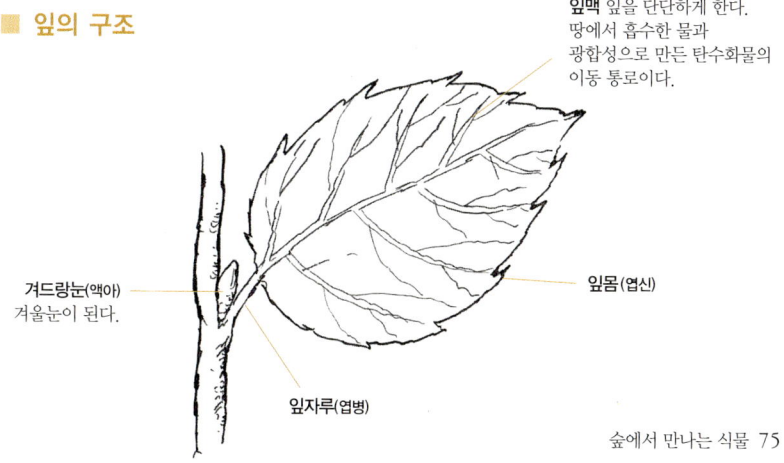

■ 잎맥의 종류

나란히맥 외떡잎식물

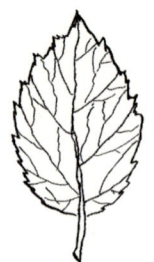
그물맥 쌍떡잎식물

■ 잎 모양

활엽수(단풍나무)
잎이 넓적해 햇빛을
많이 받는다.

침엽수(소나무)
잎이 바늘 형태라 추위와 건조에
잘 견딘다. 기공이 깊숙이 숨어 있고
두꺼운 왁스층으로 싸여 있다.

■ 기공

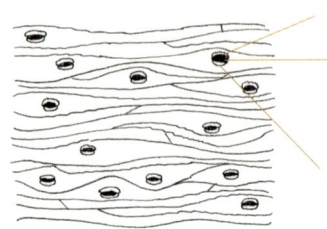
공변세포
기공 2개의 공변세포가 있어
열고 닫을 수 있다. 고온건조해지면
수분이 나가는 것을 막기 위해
기공을 닫는다.
공변세포

■ 기공의 위치

수직으로 서는 잎
앞뒷면에 있다.

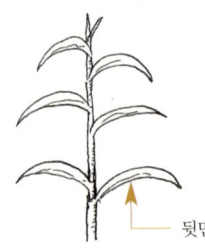
옆으로 눕는 잎
뒷면에 있다.

잎에는 숨구멍인 기공이 있다. 사람의 코에 해당하는 곳으로 이산화탄소와 산소, 수분을 내보내고 들인다. 기공의 분포 밀도나 크기, 모양은 식물의 종류와 주변 환경에 따라 다르다. 예를 들어 건조한 땅에 자라는 식물은 수분 증발을 막기 위해 기공의 크기가 작고 분포 밀도가 낮다.

줄기

줄기는 잎과 가지가 있는 식물의 윗부분을 지탱한다. 물질을 옮기고 저장하며 호흡을 하는 기관으로 햇빛을 많이 받기 위해 자란다. 자라는 과

■ 풀의 줄기 구조

표피
피층
체관
물관
관다발
형성층

■ 나무의 줄기 구조

코르크층 형성층을 보호한다.

체관부 잎에서 만든 탄수화물이 이동하는 통로로 2~3년간 살다 수피가 되어 떨어진다.

형성층 매우 얇은 세포층으로 영구히 산다. 세포분열로 물관부와 체관부를 만들어 나무가 굵어지고 나이테가 생긴다. 형성층의 일부가 파괴되면 주위의 형성층이 자라 빈자리를 메우며 상처를 치료한다.

심재 죽어 있는 조직이나 늙은 나무는 텅 비기도 한다. 짙은 색이다.

변재 만들어진 지 몇 년 지나지 않은 물관부로 유백색이다. 토양에서 흡수한 수분과 무기양분의 이동 통로가 된다.

물관부

외수피 죽어 있는 조직이다. 나무에 따라 독특한 형태로 벗겨진다.

> **나무상식**
>
> ### 나무의 나이는 나무를 베어야만 알 수 있나요?
>
> 나무의 나이를 알아보기 위해 나무를 모두 베어낼 수는 없습니다. 그래서 생장추를 이용하여 나이를 추정합니다. 생장추의 한쪽 끝은 드릴처럼 생겼는데 이 부분을 나무에 대고 돌리면 나무에 작은 구멍이 생기며 나무 조각이 가늘게 나옵니다. 이 조각의 나이테를 보고 나무의 나이를 추정합니다. 나무에 구멍이 나면 나무가 죽지 않냐고요? 아주 작은 구멍이라 나무가 사는 데는 문제없답니다.
>
>

정에서 나이테가 생기기도 하는데 풀은 가로로 퍼져 넓어지는 2차 생장을 하지 않기 때문에 나이테가 없다.

  호르몬이 풍성한 봄에는 세포가 왕성하게 분열하기 때문에 물관부의 세포 간격이 넓고 부드럽다. 반면에 호르몬이 적은 여름에서 가을에는 세포분열이 잘 일어나지 않아 물관부의 세포 간격이 좁고 단단하다. 이 차이에서 나이테가 생긴다. 나무라고 해서 모두 나이테가 있는 것은 아니다. 계절의 차이가 분명한 온대지방에서는 매년 한 개의 나이테가 생기지만 기후가 일정한 열대지방에서는 나이테가 생기지 않는다. 열대지방이라도 건기와 우기가 일정한 간격으로 반복되거나 고무나무처럼 새 잎이 나오는 시기가 일정한 경우에는 나이테가 생긴다. 나이테는 산불과 같은 급격한 환경 변화가 있을 때에도 생겨서 이 때의 나이테를 '거짓나이테'라 부른다. 이처럼 나이테를 조사하면 나무가 살아온 환경 조건도 파악할 수 있다.

뿌리

뿌리는 식물의 땅 윗부분이 움직이지 않도록 토양에 식물을 고정한다. 반대로 땅을 고정하는 역할도 해서 비탈진 곳이 무너지지 않게 한다. 토양에서 수분과 무기양분을 흡수하여 줄기와 잎으로 보내고 잎에서 만든 탄수화물을 저장하기도 한다. 호흡을 하며 물을 저장하여 홍수와 가뭄의 피해를 줄여주기도 한다.

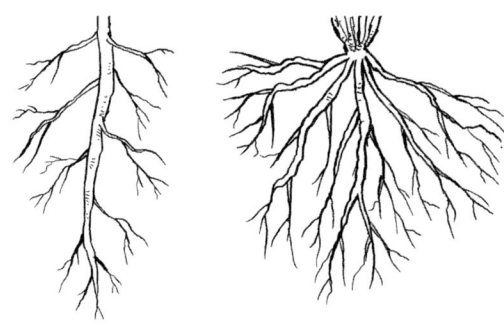

뿌리의 종류 곧은뿌리(왼쪽)는 쌍떡잎식물에 많으며 건조한 땅에서는 길게 자라고 습한 땅에서는 옆으로 퍼진다. 수염뿌리(오른쪽)는 외떡잎식물에 많다. 수염 같은 가는 뿌리에는 형성층이 없어 굵게 자라지 못한다.

줄기와 구조가 비슷하며 뿌리 끝의 분열조직이 세포분열을 하여 생장한다. 줄기와 달리 목질의 세포 비율이 낮아 부드럽고 형성층은 있지만 땅속 환경은 심하게 변하지 않기 때문에 나이테가 거의 없다.

뿌리는 곧은뿌리와 수염뿌리로 나뉜다. 곧은뿌리는 굵고 곧은 원뿌리와 곁뿌리로 이루어지며 수염뿌리는 수염처럼 가는 뿌리로만 되어 있다. 곧은뿌리의 원뿌리는 땅속 깊이 빠른 속도로 내려가는 뿌리로 지하 20cm 이내에 있다. 원뿌리 옆에는 곁뿌리가 있어 식물이 비나 바람에 쓰러지지 않게 한다. 곁뿌리는 수분과 양분을 흡수하여 성장에 영향을 주므로 식물을 옮길 때 곁뿌리가 상하지 않도록 주의한다.

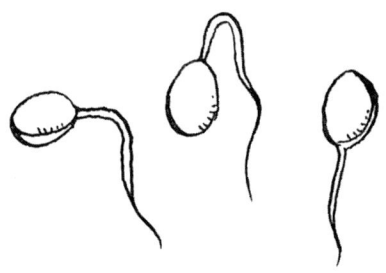

뿌리의 굴지성 뿌리는 줄기와 달리 중력의 방향으로 자라는 굴지성을 가지는데 온도와 수분 함량에 따라 그 정도가 다르다.

꽃

대표적인 생식기관으로 꽃가루받이와 수정을 위해 다양한 형태를 가진다. 바람에 의해 꽃가루받이가 이루어지는 경우에는 꽃이 일반적인 꽃처럼 생기지 않았으며 꽃가루받이의 확률을 높이기 위해 꽃가루를 많이 만들어낸다. 곤충에 의해 꽃가루받이가 이루어지는 경우에는 곤충을 유혹하기 위해 꽃이 아름다운 모양을 하고 있으며 향기를 내뿜고 꿀을 만든다.

꽃은 여러 분류 기준으로 나눌 수 있는데 아래 그림의 모든 구성 요소를 갖추었으면 완전화라 하며 한 가지라도 부족하면 불완전화라 한다. 암술과 수술이 한 꽃에 있는 경우는 양성화라 하고 암술과 수술이 다른 꽃에 있는 경우는 단성화라 하여 구분하기도 한다.

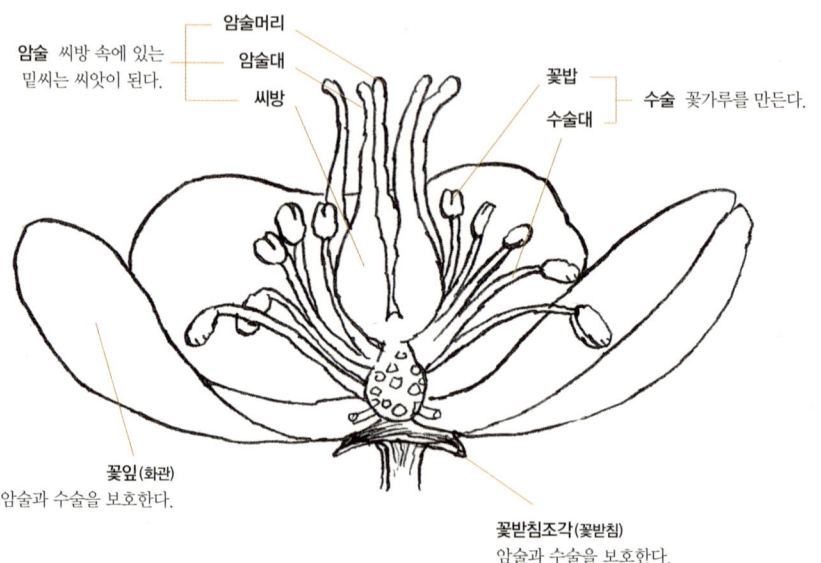

꽃의 구성 요소

식물의 생활 엿보기!

사람이라면 누구나 먹고 자고 배설하는 일을 한다. 나이를 먹어가며 몸이 자라고 나중에 나이가 많이 들면 머리가 희끗희끗해진다. 식물도 살기 위해서 양분을 만들고 호흡하며 시간이 흐르며 자라고 가을이 오면 단풍이 들며 잎이 떨어진다. 그리고 자신의 자손을 퍼뜨려 유한한 생명을 마감하면서도 종족만은 영원히 남을 수 있도록 삶의 흔적을 남긴다. 이런 식물의 삶을 살짝 엿보자.

민들레의 한살이

식물의 기본 생활

광합성

잎의 엽록체에서 빛을 이용하여 이산화탄소와 물을 탄수화물로 합성하는 과정을 광합성이라고 한다. 식물은 광합성작용을 통해 필요한 양분을 스스로 만들 수 있지만 식물을 제외한 지구상의 거의 모든 생물은 스스로 양분을 만들 수 없다. 광합성 과정에서 식물은 이산화탄소를 흡수하고 산소를 내보내기 때문에 지구상의 생명체가 호흡할 수 있다.

증산작용

식물 안에 있는 수분은 기공을 통해 수증기 형태로 나간다. 이 현상을 증산작용이라 하는데 기공이 열려 있는 낮에만 일어난다. 한여름 대낮에는 지나치게 많은 수분이 빠져나갈 수 있어 기공을 닫아 일시적으로 증산작용을 억제하며, 건조한 곳에 사는 식물은 낮에 기공을 열면 수분을 많이 잃기 때문에 밤에만 기공을 연다.

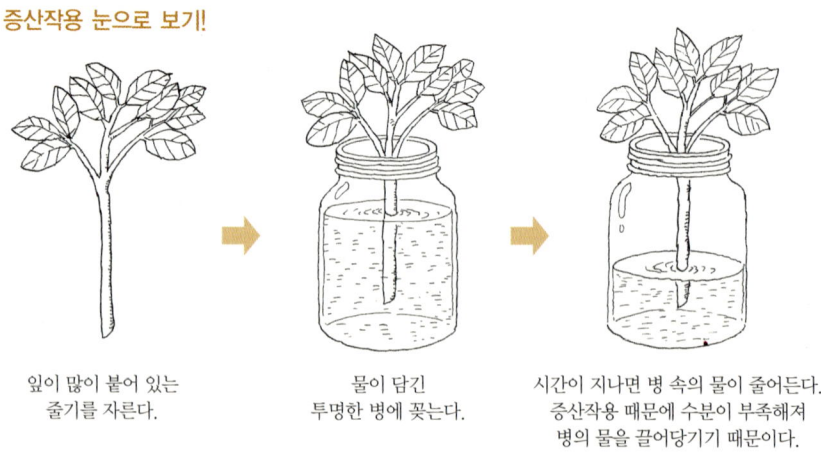

증산작용 눈으로 보기!

잎이 많이 붙어 있는 줄기를 자른다.

물이 담긴 투명한 병에 꽂는다.

시간이 지나면 병 속의 물이 줄어든다. 증산작용 때문에 수분이 부족해져 병의 물을 끌어당기기 때문이다.

증산작용을 하면 식물의 수분이 사라지므로 필요 없는 과정으로 보일 수 있지만 이산화탄소를 흡수하기 위해서는 기공을 열 수밖에 없다. 증산작용이 없다면 뿌리에서 수분과 무기양분을 끌어당길 수도 없다. 증산작용으로 수분이 부족해져야만 잎 내부로 물을 끌어당기는 압력이 발생하여 뿌리에 있는 수분과 무기양분을 끌어당길 수 있기 때문이다.

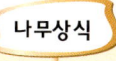

나무상식

잎은 왜 녹색인가요?

잎에 있는 엽록소가 녹색이기 때문 아니냐고요? 아닙니다. 엽록소는 광합성에 많이 사용하는 푸른색과 붉은색의 빛만 흡수하고 불필요한 녹색 빛은 반사하기 때문에 우리의 눈에는 잎이 녹색인 것으로 보이는 것입니다.

호흡

산소를 들이마시고 이산화탄소를 내보내는 현상을 호흡이라 하는데 식물도 호흡을 한다. 광합성작용으로 이산화탄소를 빨아들여 산소를 내보내기도 하지만 호흡으로는 산소를 마시고 이산화탄소를 내보내는 것이다. 식물은 호흡을 하며 산소를 사용해 탄수화물을 태우고 이 과정에서 생명을 유지하는 에너지를 얻는다. 물관부 조직을 제외하고 식물의 살아있는 모든 부분에서 밤과 낮을 가리지 않고 24시간 일어나며 이 때 만든 에너지로 세포의 분열·신장·분화, 탄수화물의 이동·저장, 대사 물질의 합성·분해·저장, 무기물의 흡수 등을 한다.

낙엽

식물사회에도 구조조정이 있다. 식물은 겨울에 대비하여 줄기나 뿌리 내부로 영양분을 모으면서 광합성 능력이 떨어진 잎은 떨어뜨리는데 이것이 낙엽이며 식물사회에서 본다면 구조조정이다. 겨울이라는 환경 스트레스를 견디기 위한 것으로 실제로 심한 스트레스는 낙엽을 유발한다.

　떨어진 잎에는 칼륨, 마그네슘 같은 양분이 남아 있다. 잎에 있는 무기양분 중에서 질소, 인, 칼슘 등 잘 이동하는 물질은 가지로 이동하지만 칼륨과 마그네슘은 이동이 어려워 잎과 함께 땅으로 떨어지는 것이다. 이 때 잎에 있는 칼륨과 마그네슘은 땅에서 썩으면서 유기질 비료가 되어 다시 식물로 돌아온다. 낙엽을 태우면 이런 무기양분이 기체로 사라지므로 가만히 두어 나무에게 돌려줘야 한다.

단풍

가을이면 잎이 알록달록 물들어 사람들의 시선을 끌어당긴다. 잎에는 본래 녹색의 엽록소 외에 붉은색의 카로틴, 노란색의 크산토필 등의 색소가 있다. 평소에는 엽록소 때문에 밖으로 드러나지 않지만 기온이 떨어지면서 빛을 받으면 엽록소가 사라지기 때문에 보이지 않던 색소들이 보인다. 또는 엽록소가 사라지며 다른 여러 색소를 합성하여 다양한 색으로 물들기도 한다. 사람이 자외선을 많이 받으면 피부를 보호하기 위해 멜라닌 색소가 만들어져 피부가 검게 변하는 것과 같은 원리이다.

나무상식　올해는 유난히 단풍 색이 짙네요

맑은 날이 계속되면서 밤 기온이 낮으면 단풍 색이 진해집니다. 맑고 밤 기온이 낮으면 광합성량은 많아지고 호흡량은 적어집니다. 그런데 색소를 만드는 데 필요한 영양분은 광합성을 통해 만들어지고 호흡을 통해 사라지니 광합성량이 최대가 되고 호흡량이 최소가 되는 맑고 밤 기온이 낮은 가을날 단풍 색이 더욱 짙어지지요.

휴면

야생 곰이 모든 활동을 멈추고 겨울잠을 자듯이 식물도 겨울과 같은 불량 환경에서는 잠시 생장을 멈춘다. 이를 휴면이라 부른다. 휴면은 겨울잠처럼 겨울이라고 해서 일어나는 것이 아니다. 오히려 겨울에 꽃을 피우는 식물도 있다. 식물마다 견디기 어려운 환경이 다르며 이 원인에 따라 휴면하지 않도록 하는 조건도 다양하다.

생장과 번식

식물이 자라는 것을 생장이라 부르며 생장에는 영양기관이 길고 넓게 자라는 영양생장과 생식기관이 자라 열매를 맺고 자손을 퍼뜨리는 생식생장이 있다.

영양생장

식물은 세포가 분열하여 수가 늘어나고 늘어난 세포가 커져 독특한 기능을 수행하는 세포로 바뀌는 과정을 통해 자란다. 이것을 영양생장이라 한다. 온몸의 세포에서 분열이 일어나는 동물과 달리 식물은 정해진 분열조직에서만 세포가 분열한다. 분열조직에는 길어지게 하는 생장점과 넓어지게 하는 형성층이 있다. 이에 따라 영양생장을 키가 크는 길이생장과 옆으로 넓어지는 부피생장으로 나누며, 뿌리의 생장은 따로 뿌리생장이라 한다.

나무는 줄기 끝에 있는 눈이 새로운 가지로 발달하며 키가 큰다. 가지 끝에 있는 눈은 꼭지눈(정아)으로 나중에 가지가 된다. 꼭지눈 옆의 눈이 곁눈(측아)이며 잎 옆에 있는 눈은 겨드랑눈(액아)으로 이들은 나중에 가지, 잎 또는 꽃이 된다. 나무의 키가 자라는 이유는 햇빛을 더 많이 받기 위해서이다. 다른 나무보다 더 빨리 자라기 위해 꼭지눈을 위주로 자라고 곁눈과 겨드랑눈의 생장은 억제하는 경우가 많은데 이러한 현상을 정아우세성이라 한다. 일반적으로 꼭지눈의 생장이 약해지면 곁눈과 겨드랑눈의 생장이 왕성해진다. 그래서 정아우세성이 강한 겉씨식물은 원뿔 모양이며 속씨식물은 어릴 때는 정아우세성이 강해 원뿔 모양이다가 다 자라면 정아우세성이 사라져 공 모양이 된다.

줄기가 굵어지는 부피생장은 키가 자라도 넘어지지 않도록 식물을 지탱하기 위해 한다. 체관과 물관으로 이루어진 관다발과 나무의 겉껍질 안쪽의 코르크층이 자라며 굵어지는데 코르크층을 만드는 형성층을 코르크형성층, 관다발을 만드는 형성층을 관다발형성층이라 한다. 이 가운데 주로 관다발형성층에 의해 줄기가 굵어진다. 형성층의 세포가 분열하며 안쪽으로 2차 물관부를 만들고 밖으로 2차 체관부를 만드는데 체관부보다는 물관부를 만들기 때문에 엄밀하게 말하면 물관부의 형성이 나무의 굵기를 좌우한다고 할 수 있다.

뿌리는 뿌리 끝에 있는 생장점에서 세포가 분열하며 자란다. 더 많은 수분과 무기양분을 흡수하기 위해 생장하며 줄기보다 먼저 자라기 시작하여 줄기보다 늦게까지 자란다. 그래서 봄철에 나무를 심을 때는 적어도 줄기의 눈이 트기 2주 전에 심어야 뿌리가 잘 자랄 수 있다. 식목일이

눈의 종류

4월 5일인데 이 때는 이미 뿌리가 왕성하게 활동하는 때라 뿌리에 해가 될 수 있어 그 시기를 앞당겨야 옳다. 뿌리에도 관다발형성층이 있어 굵어지며 오래된 뿌리에는 코르크 조직이 생겨 뿌리를 보호한다.

생식생장

식물도 종족을 보존하기 위해 자신과 같은 유전자를 가진 개체를 만들며 번식한다. 이것을 생식생장이라 한다. 생식에는 무성생식과 유성생식이 있다. 무성생식은 영양생식이라고도 하며 식물의 성별과 관련 없이 꺾꽂이나 접붙이기, 휘묻이, 포기나누기처럼 식물의 일부를 떼어 번식하는 방법이다. 유성생식은 암·수가 만나 번식하는 것으로 양쪽 부모에게서 유전자를 받기 때문에 무성생식과는 달리 부모와 다른 다양한 형질이 나타난다. 식물은 주로 꽃이 피고 열매를 맺어 번식하는 유성생식을 통해 번식한다.

사람도 어린 시절에는 생식 능력이 없듯이 식물에게도 생식이 불가능한 유년기가 있다. 다른 식물보다 더 많은 햇빛에너지를 얻기 위해 어린

**새싹은 봄에만 나는 것 아닌가요?
어떤 나무는 여름에도 잎이 나요!**

생장에 따라 나무를 고정생장형과 자유생장형으로 나눕니다. 고정생장형은 겨울눈에서만 잎이 나오며 봄에만 자라지요. 그래서 생장 속도도 느리고 줄기의 마디가 1년에 한 개씩 생겨 마디 수로 나무 나이를 추정합니다. 여기에는 잣나무, 가문비나무, 솔송나무, 너도밤나무, 참나무 등이 있습니다. 반면에 봄에 잎이 나고 다시 눈을 만들어 여름에도 잎이 나며 가을 늦게까지 생장하는 자유생장형도 있습니다. 당연히 생장 속도가 빠르지요. 사과나무, 미루나무, 은행나무, 낙엽송, 자작나무 등이 여기에 해당한답니다.

시절에는 영양생장에만 에너지를 쏟기 때문이다. 나무는 유년기가 수년에서 수십 년 정도로 긴 편이며 사람이 2차 성징이 일어나며 변하듯 식물도 유년기를 벗어나며 형태가 변하기도 한다. 예를 들면 향나무는 유년기에는 잎이 뾰족한 침 모양이지만 성숙기에는 부드러운 비늘 같은 잎이 된다. 송악도 유년기에는 잎의 가장자리가 깊게 패어 들어가지만 성숙기에는 둥글어진다.

영양생장과 생식생장은 한쪽이 활발하면 다른 쪽을 억제한다. 생식생장을 위해서는 충분한 영양생장을 해야 하지만 일단 생식생장이 시작되면 영양생장을 억제한다. 그래서 열매가 많이 달린 다음해에는 영양생장을 충실히 하기 위해 열매가 많이 달리지 않고 꽃눈을 제거하면 새로운 가지와 줄기, 뿌리가 활발하게 자란다.

식물이 번식하기 위해서는 기본적으로 꽃이 피어야 한다. 꽃피는 시기는 환경을 바꾸어 조절할 수 있는데 대표적인 예가 햇빛을 받는 시간에 따라 생활 현상이 달라지는 광주기성이다. 꽃은 누가 알려주지 않아도 자신의 피어야 하는 계절에 맞추어 핀다. 낮의 길이에 따라 계절을 알고 꽃을 피우는 것이다. 그래서 때로는 봄에 피는 개나리가 가을에 살짝 피

향나무와 송악의 유년기와 성숙기

향나무 유년기　　향나무 성숙기　　송악 유년기　　송악 성숙기

기도 하거나 가을에 피는 코스모스가 봄에 잠시 피기도 한다. 봄과 가을은 낮 길이가 비슷하기 때문이다. 이것을 이용하여 인위적으로 꽃피는 시기를 조절하기도 한다. 예를 들어 낮이 길어야 꽃이 피는 사리풀이나 낮이 짧아야 꽃이 피는 도꼬마리의 경우 낮의 길이를 조절하면 제 계절이 아닌 때에도 꽃을 피운다. 꽃피는 시기만이 아니라 싹이 나고 휴면에 드는 시기도 빛에 따라 달라지는데 이 모두가 광주기성이다. 그런데 모든 식물이 광주기성을 가진 것은 아니다.

겨울과 같은 추위가 지나야 꽃이 피는 경우도 있는데 이를 춘화현상이라 한다. 일반적으로 봄에 피는 식물이 이런 성질을 가지고 있어 냉장고와 같은 서늘한 곳에 저장하면 꽃피는 것을 유도할 수 있다.

꽃이 지고 나면 열매를 맺고 씨앗이 생긴다. 씨앗의 씨눈은 씨껍질을 뚫고 나와 싹이 트는데 수분, 온도, 산소, 광합성 등의 조건이 맞아야만 한다. 야자나무, 등나무 씨앗은 껍질이 단단해서 수분을 잘 흡수하지 못

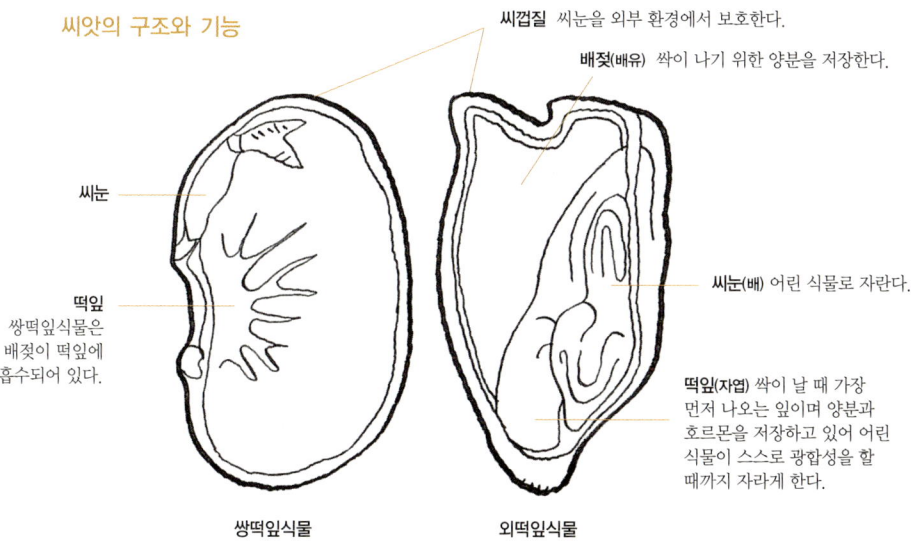

씨앗의 구조와 기능

씨껍질 씨눈을 외부 환경에서 보호한다.
배젖(배유) 싹이 나기 위한 양분을 저장한다.
씨눈
떡잎 쌍떡잎식물은 배젖이 떡잎에 흡수되어 있다.
씨눈(배) 어린 식물로 자란다.
떡잎(자엽) 싹이 날 때 가장 먼저 나오는 잎이며 양분과 호르몬을 저장하고 있어 어린 식물이 스스로 광합성을 할 때까지 자라게 한다.

쌍떡잎식물   외떡잎식물

하기 때문에 싹트기가 어렵다. 이 때에는 물리적으로 흠집을 내거나 황산과 같은 약품을 이용하여 껍질에 상처를 내 수분을 잘 흡수하게 해준다. 산소가 잘 공급되지 않아도 싹이 트지 못하므로 지나치게 많은 물을 줘서 공기와 만날 수 없게 해도 안 된다. 씨앗이 싹트기 위해서는 효소 활동도 왕성해야 하는데 식물에 따라 다르지만 일반적으로 평균 온도가 20~35℃이고 낮과 밤의 온도차가 10℃ 이상 되면 효소 활동이 활발해 싹트기 쉽다. 빛에 따라서도 싹 트는 정도가 다르다. 일반적으로 빛이 있어야 싹이 트기 때문에 잡초를 제거하면서 땅을 뒤집으면 땅속에 묻혀 있던 잡초 씨앗이 밖으로 나와 빛을 받으면서 더 많은 잡초를 싹틔운다. 무조건 빛이 많아야 싹이 잘 트는 것은 아니며 수박이나 호박 같은 박과 식물은 빛이 없어야 싹이 튼다.

싹이 틀 만한 환경이 되어도 싹트지 않는 경우를 종자휴면이라 한다. 종자휴면의 원인은 다양하다. 종자휴면성이 강한 나무 가운데 물푸레나무나 은행나무는 씨앗이 덜 익은 상태에서 떨어진 후 익기 때문에 씨눈이 완전히 자라지 못하고 아까시나무는 씨껍질이 지방질이라 수분 등을 흡수하지 못하게 방해한다. 호두나무는 씨껍질이 단단하기 때문에 싹이 트기 어려우며 어떤 나무는 씨눈이나 주변 조직에서 생장억제물질을 분

종자 휴면을 깨뜨리는 인위적인 방법

씨눈이 덜 자란 경우 → 후숙 처리(모래 또는 톱밥에 넣어 상온에서 저장한다.)
　　　　　　　　　　　→ 생장촉진물질 처리(생장촉진물질을 주입한다.)
생장을 억제하는 물질이 있는 경우 → 저온 처리(10℃ 이하의 저온에서 보관한다.)
씨껍질이 딱딱한 경우 → 화학적 처리(황산 같은 약품으로 씨껍질을 깨뜨린다.)
　　　　　　　　　　　→ 물리적 처리(모래에 넣고 흔들어 씨껍질에 상처를 낸다.)

비하거나 생장촉진물질이 부족해 싹이 트지 않는다. 예를 들어 소나무는 간혹 페놀류나 타닌 같은 물질을 분비해 경쟁이 되는 식물이 싹트는 것을 막는다. 이런 종자휴면은 환경이 나쁠 때 쉬고 있다가 좋아지면 싹을 틔우기 때문에 겨울이나 건기와 같은 불량환경에서 살아남기 위한 생존전략의 일환이다.

종자휴면의 원인에 따라 여러 방법으로 대처할 수 있지만 때로는 자연적으로 종자휴면이 깨지기도 한다. 숲 속에서 낮과 밤의 온도차가 커지면서 씨껍질이 깨져 싹이 트기도 하고 야생동물이 먹었다가 배설하면 씨껍질이 유연해져 싹이 튼다. 인삼 씨앗을 새가 먹었다가 산에 배설해서 퍼뜨린다는 설이 있는 산삼이 대표적인 예이다.

식물 구분하기

이제 식물의 기본 작용과 생장까지 알았다면 본격적으로 식물을 구분해 보자.

식물을 나누는 기준은 여러 가지가 있다. 크게는 나무와 풀로 나누는데 그 기준은 단단한 목질인가 아닌가이다. 풀은 목질부가 없어 단단하지 않으며 주로 겨울에는 활동하지 않는다. 꽃이 피고 씨앗을 맺고 나면 죽어서 한해살이풀과 여러해살이풀로 나누며 여러해살이풀이라고 해도 나무처럼 오래 사는 것은 아니다. 부피생장을 하지 않아 굵지 않으며 주로 생식생장에 주력한다. 환경에 대한 저항성도 나무보다 약하다. 반면에 나무는 목질부가 있어 단단하며 겨울에도 살아서 활동한다. 오래 사는 편이며 부피생장을 하기 때문에 몸체가 크다. 영양생장에 많은 에너지를 쓰며 환경에 대한 저항성이 강하다. 나무는 다시 형태에 따라 교목과 관목으로 나눈다. 교목은 주된 나무줄기가 굵어서 가는 가지와 구분이 뚜렷하며 5~8m 이상 되는 큰 나무이다. 관목은 주된 나무줄기가 분명하지 않고 밑동에서 여러 줄기가 나며 키가 작은 떨기나무이다. 잎의 모양에 따라 잎이 바늘처럼 뾰족한 침엽수와 넓은 활엽수로 나누기도 한

대나무는 나무? 풀??

대나무는 나무인지 풀인지 논란이 많은 식물입니다. 오래 살고 단단한 목질부가 있어 나무라고 하는 학자도 있고 관다발형성층이 없어 부피생장을 하지 못하고 속이 비어 있으니 풀이라고 하는 학자도 있습니다. 이처럼 풀과 나무의 특성을 다 가지고 있어 대나무류로 따로 분류해야 한다고 주장하는 학자도 있으나 식물학적으로는 풀로 보는 것이 맞습니다.

나무의 형태와 잎 모양에 따른 구분

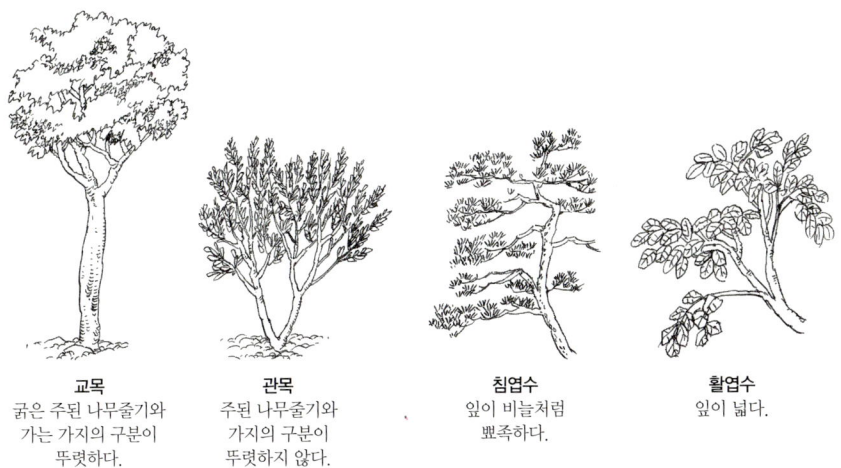

교목
굵은 주된 나무줄기와 가는 가지의 구분이 뚜렷하다.

관목
주된 나무줄기와 가지의 구분이 뚜렷하지 않다.

침엽수
잎이 비늘처럼 뾰족하다.

활엽수
잎이 넓다.

다. 대부분의 침엽수는 사시사철 푸른 상록수이며 대부분의 활엽수는 가을에 잎이 지고 봄에 새 잎이 나는 낙엽수이다. 흔치는 않지만 가을에 잎이 노랗게 단풍들었다가 잎이 떨어지지 않고 이듬해 봄에 다시 푸르러지는 반상록수도 있다.

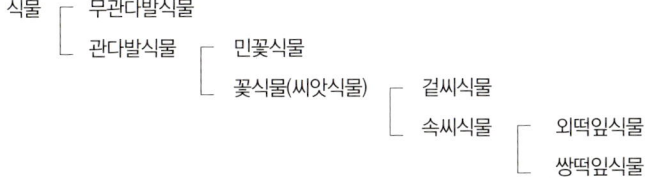

일반적으로는 관다발이 있는지 없는지에 따라 식물을 관다발식물과 무관다발식물로 나눈다. 무관다발식물에는 이끼류, 지의류, 조류 등이 있으며 물이 풍부한 지역에 산다. 그 나머지 대부분의 식물은 관다발식물이다. 관다발식물은 다시 꽃이 피는 꽃식물과 꽃이 피지 않는 민꽃식물로 나뉜다. 꽃식물은 꽃이 핀 후 씨앗을 형성하기 때문에 씨앗식물이라고도 한다. 꽃식물은 다시 소나무나 은행나무처럼 씨앗이 밖으로 보이는 겉씨식물과 씨앗이 씨방 속에 숨어 있는 속씨식물로 나뉘며 속씨식물은 떡잎이 한 개인가 두 개인가에 따라 외떡잎식물과 쌍떡잎식물로 나뉜다.

외떡잎식물과 쌍떡잎식물 비교

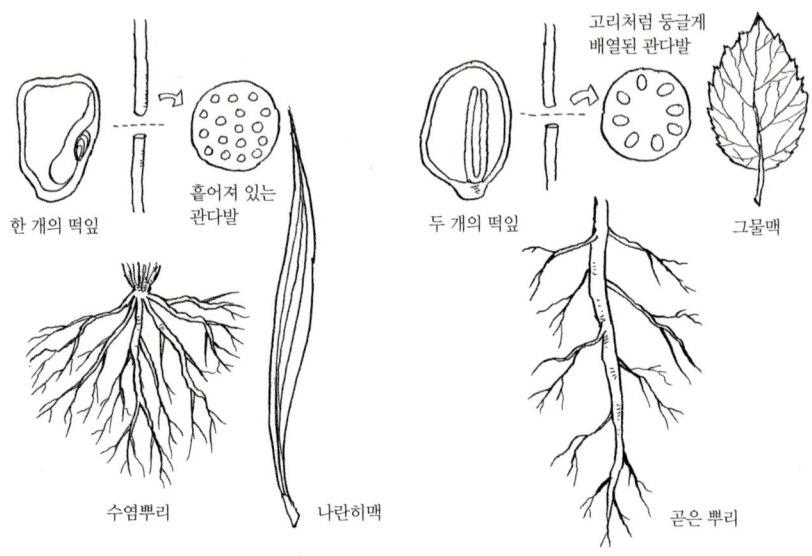

식물 분류의 기본

이제 본격적으로 식물을 분류해보자. 흔히 '식물을 동정한다.'고 하는데 여기서 동정identification이라는 것은 식물이 속한 분류군을 찾아 그 이름을 찾아내는 것으로 '식물 식별'이라고도 한다. 숲해설가라면 숲의 식물을 보고 동정할 줄 알아야 하며 그러기 위해서는 식물의 분류군을 알아야 한다. 식물의 분류군은 식물을 형태나 생리, 유전적 유연관계에 따라 서로 가깝고 먼 관계를 따져 분류한 것으로 가장 기본적인 단위는 '종'이다. 각 단위의 크기는 '계 〉 문 〉 강 〉 목 〉 과 〉 속 〉 종'이며 필요하다면 기본 단위보다 작은 계급을 이용하여 아종, 변종, 품종 등을 사용한다. 예를 들어 올벚나무는 식물계 / 속씨식물문 / 쌍떡잎식물강 / 장미목 / 장미과 / 벚나무속 / 올벚나무이다.

  이 중에서도 우리가 자세하게 알아야 하는 것은 씨앗식물이다. 각 식물을 세분하는 체계는 여러 가지가 있는데 요즘 보편적으로 사용하는 체계는 관다발식물을 6개 문으로 나누는 'Cronquist 체계'이다. 여기서는 6개 문 가운데 씨앗식물에 해당하는 겉씨식물문과 속씨식물문만 살펴볼 것이다. 씨앗식물은 전 세계 식물종의 80% 이상을 차지하고 이 중에서

식물의 분류

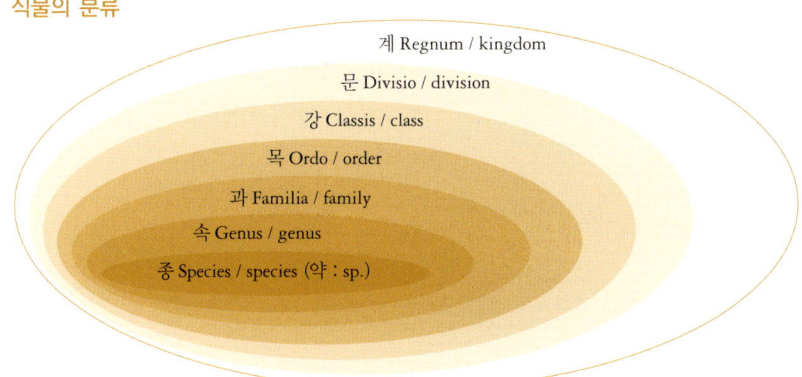

*빗금 뒤는 영어 표기, 괄호 안의 '약'은 약칭의 표시이다.

도 속씨식물문은 전 세계 관다발식물 35만여 종 중에서 25만여 종에 해당하기 때문에 씨앗식물만 살펴보아도 많은 식물에 대해 알 수 있다.

겉씨식물문과 속씨식물문의 가장 큰 차이는 씨앗이 밖으로 드러났느냐 드러나지 않았느냐 하는 것이다. 겉씨식물문은 속씨식물문에 비해 종과 과의 수가 적다. 속씨식물문은 다시 쌍떡잎식물강과 외떡잎식물강으로 나뉘며 쌍떡잎식물강은 6개 아강, 외떡잎식물강은 5개 아강으로 나눌 수 있다. 이 아강은 여러 정보를 종합하여 나눈 것이기 때문에 몇몇 특징만으로 간단히 정의할 수 없으며 특징이 있는 경우에도 해부학적 특징인 경우가 많아 눈으로 확인하기 어렵다.

관다발식물	포자식물	민꽃식물	솔잎난식물문 솔잎난강
			석송식물문 석송강 물부추강
			속새식물문 속새강
			양치식물문 양치강
	씨앗식물		겉씨식물문 소철아문 소철강 소나무아문 은행나무강 소나무강 매마등아문 매마등강
		꽃식물	속씨식물문 쌍떡잎식물강 외떡잎식물강

Cronquist 체계에 따른 6개의 문

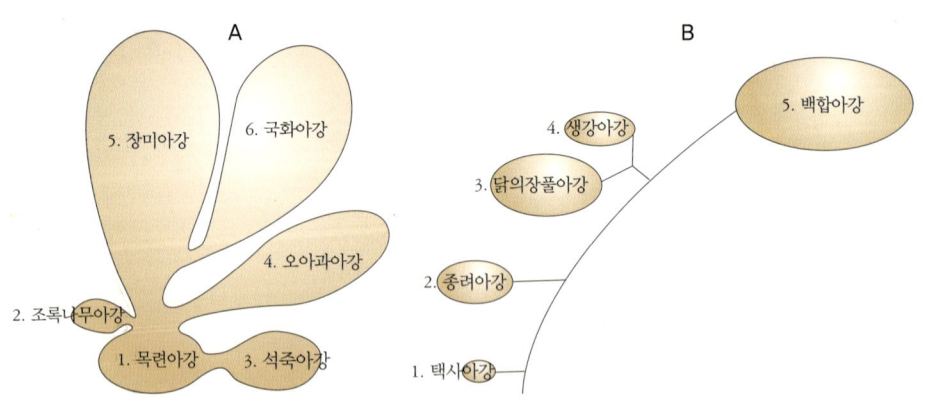

쌍떡잎식물강(A)과 외떡잎식물강(B)의 아강간 진화계통도 풍선 크기는 각 아강에 속한 종 수와 비례한다.
Cronquist 분류체계 / 출처 : 이유성(1999)

식물의 특징을 설명하는 용어들

본격적으로 각 과별 특징과 대표 식물을 알아보기 전에 식물의 특징을 설명하는 기본 용어를 익혀 두자. 식물은 외부 형태에 따라 분류하는데 각 형태에 대해서는 간략한 용어를 주로 사용한다. 일반 도감이나 식물 전문서를 읽기 위해서도 기본 용어는 알아두어야 한다. 여기서는 도감 등에서 자주 등장하는 기본적인 용어만을 정리하였다. 괄호 안은 흔히 쓰는 한자명이다.

■ 줄기

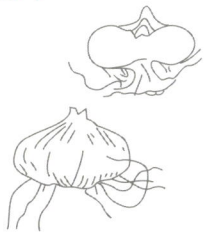

알줄기(구경)
땅속줄기가 둥근 알처럼 되어 있다.

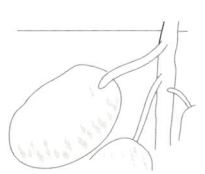

덩이줄기(괴경)
땅속줄기가 덩어리로 되어 있다.

비늘줄기(인경)
줄기가 여러 개의 비늘이 포개진 것처럼 보인다.

땅속줄기(지하경)
땅속에 있는 줄기로 뿌리와 착각하기 쉽다.

기는줄기(포복경)
땅 위로 기면서 자라는 줄기로 간혹 땅속에 있는 경우도 있다.

숲에서 만나는 식물 97

■ 잎

1. 잎의 배열

2. 잎맥

3. 잎 모양

4. 잎이 나는 모양

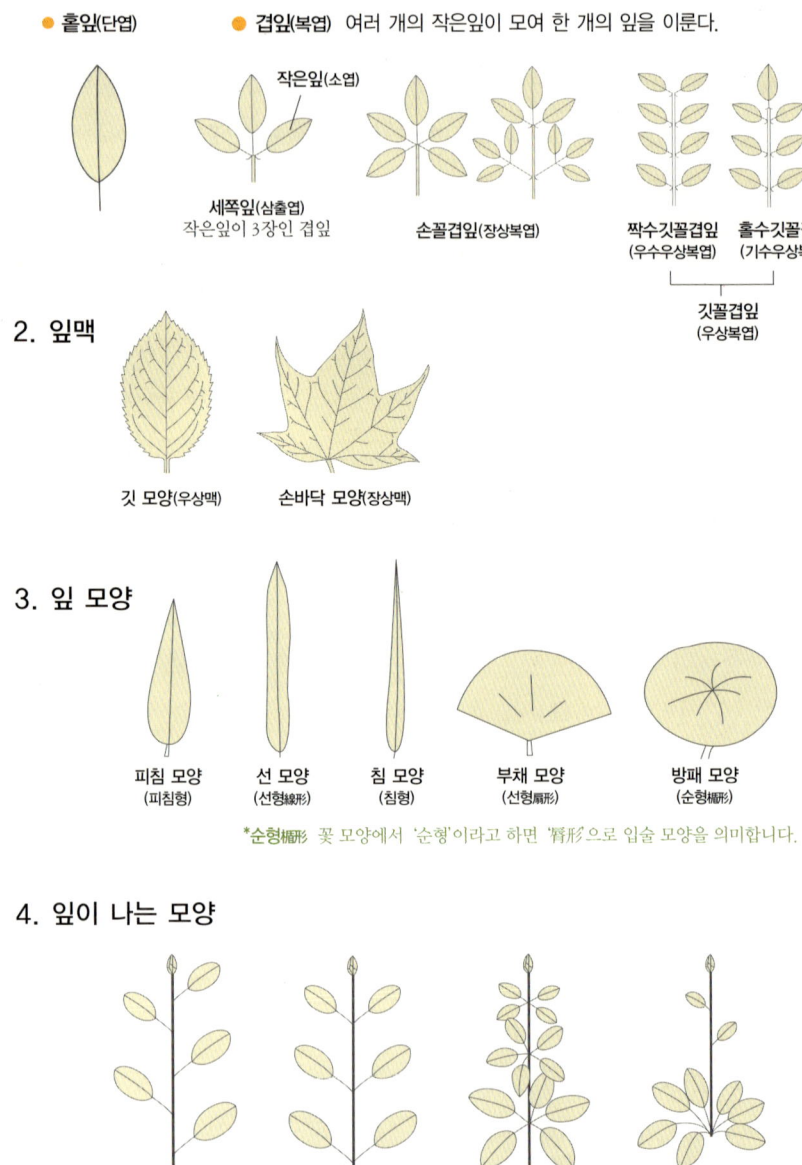

■ **꽃차례** 여러 개의 꽃이 모여서 이루는 전체적인 모양을 꽃차례(화서)라고 한다.

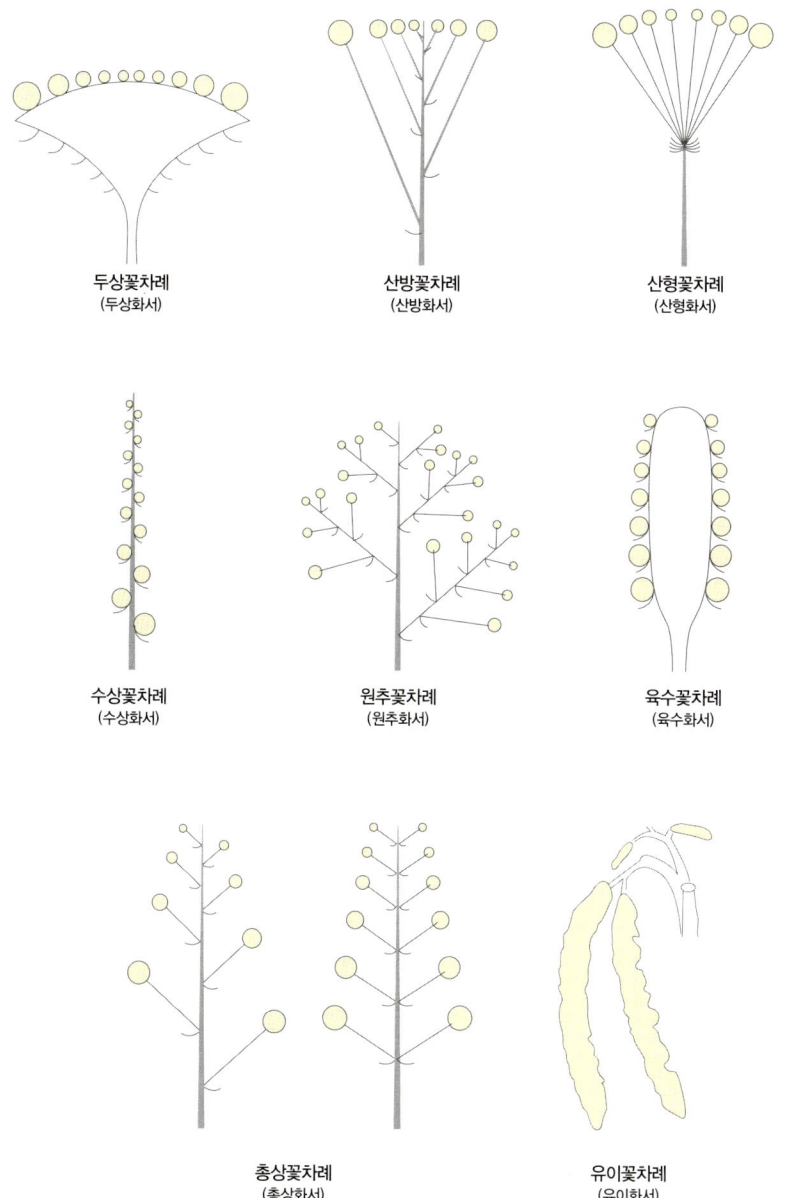

■ **꽃부리와 꽃잎** 꽃잎 전체를 꽃부리(화관)라 한다.

● 갈래꽃부리(이판화관)

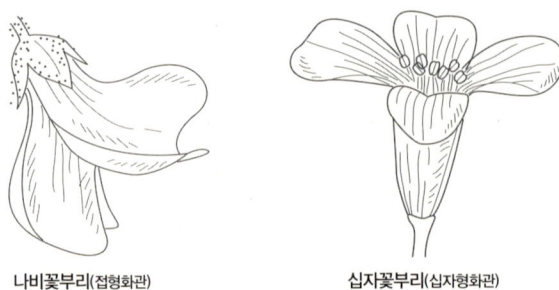

나비꽃부리(접형화관)   십자꽃부리(십자형화관)

● 통꽃부리(합판화관)

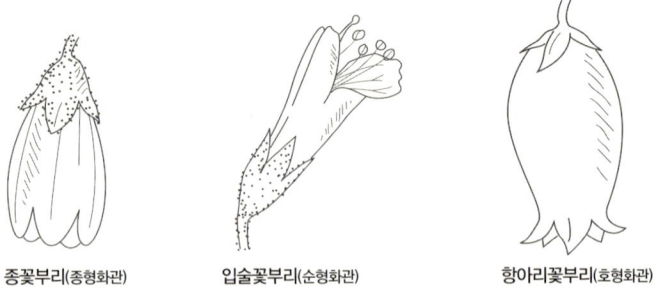

종꽃부리(종형화관)   입술꽃부리(순형화관)   항아리꽃부리(호형화관)

*순형脣形 잎 모양에서 '순형'이라고 하면 '楯形'으로 방패 모양을 의미합니다.

● 꽃잎의 배열

정제 꽃부리(정제화관)
꽃잎이 모두 같은 모양이다.

부정제 꽃부리(부정제화관)
꽃잎이 각기 다른 모양이다.

■ 수술

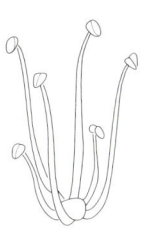

두길이수술(2강웅예)	네길이수술(4강웅예)	두몸수술(양체웅예)	한몸수술(단체웅예)
4개 수술 중에서 2개가 길다.	6개 수술 중에서 4개가 길다.	수술대가 2개로 뭉친다.	수술대가 1개로 뭉친다.

■ 씨방

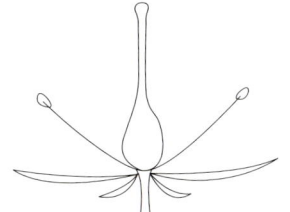
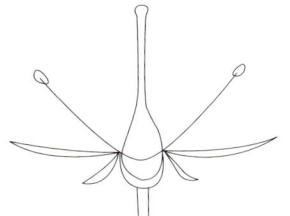
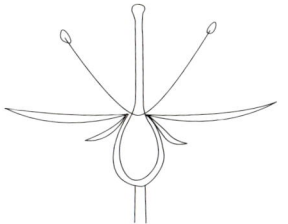

위씨방(자방상위)
씨방이 꽃부리와
수술 위에 있다.

가운데씨방(자방반하위)
씨방이 꽃부리와
수술 가운데 있다.

아래씨방(자방하위)
씨방이 꽃부리와
수술 아래에 있다.

■ 열매

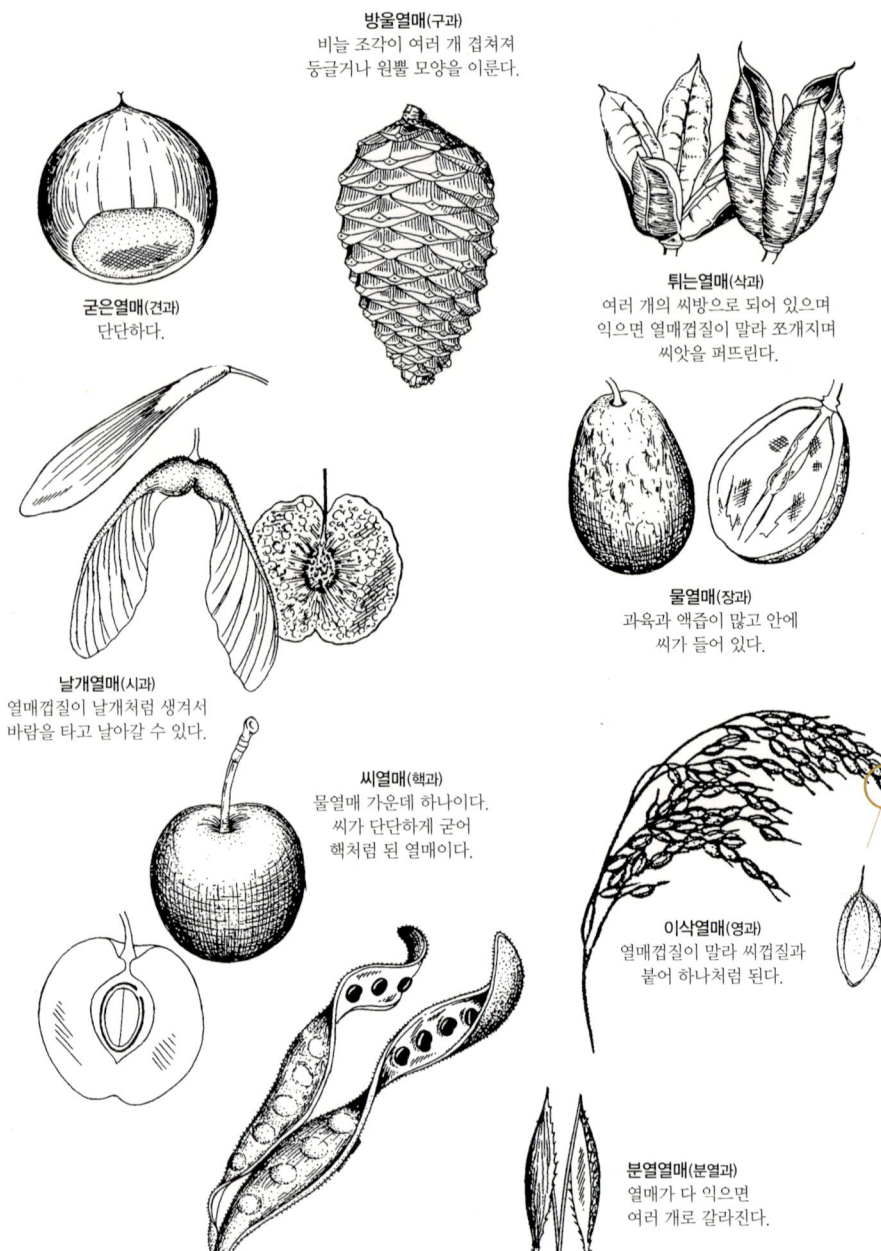

굳은열매(견과)
단단하다.

방울열매(구과)
비늘 조각이 여러 개 겹쳐져 둥글거나 원뿔 모양을 이룬다.

튀는열매(삭과)
여러 개의 씨방으로 되어 있으며 익으면 열매껍질이 말라 쪼개지며 씨앗을 퍼뜨린다.

날개열매(시과)
열매껍질이 날개처럼 생겨서 바람을 타고 날아갈 수 있다.

물열매(장과)
과육과 액즙이 많고 안에 씨가 들어 있다.

씨열매(핵과)
물열매 가운데 하나이다. 씨가 단단하게 굳어 핵처럼 된 열매이다.

이삭열매(영과)
열매껍질이 말라 씨껍질과 붙어 하나처럼 된다.

꼬투리열매(협과)
열매가 꼬투리로 맺힌다.

분열열매(분열과)
열매가 다 익으면 여러 개로 갈라진다.

씨앗식물

겉씨식물문
씨앗이 겉으로 드러난다.
(은행나무과, 소나무과, 낙우송과, 측백나무과, 개비자나무과, 주목과)

속씨식물문
씨앗이 겉으로 드러나지 않는다.
(쌍떡잎식물강, 외떡잎식물강)

쌍떡잎식물강 떡잎이 2개이다.

목련아강 갈래꽃부리이고 꽃받침, 꽃잎, 수술, 암술의 수가 모두 많다. (목련과, 녹나무과, 수련과, 연꽃과, 미나리아재비과, 양귀비과, 현호색과)

조록나무아강 유이꽃차례, 단성화, 풍매화이다. (버즘나무과, 느릅나무과, 삼과, 가래나무과, 참나무과, 자작나무과)

석죽아강 주로 갈래꽃부리이다. 통꽃부리면 꽃잎 수보다 수술 수가 많거나 같다. 많을 때는 바깥 수술부터 익는다. 같을 때는 꽃잎과 수술이 마주난다. (선인장과, 석죽과)

오아과아강 주로 갈래꽃부리이다. 통꽃부리면 꽃잎 수보다 수술 수가 많거나 같다. 많을 때는 바깥 수술부터 익는다. 같을 때는 꽃잎과 수술이 마주난다. (차나무과, 제비꽃과, 박과, 버드나무과, 십자화과, 진달래과, 감나무과, 때죽나무과)

장미아강 주로 갈래꽃부리이다. 통꽃부리면 꽃잎 수보다 수술 수가 많거나 같다. 많을 때는 안쪽 수술부터 익는다. 같을 때는 꽃잎과 수술이 마주난다. (수국과, 범의귓과, 장미과, 콩과, 층층나무과, 대극과, 포도과, 단풍나무과, 산형과)

국화아강 대개 통꽃부리며 수술과 꽃잎의 수가 같으나 마주나지 않는다. (용담과, 가지과, 메꽃과, 꿀풀과, 물푸레나무과, 초롱꽃과, 인동과, 국화과)

외떡잎식물강 떡잎이 1개이다.

택사아강 대개 수생식물이다. 잎이 크고 잎자루 쪽이 화살촉 모양이다. (택사과, 가래과)

닭의장풀아강 꽃이 작고 풍매화이다. (닭의장풀과, 골풀과, 사초과, 볏과, 부들과)

백합아강 충매화이며 비늘줄기, 알줄기, 덩이줄기가 많은 편이다. (물옥잠과, 백합과, 붓꽃과, 난초과)

종려아강 잎이 크고 잎자루가 있다. 육수꽃차례이다. (종려과, 천남성과, 개구리밥과)

생강아강 잎맥이 깃꼴이다. (파초과, 생강과)

식물 각 과별 특징

| 겉씨식물문 |

은행나무과 Ginkgoaceae

낙엽수 | 교목

- 부채꼴 잎이 뭉쳐난다.
- 짧은 가지(단지)가 있다.
- 은행나무 1종만 있다.

은행나무
1. 수형
2. 수꽃차례
3. 열매

소나무과 Pinaeceae

상록수, 낙엽수 | 교목, 일부는 관목

- 침 모양 잎이 나사처럼 빙빙 돌려난다.
- 방울열매인 솔방울이 달린다. 솔방울의 비늘 조각 한 개에 씨앗이 2개씩 들어 있다.

◀ 소나무 수형
▼ 소나무과의 열매 1. 소나무 2. 개잎갈나무 3. 구상나무 4. 가문비나무

메타세쿼이아
1. 수형
2. 잎
3. 열매

낙우송과 Taxodiaceae

상록수, 낙엽수 | 교목, 관목

- 잎은 선 모양이거나 침 모양이다.
- 소나무와 비슷하나 열매의 비늘 조각 한 개에 2~8개의 씨앗이 있다.

측백나무과 Cupressaceae

상록수 | 교목, 관목

- 짧은 피침꼴의 낱낱의 잎이 비늘처럼 붙어 있다. 잎은 마주나거나 3개씩 돌려난다.

측백나무 1. 수형 2. 잎과 열매 3. 화백나무 4. 향나무

개비자나무 1. 수형 2. 수꽃 3. 열매

주목나무 1. 수형 2. 수꽃 3. 열매

개비자나무과 Cephalotaxaceae
상록수 | 교목, 관목
- 선 모양의 잎이 두 방향으로 마주난다.
  잎의 한가운데 있는 큰 잎맥이 도드라진다.

주목과 Taxaceae
상록수 | 교목, 관목
- 선 모양의 잎이 돌려나거나 마주난다.

| 속씨식물문 | 쌍떡잎식물강 |

목련아강 Magnoliidae
꽃잎이 낱낱이 갈라진 갈래꽃부리이며 꽃의 4요소인 꽃받침, 꽃잎, 수술, 암술의 수가 모두 많다.

함박꽃나무

목련과 Magnoliaceae
낙엽수 | 교목, 관목
- 꽃이 크고 탐스럽다. 꽃잎이 방사상칭으로 마주보며 돌려난다.

녹나무과 Lauraceae
낙엽수 | 교목, 관목
- 꽃이 작다. 수술이 3개씩 여러 둘레로 있다.
- 열매는 과육과 액즙이 많은 물열매이거나 열매 가운데에 씨가 있는 씨열매이다.
- 향기가 난다.

생강나무 1. 수형 2. 꽃

수련

연꽃

수련과 Nymphaeaceae
여러해살이풀 | 수생
- 방패 모양 잎이 수면에 붙어 자란다.
- 꽃이 크다. 꽃잎이 방사상칭으로 마주보며 돌려난다.
- 호수나 연못에 산다.

연꽃과 Nelumbonaceae
여러해살이풀 | 수생
- 방패 모양 잎이 수면 위에 약간 떠 있다.
- 꽃이 크다. 꽃이 피면서 꽃받침은 물뿌리개 주둥이 모양이 된다.

할미꽃

애기똥풀

미나리아재비과 Ranunculaceae
여러해살이풀
- 잎은 잎집으로 된 겹잎이다.
- 대부분 꽃잎이 방사상칭으로 마주보며 돌려난다. 일부는 좌우상칭으로 좌우가 똑같게 생겼다.

양귀비과 Papaveraceae
여러해살이풀
- 꽃잎에 주름이 있다. 꽃받침은 일찍 떨어진다.
- 식물체를 자르면 유액이 나온다.

금낭화

현호색과 Fumariaceae
여러해살이풀
- 잎이 깊게 갈라졌다.
- 꽃이 좌우상칭으로 좌우가 똑같게 생겼다. 꽃잎은 쌍을 이루며 바깥쪽 1쌍은 주머니 모양이다. 꽃받침은 일찍 떨어진다.

조록나무아강 Hamamelidae

꽃잎 없이 버들가지처럼 늘어진 유이꽃차례이거나 꽃잎이 있어도 작다. 한 꽃에 수술이나 암술 한 가지만 가지고 있는 단성화이다. 바람에 날려 꽃가루받이를 하는 풍매화이다. 풀보다는 거의 나무이다.

버즘나무과 Platanaceae

낙엽수 | 교목

- 잎맥은 손 모양이고 잎자루 밑에 곁눈이 숨어 있다.
- 꽃은 꽃잎이 없고 두상꽃차례로 피어 작은 공 모양이 된다.
- 나무껍질이 트면서 벗겨진다.

양버즘나무
1. 수형
2. 열매

느릅나무과 Ulmaceae

낙엽수 | 교목, 관목

- 잎자루 쪽의 잎 끝은 좌우상칭이 아니어서 어긋나 있다.
- 열매는 날개가 달린 날개열매이거나 중심에 씨가 있는 씨열매, 또는 단단한 굳은열매이다.

느릅나무
1. 수형
2. 암꽃
3. 열매

삼과 Cannabaceae

여러해살이풀 | 덩굴성

- 손꼴겹잎이거나 홑잎이며 마주난다.
- 암꽃은 버들가지처럼 축 늘어진 유이꽃차례이다.
- 섬유질로 되어 있어 꼿꼿하다. 향기가 난다.

환삼덩굴

가래나무

상수리나무 1. 수형 2. 열매

가래나무과 Juglandaceae
낙엽수 | 교목
- 잎은 깃꼴겹잎이다.
- 꽃은 유이꽃차례로 핀다.

참나무과(너도밤나무과) Fagaceae
상록수, 낙엽수 | 교목, 관목
- 잎맥은 깃털 모양이다.
- 꼭지눈이 작은 나뭇가지 끝에 무리지어 달린다.
- 꽃은 유이꽃차례로 핀다.
- 열매는 컵 모양의 깍정이에 싸여 있다. 단단한 굳은열매이다.

수꽃 암꽃

자작나무 1. 수형 2. 암꽃과 수꽃 3. 열매

자작나무과 Betulaceae
낙엽수 | 교목, 관목
- 홑잎이며 잎 가장자리는 톱니 모양이다.
- 꽃은 유이꽃차례로 핀다. 씨방은 2개의 방으로 나뉘며 아래씨방이라 꽃받침, 꽃잎, 수술 아래에 있다.

석죽아강 Caryophyllidae

오아과아강, 장미아강과 같이 주로 갈래꽃부리이다. 통꽃부리일 때는 꽃잎의 수보다 수술의 수가 많거나 같다. 수술의 수가 많으면 석죽아강과 오아과아강은 바깥쪽 수술부터 익고 장미아강은 안부터 익는다. 수가 같으면 수술이 꽃잎과 마주난다.

선인장

패랭이꽃

선인장과 Cactaceae
여러해살이풀 | 관목
- 잎이 퇴화한 가시가 돋아 있다.
- 줄기는 살이 많은 다육질이다.
- 꽃잎, 수술, 암술 모두 많은 꽃이 탐스럽게 핀다.

석죽과 Caryophyllaceae
여러해살이풀
- 2개의 잎 아랫부분이 연결되어 마주난다.
- 꽃잎은 5개로 갈라져 있다. 수술은 5개이거나 10개이다.
- 열매는 익으면 말라 쪼개지면서 씨앗을 퍼뜨리는 튀는열매이며 씨앗이 많다.

오아과아강 Dilleniidae

석죽아강, 장미아강과 같이 주로 갈래꽃부리이다. 통꽃부리일 때는 꽃잎의 수보다 수술의 수가 많거나 같다. 수술의 수가 많으면 오아과아강과 석죽아강은 바깥쪽 수술부터 익고 장미아강은 안부터 익는다. 수가 같으면 수술이 꽃잎과 마주난다.

동백나무

차나무과 Theaceae
상록수, 낙엽수 | 교목, 관목
- 수술이 5무리로 나뉜다.

제비꽃

제비꽃과 Violaceae
여러해살이풀 | 관목
- 꽃은 좌우가 똑같이 생긴 좌우상칭이다. 꽃받침조각, 꽃잎, 수술이 5개씩이다. 꿀주머니가 있다. 수술은 아랫부분이 하나로 붙어 있다. 꽃밥 끝이 꽃 안쪽을 향한다. 씨방은 3개의 방으로 나뉜다.

호박 1. 꽃 2. 열매

박과 Cucurbitaceae
한해살이풀 | 덩굴성
- 통꽃부리이다. 암술과 수술이 다른 꽃에 있는 단성화이다. 씨방은 아래씨방이다.
- 열매껍질은 가죽질이며 과육과 액즙이 많은 물열매이다.

버드나무 1. 수형 2. 수꽃 3. 덜 여문 열매

버드나무과 Salicaceae
낙엽수 | 교목, 관목
- 꽃은 축 늘어진 유이꽃차례이다. 꽃에는 꿀샘이 있다.
- 씨에는 털이 났다.
- 암꽃과 수꽃이 다른 나무에 피는 암수딴그루이다.

황새냉이 1. 수형 2. 꽃

진달래 1. 수형 2. 꽃

십자화과 Cruciferae(Brassicaceae)
여러해살이풀
- 4개의 꽃받침조각과 4개의 꽃잎이 십자 모양이다. 수술은 6개로 4개가 긴 네길이수술이다.

진달래과(철쭉과) Ericaceae
상록수, 낙엽수 | 교목, 관목
- 잎이 가죽질이다.
- 꽃은 종꼴이거나 항아리꼴이다. 수술의 수는 꽃잎의 2배이다. 꽃가루는 수술의 꽃가루주머니 꼭대기에 구멍이 뚫리며 나온다.

감나무 1. 수형 2. 꽃

때죽나무 1. 수형 2. 꽃

감나무과 Ebenaceae
낙엽성 | 교목, 관목
- 잎은 가죽질이다. 잎의 가장자리는 톱니 모양이 없이 밋밋하다.
- 꽃잎에 수술이 달려 있다. 씨방이 벽으로 나뉘어 있고 각각의 씨방 안에는 밑씨가 1~2개씩 있다.

때죽나무과 Styracaceae
낙엽수 | 교목, 관목
- 꽃과 잎에 별 모양의 털이 나 있다.
- 씨방 안에 있는 여러 개의 방은 불분명하게 분리되어 있다.

장미아강 Rosidae

석죽아강, 장미아강과 같이 주로 갈래꽃부리이다. 통꽃부리일 때는 꽃잎의 수보다 수술의 수가 많거나 같다. 수술의 수가 많으면 장미아강은 안부터 익고 석죽아강과 오아과아강은 바깥쪽 수술부터 익는다. 수가 같으면 수술이 꽃잎과 마주난다.

산수국

바위취 1. 수형 2. 꽃

수국과 Hydrangeaceae
낙엽수 | 관목
- 잎이 마주난다. 잎자루 밑에 턱잎이 없다.
- 수술이 많다. 꽃잎, 꽃받침, 수술보다 씨방이 아래에 있는 아래씨방이거나 옆에 있는 가운데씨방이다.

범의귀과 Saxifragaceae
여러해살이풀
- 잎은 손꼴홑잎이거나 손꼴겹잎, 깃꼴겹잎이다.
- 통 모양의 꽃받침 안에 씨방이 있고 씨방은 2~4개의 방으로 나뉘며 불완전하게 서로 붙어서 난다.
- 장미과와 혼동하기 쉽다.

만첩해당화

장미과 Rosaceae
여러해살이풀 | 교목, 관목
- 잎자루 밑에 한 쌍으로 달리는 턱잎이 있다.
- 갈래꽃부리이며 통 모양의 꽃받침 위에 여러 개의 수술이 난다. 꽃받침조각과 꽃잎이 5개씩이다.
- 씨앗 속에 배젖이 거의 없다.

아까시나무

콩과 Fabaceae
여러해살이풀 | 교목, 관목
- 세쪽잎이 어긋나거나 깃꼴겹잎이다.
- 5개의 꽃잎이 나비처럼 보이는 나비꽃부리이다. 위에 있는 꽃잎이 먼저 벌어신다. 여러 개의 수술이 두 덩어리로 뭉쳐 갈라지는 두몸수술을 이룬다.
- 열매가 꼬투리로 맺히는 꼬투리열매이다.

층층나무 1. 수형 2. 꽃 3. 열매

층층나무과 Cornaceae
낙엽수 | 교목, 관목
- 잎 한가운데 있는 큰 잎맥을 중심으로 작은 잎맥이 둥글며 평행하게 나는 잎맥이다. 잎은 마주난다.
- 꽃받침조각, 꽃잎, 수술이 4~5개씩이며 아래씨방이다.
- 열매는 열매 가운데 씨가 있는 핵과나 과육과 액즙이 많은 물열매이다.

대극

대극과 Euphorbiaceae
여러해살이풀 | 관목
- 꽃은 매우 작고 수꽃과 암꽃이 따로 있는 단성화이다. 씨방은 3개의 방으로 나뉘고 밑씨 위에 여러 개의 작은 구멍이 있다.
- 흰색이나 황갈색의 유액을 분비한다.

포도나무

포도과 Vitaceae
낙엽수 | 관목 | 덩굴성
- 꽃차례와 잎, 수술과 꽃잎이 마주난다.

단풍나무 1. 잎과 열매 2. 단풍잎

단풍나무과 Aceraceae
낙엽수 | 교목, 관목
- 잎은 손 모양이며 마주난다.
- 열매에는 1쌍의 날개가 달렸으며 익으면 여러 개로 갈라지는 분열열매이다.

미나리

산형과(미나리과) Umbelliferae(Apiaceae)
여러해살이풀
- 여러 모양의 겹잎이다. 칼집처럼 줄기를 둘러싸는 모양의 겹잎도 있다.
- 산형꽃차례로 피며 꽃받침조각, 꽃잎, 수술이 5개씩이다. 씨방은 2개이다.
- 열매는 분열열매이다.
- 향기가 난다.

국화아강 Asteridae

대개 통꽃부리이다. 일반적으로 꽃잎이 갈라진 수와 수술의 수가 같으나 마주나지는 않는다.

용담

꽈리

용담과 Gentianaceae
여러해살이풀
- 턱잎이 없다. 잎이 마주난다.
- 꽃받침조각, 꽃잎, 수술이 4~5개씩이다. 씨방은 2개의 방으로 나뉘지만 나중에 1개로 합쳐진다.

가지과 Solanaceae
여러해살이풀 | 관목
- 꽃받침조각, 꽃잎, 수술이 5개씩이다. 꽃잎이 방사상칭으로 마주보며 돌려난다.
- 과육과 액즙이 많은 물열매이거나 익으면 열매 껍질이 말라 쪼개지는 튀는열매이다.

나팔꽃

샐비어

메꽃과 Convolvulaceae
여러해살이풀 | 덩굴성
- 꽃은 대롱 모양이다. 꽃받침조각, 꽃잎, 수술이 5개씩이다. 수술은 꽃잎 안쪽에 붙어 있다.
- 흰색, 황갈색의 유액이 나온다.

꿀풀과 Lamiaceae(Labiatae)
여러해살이풀 | 드물게 낙엽수, 관목
- 홑잎이 마주난다.
- 줄기가 네모지다.
- 꽃은 입술 모양이다. 4개의 수술 가운데 2개는 길고 2개는 짧다. 씨방은 2개의 방으로 나뉘나 나중에는 4개로 나뉜다. 암술대는 씨방 밑바닥에서부터 나온다.

개나리

물푸레나무과 Oleaceae
낙엽수 | 교목, 관목
- 잎은 마주난다.
- 꽃잎 4장이 방사상칭으로 돌려나며 마주난다. 수술은 2개이며 꽃잎 안쪽 면에 붙어 있다. 여러 개의 암술이 붙어 하나처럼 보이는 암술이 2개 있다.

도라지

초롱꽃과 Campanulaceae
여러해살이풀
- 꽃이 종 모양으로 생겼다.
- 씨앗을 많이 만든다.
- 흰색이나 황갈색 유액이 나온다.

인동 1. 수형 2. 꽃

인동과 Caprifoliaceae
낙엽수 | 관목 또는 덩굴성
- 턱잎이 없다. 잎은 마주난다.
- 꽃받침조각, 꽃잎, 수술이 4~5개씩 있다. 아래씨방이다.

개쑥부쟁이

국화과 Asteraceae(Compositae)
여러해살이풀
- 꽃받침 대신 꽃의 밑동을 싸는 총포가 있다. 두상꽃차례이며 꽃받침조각, 꽃잎, 수술이 5개씩 있다. 수술대는 떨어져 있지만 꽃밥이 서로 붙어 통 모양을 이룬 취약수술이다. 아래자방이며 씨방 끝에 솜털이 붙어 있다.

| 속씨식물문 | 외떡잎식물강 |

택사아강 Alismatidae
대개 수생식물이며 잎이 크고 때로는 잎자루 쪽 잎이 화살촉 모양이다.

벗풀

택사과 Alismataceae
여러해살이풀 | 수생
- 뿌리나 뿌리줄기에서 잎이 나와 땅 가까이 모여 나는 뿌리잎이다.
- 녹색 꽃받침이 3개, 흰색 꽃잎이 3장이다. 여러 개의 암술이 서로 떨어져 있다.

가래

가래과 Potamogetonaceae
여러해살이풀 | 수생
- 잎은 연못, 늪에 잠기거나 떠 있다.
- 꽃받침 없는 꽃잎인 꽃덮이가 4개이거나 없다. 암술과 수술은 1~4개씩이다.

종려아강 Arecidae

잎이 크고 잎자루가 있다. 꽃줄기가 없는 작은 꽃이 꽃대 주위에 방망이처럼 모여 나는 육수꽃차례이다.

천남성

천남성과 Araceae
여러해살이풀
- 잎맥은 깃꼴이며 잎은 깃꼴겹잎이다. 꽃대나 꽃자루 밑을 받치는 잎은 꽃잎이 아니라 꽃턱잎이다.
- 습지에서 자란다.

개구리밥
1. 물 위 모습
2. 물속 뿌리

개구리밥과 Lemnaceae
여러해살이풀 | 수생
- 식물체가 아주 작다. 물에 뜨거나 물에 잠겨 산다.

야자나무 1. 수형 2. 열매

종려과 Arecaceae(Palmae)
상록수 | 교목, 관목
- 잎이 크고 깃꼴이거나 부채꼴이다. 꽃대나 꽃자루 밑을 받치는 잎은 꽃잎이 아니라 꽃턱잎이다.
- 꽃은 작지만 원뿔 모양으로 크게 모여 난다.

닭의장풀아강 Commelinidae

꽃이 작다. 바람이 불어 꽃가루받이가 일어난다.

닭의장풀

닭의장풀과 Commelinaceae
한해살이풀
- 줄기는 살이 많은 다육질이다.
- 녹색 꽃받침이 3개 있다. 꽃잎은 파란색이며 3장이다. 수술대에 털이 있다.

골풀

골풀과 Juncaceae
여러해살이풀
- 잎은 칼집처럼 줄기 아랫 부분을 둘러싸는 형태의 잎집으로 퇴화했다.
- 꽃받침 없는 꽃잎인 꽃덮이가 6개이며 두 줄로 난다. 수술은 6개이다.
- 열매는 익으면 열매 껍질이 말라 쪼개지는 튀는열매이다.

방동사니

강아지풀

부들

사초과 Cyperaceae
여러해살이풀
- 잎은 세 줄로 난다. 잎집이 있다. 꽃대와 꽃자루 아래를 받치는 꽃턱잎이 꽃을 감싼다.
- 삼각형의 줄기는 안이 꽉 차 있다.
- 꽃덮이에는 곧고 빳빳한 털이 나 있다. 또는 꽃덮이가 비늘처럼 되어 있다. 꽃덮이가 없는 경우도 있다.

벼과 Poaceae(Gramineae)
여러해살이풀
- 잎은 두 줄로 어긋나며 달린다.
- 줄기는 마디와 마디 사이가 비어 있으며 둥글다.
- 꽃덮이가 퇴화하여 2~3개의 꽃덮이 흔적만 보인다.
- 열매는 이삭열매이다.

부들과 Typhacee
여러해살이풀 | 수생
- 잎은 두꺼운 스펀지처럼 생겼다.
- 암술과 수술이 다른 꽃에 있는 단성화이다. 꽃이 원통 모양의 수상꽃차례로 핀다.

생강아강 Zingiberidae
잎맥이 새의 깃 모양이다.

파초

생강

파초과 Musaceae
여러해살이풀
- 잎은 길고 넓다.
- 단성화이다. 꽃받침조각, 꽃잎, 수술이 3개씩 있다. 좌우가 똑같게 생긴 좌우상칭이다.
- 열매는 과육과 액즙이 많은 물열매이며 열매껍질은 가죽질이다.
- 나무처럼 보인다.

생강과 Zingiberaceae
여러해살이풀
- 잎은 두 줄로 어긋나게 달린다. 잎 가장자리는 톱니가 없이 매끈하다. 잎집이 있다.
- 땅속줄기가 덩이 모양인 덩이줄기이다.
- 수술은 꽃잎처럼 생겼으며 꽃밥이 흔적만 남은 헛수술이다.
- 향기가 난다.

백합아강 Liliidae

곤충이 꽃가루받이를 해 주는 충매화이다. 다른 아강에 비해 비늘줄기나 알줄기, 덩이줄기가 많은 편이다.

부레옥잠

원추리

붓꽃

물옥잠과 Pontederaceae
여러해살이풀 | 수생
- 잎은 마주나거나 돌려난다. 잎집이 있다.
- 줄기는 짧고 땅속에 있는 땅속줄기이다.
- 물에 떠 있거나 잠겨 있다.

백합과 Liliaceae
여러해살이풀
- 잎은 선 모양이다.
- 땅속줄기, 덩이줄기, 비늘줄기이다.
- 꽃이 매우 아름답다. 꽃잎 모양의 꽃받침 3개, 꽃잎 3개, 수술 3 또는 6개이며 주로 위씨방이다.
- 열매는 익으면 열매껍질이 말라 쪼개지는 튀는열매이거나 과육과 액즙이 많은 물열매다.

붓꽃과 Iridaceae
여러해살이풀
- 잎이 마주나고 아랫부분이 넓적하며 포개 있다.
- 줄기는 땅속줄기, 덩이줄기, 비늘줄기이다.
- 꽃이 곱고 꽃잎 모양의 꽃받침이 3개, 꽃잎 3개, 수술 3개가 있다. 아래씨방이다.
- 열매는 익으면 껍질이 말라 쪼개지는 튀는열매이다.

개불알꽃

난초과 Orchidaceae
여러해살이풀
- 잎은 두 줄로 달린다.
- 꽃잎은 좌우가 같은 좌우상칭이며 꽃잎 중 하나는 입술 모양이다. 꽃받침조각, 꽃잎, 수술이 3개씩이다. 아래씨방이고 꽃가루는 여러 개가 덩이를 이룬다.
- 기생하며 사는 기생식물이다.

숲과 곤충

이 지구상에서 가장 진화에 성공한 생물은 무엇일까. 바로 곤충이다. 곤충은 지구에 살고 있는 생물 가운데 가장 널리, 가장 많이, 가장 다양하게 분포하는 생물이기 때문이다. 곤충은 대략 100만 종이나 있으며 밝혀지지 않은 곤충과 멸종된 곤충까지 포함하면 300만~100만조 종까지 이른다고 하니 어마어마하다. 우리나라에는 한라산에만 3천여 종이 있고 전국적으로는 2만 여종, 아직 알려지지 않은 곤충까지 하면 약 3만 종 이상이 있을 것으로 추정한다.

숲에는 수많은 곤충이 있다. 숲 토양 1m² 안에는 여러 종의 딱정벌레

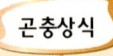
곤충은 해충 아니에요?

해충은 곤충과 같은 말이 아닙니다. 곤충 중에서도 말 그대로 해를 끼치는 곤충이지요. 해를 끼치는 곤충은 정해진 것이 아닙니다. 수가 너무 많아 피해를 끼치면 해충이었다가 수가 줄어들면 다시 해충이 아니게 됩니다. 예를 들어 흰불나방은 오랫동안 우리나라의 주요한 가로수 해충이었지만 수와 피해가 줄어들면서 이제는 더 이상 중요한 해충이 아닙니다. 흰불나방이나 솔잎혹파리처럼 숲을 해치는 숲 해충은 외국에서 들어온 종인 경우가 많습니다. 안정된 생태계에 새로운 곤충이 들어오며 숲 생태계가 깨지기 때문입니다. 그동안은 주로 농약을 뿌려 번식을 막았습니다. 하지만 환경까지 오염되어 최근에는 해충에게 알을 낳는 기생벌, 해충을 잡아먹는 곤충, 해충만 감염되는 바이러스와 세균병 등을 이용하여 해충의 번식을 막습니다.

숲에서 만나는 곤충

참나무 숲에 사는 곤충

갈떡혹벌

벌레혹 곤충(충영 곤충) 식물체에 알을 낳거나 기생하면서 식물체를 혹처럼 부풀어 오르게 한 벌레혹에 살며 먹이를 얻는다. 벌레혹은 흔히 꽃처럼 보이며 벌레혹 곤충은 너무 작아 보기 어렵다. 혹벌, 진딧물, 혹파리 등이 있다.

자벌레

잎 먹는 곤충(식엽성 곤충) 잎을 먹고 산다. 대벌레목, 딱정벌레목, 나비목 유충 등이 있다.

하늘소

구멍 뚫는 곤충(천공성 곤충) 나무줄기에 구멍을 뚫고 그 안에서 유충 때나 번식할 때 산다. 나무좀, 하늘소, 바구미 등이 있다.

매미

즙 빠는 곤충 (흡즙성 곤충) 주사바늘 같은 입으로 식물의 즙액을 빨아 먹고 산다. 매미, 광대노린재, 진딧물, 깍지벌레 등이 있다.

참나무 우리나라 숲에서 가장 안정된 숲이며 대표적인 숲이기도 한 참나무 숲에는 약 300여 종 이상의 곤충이 산다. 위의 그림 속 곤충 외에도 바구미류나 명나방류 곤충은 도토리를 먹고 살며, 땅강아지는 뿌리, 나비류나 파리, 말벌, 사슴벌레류는 참나무의 진액을 핥아먹고 산다.

와 톡토기 등이 적게는 수십 마리에서 많게는 수만 마리 정도 살고 있다. 한 포기의 풀에는 뿌리, 줄기, 잎, 꽃에 서로 다른 곤충이 살며 떨어진 낙엽이나 썩은 나무 그루터기, 버섯이나 작은 균류의 포자, 동물의 배설물과 시체, 계곡이나 개울에서도 여러 곤충을 만나볼 수 있다.

  숲에 있는 곤충이 다양한 만큼 다른 생물과의 관계도 다양하다. 나방 유충은 조류나 파충류의 먹이가 되어 단백질을 공급하며 나비와 꽃등에, 벌은 꽃에서 꽃가루와 꿀을 가져가는 대신 꽃의 꽃가루받이를 도와 식물의 번식에 관여한다. 토양 위의 썩은 낙엽이나 나무 그루터기를 먹고 사는 톡토기와 딱정벌레, 동물의 배설물 등을 분해하는 쇠똥구리 등은 미생물과 더불어 환경을 정화한다. 물속에 사는 다양한 곤충들은 낙엽이나 동물의 사체 등이 물속으로 들어오면 그것들을 분해하여 물을 깨끗하게 유지한다. 숲의 생명력과 생태적 구조는 다양한 곤충으로 인하여 더욱 건강하고 탄탄해지는 것이다.

곤충의 기본

곤충은 동물 중에서 소동물에 해당하며 척추가 없이 단단한 외골격이 몸을 보호하는 무척추동물에 속한다. 그 가운데에서도 여러 개의 마디로 된 다리가 있는 절지동물류로서 3쌍의 다리를 가진 육각강 내 곤충아강에 속한다. 곤충 이외에도 지네, 노래기, 지렁이, 거미 등 우리 주변에 보이는 작은 동물들을 일반적으로 벌레라고 불렀다. 이 가운데 곤충이 가장 많은 수를 차지하여 곤충과 벌레라는 말을 같은 말처럼 사용하기도 하지만 사실 벌레라고 부르는 소동물 중에는 곤충이 아닌 것도 많다.

곤충은 그 수가 매우 많아서 전체 동물 수의 약 70% 이상을 차지한다. 곤충은 알에서 태어나 유충과 번데기 과정을 거쳐 성충으로 자란다. 각 과정을 거치며 모습과 형태가 많이 바뀌기 때문에 이를 '변태變態'라고 하는데 번데기 과정을 거치면 완전 변태, 거치지 않으면 불완전 변태라고 한다. 곤충은 성충이 되기 전까지는 유충이라 부르며 불완전 변태를 하는 곤충의 유충은 따로 약충이라 부른다. 완전 변태류의 성충과 유충은 그 생김새가 많이 다르며 일반적으로 성충 기간보다 유충 기간이 길기 때문에 유충의 구조까지 아는 것이 좋다. 성충은 주로 머리, 가슴, 배의 구별이 뚜렷하고 날개가 발달하며 유충은 대개 몸이 연약하고 색이 옅으며 몸의 구조가 단순하고 날개가 없거나 제대로 발달하지 않는다. 이에 비해 불완전 변태류의 약충은 날개가 발달하지 않은 것을 제외하고는 성충과 거의 비슷하다.

숲에서 만나는 곤충 121

성충의 구조

가슴
가슴근육이 발달했으며 앞가슴, 가운뎃가슴, 뒷가슴으로 나뉜다. 각 가슴에는 1쌍의 다리와 숨구멍이 있으며 가운뎃가슴과 뒷가슴에는 날개도 1쌍씩 있다.

■ 잠자리와 나비의 날개맥 비교

잠자리

나비

날개
앞날개와 뒷날개가 있다. 대개 막처럼 생겼으나 앞날개가 딱딱하거나 비늘, 털로 덮인 경우가 있다. 1쌍 또는 2쌍이 퇴화하기도 한다.

앞날개
뒷날개

배
주로 11개 마디로 되어 있으며 몇 마디가 퇴화한 경우도 있다. 마디마다 한 쌍의 숨구멍이 있어 호흡한다. 끝에 생식기가 있고 1쌍의 꼬리가 있기도 하며 암컷이라면 산란관이 있다.

유충의 구조

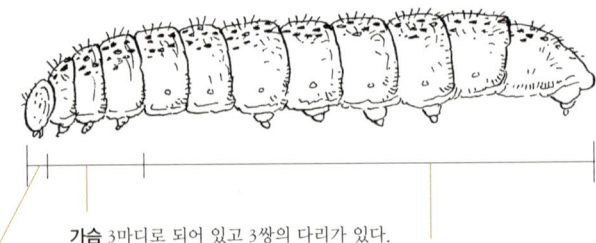

머리 5~7개의 홑눈이 있다. 눈, 입의 구조가 단순하다.

가슴 3마디로 되어 있고 3쌍의 다리가 있다.

배 11마디로 되어 있으나 눈으로 보기에는 11마디가 안 되어 보이는 경우가 많다. 나비목 애벌레에는 마디에 배다리가 있다.

머리
머리, 더듬이, 눈이 있다.

겹눈
1쌍의 겹눈과 3쌍의 홑눈이 있으나 겹눈은 퇴화하여 보이지 않기도 한다.

더듬이
1쌍의 더듬이는 자루마디, 팔굽마디, 채찍마디로 나뉘며 팔굽마디에는 존스턴기관이 있다.

■ 나방 암컷과 수컷의 더듬이 비교

나방 암컷의 더듬이   나방 수컷의 더듬이

■ 곤충의 다양한 더듬이 형태와 구조

실 모양   곤봉 모양

염주 모양   톱니 모양

깃털 모양   부채꼴 모양

가운뎃다리
앞다리
뒷다리

다리
밑마디, 도래마디, 넓적마디, 종아리마디, 발목마디로 나뉜다. 밑마디와 넓적마디는 눈으로는 잘 보이지 않으며 발목마디는 1~5개 마디로 나뉘고 끝에 1~2개의 발톱이 있다.

입
아랫입술과 윗입술이 있어 음식을 흘리지 않으며 작은턱과 큰턱으로 음식을 자른다. 사슴벌레 수컷의 머리 앞쪽 뿔은 큰턱이 변형된 것이다. 작은턱과 아랫입술 사이의 수염에는 여러 마디로 된 감각기가 있어 맛을 느낀다.

■ 곤충의 다양한 입 형태

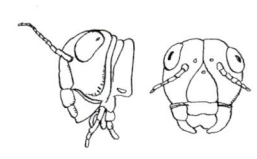
메뚜기의 씹는 입

파리의 핥는 입

나비의 빠는 입

곤충의 생활 엿보기!

곤충의 살아가는 모습은 독특하면서도 곤충 나름의 생존과 번식에 매우 효율적이어서 알면 알수록 놀랍고 흥미롭다. 그 가운데 대표적인 몇 가지 모습을 살펴보자.

　곤충은 탈피와 변태를 통해 완전히 다른 모습으로 재탄생한다. 마치 두 가지 인생을 사는 것과 같다. 곤충은 우리가 바라보는 것과 같은 모습으로 세상을 바라보지 않는다. 두 가지의 눈으로 움직임과 명암, 간단한 색을 구분하는데 사물의 형태나 색보다는 천적이나 먹잇감의 움직임을 파악한다. 꿀벌과 같은 종은 해의 위치도 파악한다. 곤충에게는 곤충만의 의사소통 방법이 있는 것도 흥미롭다. 인간과 같은 언어를 가진 것은 아니지만 공기의 파장이나 페로몬이라는 화학물질을 통해 삶에 필요한 기본적인 의사소통을 한다. 성공적인 번식을 위하여 사회를 이루고 협력하는 사회생활을 한다는 점도 매우 놀라운 사실이다. 특히 개미와 벌의 사회생활은 지금까지도 많은 이들이 관심을 갖고 신비롭게 생각하는 부분이다. 인류보다 더 긴 역사를 가지며 많은 종으로 진화하고 번성할 수

완전 변태류

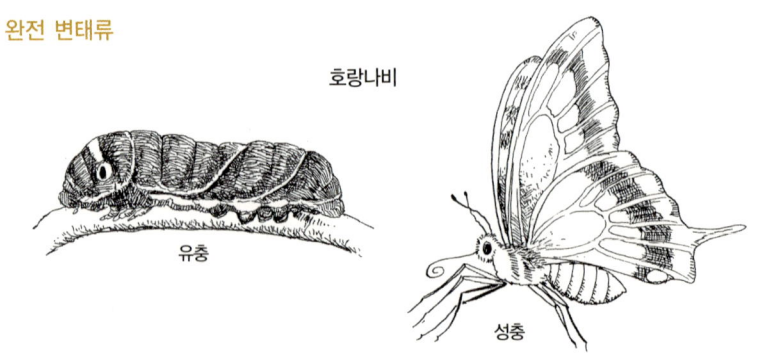

호랑나비

유충

성충

있었던 곤충의 생활 속으로 들어가보자!

다른 모습으로 변신!

곤충의 한 세대는 알에서 시작해서 유충과 번데기 단계를 거쳐 성충으로 마감한다. 곤충은 크기가 커지면서 외골격을 허물처럼 벗어버리고 새로운 외골격을 만드는데 이 과정을 탈피라고 한다. 탈피 과정 중에는 고치 속에서 한동안 아무 것도 먹지 않으며 새로운 성충으로 변하는 번데기 과정이 있는데 이 과정을 거치면 완전 변태류, 거치지 않으면 불완전 변태류로 분류한다. 이런 탈피와 변태의 시기는 온도 등 여러 환경 조건과 몸의 영양 상태, 몸속에 흐르는 호르몬의 농도 변화로 결정된다. 불완전 변태류보다 완전 변태류가 나중에 진화된 형태이며 완전 변태류는 성충이 되면 이전과 모양이나 형태, 서식처, 생활 습성 등이 크게 변한다. 나비가 대표적인 예인데 유충과 성충의 차이가 너무 커서 18세기경까지 유충과 성충이 다른 종류의 곤충인 줄 알았다고 한다.

불완전 변태류

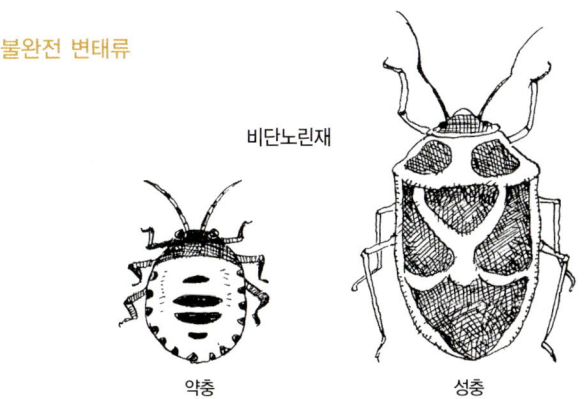

곤충이 보는 세상

곤충은 두 가지의 눈을 가지고 있다. 일반적으로 1쌍의 겹눈과 3개의 홑눈이 있는데 홑눈은 정수리에 1개, 겹눈 뒤에 1개씩 있어 앞을 보고 있는 곤충을 위에서 관찰하면 삼각형 모양으로 보인다. 하지만 1개의 겹눈에는 최대 3만 개의 원뿔형 낱눈이 있어 낱낱을 개수로 인정한다면 3만여 개의 눈을 가졌다고 할 수 있다. 겹눈은 주로 물체의 움직임이나 형태를 구별하는데 인간에 비해 훨씬 민감하게 파악한다. 곤충은 인간처럼 여러 색의 가시광선을 보지 못한다. 겹눈으로 노란색, 녹색, 파란색의 가시광선만 볼 수 있으며 인간에겐 보이지 않는 자외선을 본다. 3개의 홑눈은 주로 빛의 명암을 구별한다. 꿀벌의 경우에는 편광을 분석하는 능력이 있어 해의 위치를 파악해 집이나 꽃의 위치를 찾는 데 이용한다.

곤충의 대화

곤충의 더듬이 두 번째 마디인 팔굽마디에는 존스턴기관이라는 감각기가 있어 공기의 파장을 느껴 의사소통에 활용한다. 특히 모기 암컷에게 가장 잘 발달하여 같은 종의 모기 암컷이 날개를 움직일 때 생기는 공기의 파장을 소리로 인식한다. 꿀벌 가운데 일벌은 8자 모양의 춤으로 꽃이 있는 장소를 주변 동료들에게 알려주는데 이 때 거리를 표현하는 날갯짓의 속도를 감지하는 부분도 존스턴기관이다. 물맴이나 소금쟁이같이 물에서 헤엄치는 노린재들도 이 기관을 통해 파장을 감지한다.

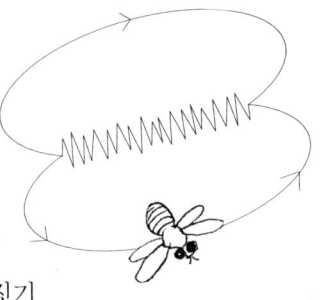

  더듬이에는 화학감각세포도 있어 곤충 사이에 통신 수단이 되는 페로몬을 감지한다. 페로몬은 곤충이 내는 간단한 구조의 화합물로서 역할에 따라 여러 종류가 있다. 암컷 또는 수컷이 짝짓기를 위해 같은 종의 다른 성(性)을 유인하는 성페로몬, 같은 종의 곤충이 서로 모이도록 하는 집합페로몬, 개미나 꿀벌처럼 사회생활을 하는 곤충에게 위험을 알리는 경보페로몬, 일개미가 다른 일개미에게 먹이의 위치를 알리는 길잡이페로몬, 한 서식처에 사는 곤충의 수가 많아졌을 때 다른 서식처를 찾아 떠나게 하는 분산페로몬 등이 있다. 성페로몬은 내뿜는 더듬이와 감지하는 더듬이가 다른데 몇몇 곤충은 감지하는 더듬이가 특별히 더 발달하여 내뿜는 더듬이보다 훨씬 크고 털이 많다.

  매미, 귀뚜라미, 메뚜기, 여치 등은 수컷이 암컷을 유혹할 때 종에 따라 독특한 소리를 내어 의사소통한다. 매미는 수컷 배에 울음판이 있어 소리를 내며 메뚜기류는 주로 날개를 서로 비벼 소리를 낸다.

곤충의 사회생활

거미나 게, 새우, 가재도 함께 모여 사는 정도의 단순한 사회생활을 하지만 곤충 가운데 벌이나 개미는 여러 세대가 모여 살며 서로 다른 계급으로 나뉘어 공동으로 어린 세대를 돌보는 사회생활을 한다.

  대다수의 벌은 혼자서 유충을 위한 집을 짓고 유충에게 먹이를 주며 살아가지만 꿀벌은 여왕벌, 일벌, 수벌로 나뉘어 조직적인 사회생활을 한다. 가을철 짝짓기를 끝낸 여왕벌은 가을이나 이듬해 봄에 알을 낳을 집을 만들고 유충에게 줄 먹이(거미, 작은 벌레 등)를 사냥한다. 가장 먼저 태어난 유충은 일벌이 되어 여왕의 일을 돕고 그 후로 태어나는 유충을 돌보거나 집에 들어오는 침입자를 침으로 공격하기도 한다. 가을철이 되면 예비 여왕벌과 수벌이 태어나 짝짓기를 한다.

벌의 일종인 개미는 여왕개미, 암컷일개미, 수컷개미로 이루어진다. 썩은 나무의 그루터기나 살아 있는 나무에 집을 짓고 여왕개미, 유충, 먹이를 위한 여러 개의 방을 만든다. 종에 따라서는 버섯을 기르거나 부전나비의 애벌레를 가져와 사육하며 대신 분비물을 먹이로 얻기도 한다. 번식 능력이 없는 암컷개미는 일개미가 되어 어릴 때는 집을 청소하거나 유충을 키우며, 자라면 밖에 나가서 먹이를 모아 온다. 크기가 큰 일개미는 집 방어를 맡는다. 이런 역할 분담은 개미의 수를 효율적으로 늘린다. 가을이 되면 여왕개미는 생식 기능이 있는 암컷개미 몇 마리와 수많은 수컷개미를 낳는다. 암컷개미와 수컷개미들은 일제히 집 밖으로 날아가 짝짓기를 하는 짝짓기비행을 떠난다. 짝짓기를 마친 수컷개미는 죽고 암컷개미는 자신의 제국을 건설할 새 터전을 찾는다.

흰개미는 여왕흰개미, 왕흰개미, 병정흰개미, 일꾼흰개미로 나뉘며 암컷과 수컷이 함께 산다. 흰개미는 나무 속에서 나무섬유질을 먹고 사

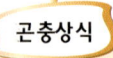

흰개미는 개미가 아니라고요?

흰개미는 개미가 아닙니다. 개미와 비슷하게 생기고 개미처럼 썩은 나무 그루터기나 살아있는 나무에 집을 짓고 사회생활을 하기 때문에 흰 '개미'라는 이름이 붙었지만 개미와는 전혀 다른 분류에 속하는 곤충입니다. 개미는 완전 변태를 하는 벌목에 속하고 흰개미는 불완전 변태를 하는 독립된 흰개미목에 속한답니다.

는데 흰개미 유충은 성충의 배설물을 먹어서 섬유질 소화에 필요한 미생물을 몸 안에 갖게 된다. 일꾼흰개미는 먹이를 모으고 유충을 키우며 버섯을 재배하기도 한다. 큰턱이 발달한 병정흰개미는 입에서 공격용 화학물질을 뿜어 외부 침입자를 쫓는다. 여왕이 살아있는 한 다른 여왕이 생기지 않으며 실수로 예비 여왕이 태어나면 여왕은 페로몬 명령을 내려 흰개미들이 예비 여왕을 죽이게 한다. 여왕흰개미가 죽으면 일꾼흰개미는 유충에게 로열젤리를 먹여 새로운 여왕을 만든다. 무리가 너무 커지면 여왕흰개미는 날개 있는 흰개미 한 마리만 데리고 새 터전을 찾아 떠난다.

이 외에도 한 종이 여러 형태로 분화하지 않은 채 간단한 사회생활을 하는 곤충이 있다. 몇몇 수컷 나무좀은 짝짓기 후 암컷 곁을 떠나지 않으며 다른 수컷과 짝짓기하지 못하도록 막아 일부일처제를 유지한다. 쇠똥구리는 동물의 배설물에 알을 낳는데 배설물을 모을 때와 저장하는 장소를 만들 때 암컷과 수컷이 서로 협력한다. 짚시나방 같은 나방 유충도 커다란 그물망으로 된 집에서 모여 살며 다른 곤충이나 동물에게 먹히지 않도록 서로를 보호한다.

곤충 구분하기

곤충이 지구상에 처음 등장한 시기는 고생대 데본기인 약 3억 5천 년 전이라고 한다. 맨 처음 출현한 곤충은 날개가 없으며 몸이 아주 작고 단순하며 주로 축축한 토양에서 각종 동식물의 죽은 시체나 균류의 포자 등을 먹고 살았다. 오늘날의 톡토기나 좀붙이, 낫발이가 여기에 해당한다. 그 이후 석탄기에 이르러 식물이 다양하게 분화하며 크게 번성하자 식물을 먹이로 하는 많은 곤충이 생겨나며 날개가 있는 곤충도 등장하였다. 이 때의 곤충은 페름기 후기에 대부분 멸종했고 현재 우리가 보는 종들은 그 이후에 다양한 형태로 진화한 것들이다.

일반적으로 3쌍의 다리가 있으며 외골격으로 몸을 보호하는 생물을 곤충이라 부르며 생물학적 체계상 육각강에 해당한다. 이전에는 곤충강

곤충상식

거미가 곤충이 아니라고요?

곤충은 곤충강 또는 육각강에 속하지만 거미는 거미강에 속합니다. 거미강은 곤충과 달리 몸을 머리가슴, 배의 2개로 나눕니다. 다리도 4쌍이나 되며 모두 머리가슴에 있지요. 가장 앞에 있는 다리 1쌍은 짧아서 더듬이처럼 보이지만 거미에게는 더듬이가 없습니다. 곤충 중에 완전 변태를 하는 경우엔 일정 기간 동안 고치를 지을 실을 만들 수 있지만 거미는 일생동안 거미줄을 지을 실을 만듭니다. 거미는 다른 곤충을 잡아먹어 곤충의 천적이 되니, 어때요? 많이 다르죠?

과 육각강을 같이 단위로 사용하며 그 아래에 날개가 없는 무시아강과 날개가 있는 유시아강으로 나누었으나 최근에는 무시아강 중에서 낫발이목, 톡토기목, 좀붙이목을 톡토기강으로 분류하고 나머지를 따로 곤충강으로 묶는다. 톡토기강의 3목을 제외하고 다른 곤충은 5가지 공통된 특징을 가지기 때문에 따로 묶는 것이다. 유시아강은 다시 날개를 접지 못하는 고시류와 날개를 접어 배 위로 올릴 수 있는 신시류로 나뉘며 신시류는 다시 불완전 변태를 하는 외시류와 완전 변태를 하는 내시류로 나뉜다. 톡토기강과 곤충강을 합쳐 곤충 또는 육각류라 하며 총 31개 목으로 분류한다.

곤충강이 톡토기강과 다른 점

1. 더듬이를 자유자재로 움직일 수 있다.
2. 존스턴기관을 가진다.
3. 머리를 관통하는 근육 구조가 있다.
4. 배가 11개의 마디로 되어 있고 암컷은 8번째와 9번째 마디 사이에 산란관이 있다.
5. 다리의 발목부위는 2개 이상의 마디로 되어 있다.

동물계

절지동물문 다리가 마디로 되어 있다.

육각강 다리가 3쌍이다.

톡토기강

- 낫발이목
- 톡토기목
- 좀붙이목

곤충강

무시아강 날개가 없다.
- 좀목
- 돌좀목

유시아강 날개가 있다.

고시류 날개를 접지 못한다.
- 하루살이목
- 잠자리목

신시류 날개를 접어 배 위로 올릴 수 있다.

외시류 불완전 변태
- 메뚜기목
- 메뚜기붙이목
- 다듬이벌레목
- 바퀴목
- 집게벌레목
- 총채벌레목
- 흰개미목
- 흰개미붙이목
- 대벌레목
- 사마귀목
- 강도래목
- 노린재목
- 이목
- 민벌레목
- 털이목

내시류 완전 변태
- 풀잠자리목
- 파리목
- 벼룩목
- 딱정벌레목
- 부채벌레목
- 밑들이목
- 날도래목
- 나비목
- 벌목

* 현재 종 수가 많아 쉽게 볼 수 있는 목은 ●으로, 흔하지만 크기가 작고 관찰하기 어려운 목은 ●으로, 흔하지 않은 목은 ●으로 표시했다. 지금은 흔하지 않은 목도 나중에는 흔하게 될 수 있다.

곤충 각 목별 특징

| 원시곤충인 톡토기강 Class Enthognata |

톡토기목 Order Collembola
토양곤충
- 몸길이가 0.6~6mm 정도로 작다. 날개와 겹눈이 없으며 더듬이가 길고 가늘다. 배 끝에는 도약기가 있어 톡톡 뛸 수 있다.
- 썩은 식물체, 세균, 곰팡이, 동물의 분비물, 꽃가루를 먹는다.
- 서늘하고 습한 토양이나 썩은 낙엽층, 통나무, 나무껍질, 이끼 등에 산다.
- 토양 속에 가장 많은 곤충이다.

낫발이목 Order Protura
토양곤충
- 몸길이는 1.5mm를 넘지 않는다. 날개와 더듬이가 없고 앞다리가 매우 크다.
- 산림토양이나 썩은 낙엽층에 산다.

좀붙이목 Order Diplura
토양곤충
- 몸길이는 7mm를 넘지 않는다. 돌좀과 비슷하게 생겼으나 날개와 겹눈이 없다.
- 습한 토양이나 나무껍질에 산다.

| 진화곤충인 곤충강 Class Insecta |

날개 없는 무시아강 Apterygota

좀목 Order Thysanura
토양곤충
- 몸이 길고 납작하다. 배 끝에는 3개의 긴 꼬리가 있으며 몸은 비늘로 덮여 있다.
- 습한 토양이나 썩은 식물체, 돌 밑 등에 산다.

돌좀목 Order Microcoryphia
토양곤충
- 몸길이는 최대 15mm 정도이다. 좀목보다 통통하다.
- 이끼, 썩은 식물체 등을 먹는다.
- 주로 바위틈이나 습한 토양에 산다.
- 20~30cm 정도 톡톡 뛰어오르기도 한다.

날개 있는 유시아강 Pterygote | 날개를 접지 못하는 고시류 Paleoptera

동양하루살이

■ 하루살이목 Order Ephemeroptera
수생곤충

- 성충은 꼬리를 제외한 몸길이가 5~15mm 정도이다. 몸은 매우 가늘고 연약하다. 배 끝에는 2~3개의 긴 꼬리가 있다. 앞날개는 삼각형 모양이며 뒷날개는 매우 작거나 없다.
- 봄~늦여름 해질 녘 강가, 개울가, 계곡 근처에서 무리지어 난다.
- 약충까지 물속에 살고 성충이 되면 물 밖으로 나온다. 성충은 입이 퇴화하여 먹지 못하고 짝짓기와 번식만 하다 일찍 죽어 하루살이라 한다. 깔따구를 하루살이로 잘못 알고 있는 경우가 많다.

■ 잠자리목 Order Odonata
수생곤충

- 날개가 얇고 맥이 촘촘하다.
- 약충과 성충 모두 다른 동물을 잡아먹는다.
- 어릴 때는 물속에 살며 성충이 되면 물 밖에서 산다.
- 수컷은 일반적으로 영역을 가진다.
- 크게 실잠자리아목과 잠자리아목으로 나뉜다.

등검은실잠자리

실잠자리아목
- 머리가 옆으로 길다. 가슴과 배가 가늘다. 날지 않을 때는 날개의 윗면이 안쪽으로 가도록 해서 배 위에 포개 놓는다.
- 서식처의 영역이 넓지 않아 주로 물가를 벗어나지 않는다.

산좀잠자리

잠자리아목
- 한 쌍의 겹눈이 매우 크다. 머리가 공처럼 둥글다. 가슴은 힘 있게 잘 날 수 있도록 근육이 발달하여 두텁다. 날지 않을 때는 두 쌍의 날개를 몸과 수평으로 펼쳐 놓는다.
- 물가에서 멀리까지 날아다닌다.

날개 있는 유시아강 Pterygote | 날개를 접을 수 있는 신시류 Neoptera

불완전 변태 외시류 Exopterygota

■ **메뚜기목** Order Orthoptera
육상곤충
- 두텁고 긴 앞날개가 몸을 덮는다. 뒷날개는 얇고 폭이 매우 넓어 날 때만 편다. 뒷다리가 발달해 펄쩍펄쩍 뛸 수 있고 씹는 입이다.
- 봄~가을까지 볼 수 있다. 낮은 수풀이나 풀밭에 주로 산다.
- 앞날개끼리 또는 앞날개와 뒷다리를 부딪치거나 비벼서 내는 소리로 의사소통한다. 밑들이메뚜기처럼 성충이 되어도 날개가 발달하지 않는 종을 제외하고는 날개가 다 자라서 배를 덮으면 성충, 그렇지 않으면 약충으로 구분한다.
- 메뚜기아목과 여치아목으로 나뉜다.

검은다리실베짱이

여치아목
- 더듬이가 몸길이 정도이거나 더 길다.
- 여치와 베짱이는 식물을 주로 먹으며 때로는 다른 곤충을 잡아먹기도 한다.
- 귀뚜라미와 방울벌레는 밤에 주로 활동하며 수컷이 암컷을 부르는 노랫소리로 유명하다.
- 땅강아지는 밤에 주로 활동하며 땅을 파고 다니면서 식물의 뿌리를 먹고 산다.

등검은메뚜기

메뚜기아목
- 더듬이가 몸길이보다 훨씬 짧다.
- 대개 식물을 먹고 산다.

■ **메뚜기붙이목 또는 갈르와벌레목** Order Grylloblattodea
동굴곤충
- 귀뚜라미같이 생겼다.
- 동굴에 산다.

산바퀴

■ **바퀴목** Order Blattaria
육상곤충
- 몸이 납작하며 앞가슴이 발달해 위에서 보면 머리가 보이지 않는다.
- 사람 사는 집 근처에 사는 종과 숲속 썩은 나무 그루터기에 사는 종이 있다.
- 고생대 석탄기에 출현해 '살아 있는 화석'이라 부른다. 여럿이 모여 살며 어미가 새끼를 돌보는 단순한 사회구조를 형성한다.

좀집게벌레목

■ 집게벌레목 Order Dermaptera
육상곤충 | 주행성, 야행성
- 앞날개가 딱딱하고 짧아 배를 덮지 못한다. 배 끝에 큰 집게 모양이 있다.
- 고마로브집게벌레는 초원지대에서 볼 수 있지만 대부분의 집게벌레는 어두운 숲속의 바위 밑이나 썩은 나무껍질에서 이따금 볼 수 있다.

■ 흰개미목 Order Isoptera
육상곤충
- 주로 죽은 나무에 집을 짓고 산다.
- 사회생활을 한다. 전 세계 2,000여 종이 있으나 우리나라에는 일본에서 들어온 일본흰개미 한 종만 있다. 사찰 나무기둥에 집을 짓기도 해 문제가 된다.

■ 흰개미붙이목 Order Embioptera
육상곤충
- 돌 밑이나 나무껍질에 산다.
- 열대, 아열대에 많으며 우리나라에는 없다.

왕사마귀

■ 사마귀목 Order Mantodea
육상곤충
- 머리는 작고 역삼각형이며 겹눈이 크다. 앞다리에 가시가 많아 손으로 잡으면 아프다.
- 잘 발달한 앞가슴과 앞다리로 다른 곤충을 잡아먹는다.
- 암컷은 짝짓기 중에 수컷을 잡아먹어 알을 키우는 영양분을 보충한다.

대벌레

■ 대벌레목 Order Phasmida
육상곤충
- 나뭇가지나 잎사귀 모양으로 생겼다.
- 식물을 먹고 산다.
- 동작이 느리다. 우리나라에는 나뭇가지 모양으로 생긴 종류만 살고 있다.

두눈강도래

■ 강도래목 Order Plecoptera
수생곤충
- 몸이 납작하며 머리는 앞가슴만큼 폭이 넓다.
- 물속에 살다가 성충이 되면 물 밖으로 나오지만 물가에서 멀리 벗어나지 않는다. 성충은 주로 나뭇잎 뒤나 바위 위 등 습하고 서늘한 곳에 산다.

■ 민벌레목 Order Zoraptera
육상곤충
- 날개와 눈이 퇴화하여 없는 경우도 있다.
- 썩은 나무, 고목, 균류의 포자, 작은 곤충의 시체 등을 먹는다.
- 우리나라에는 없다.

■ 다듬이벌레목 Order Psocoptera
육상곤충
- 머리가 몸에 비해 큰 편이며 몸은 작다.
- 부패한 동식물체, 조류, 균류 등을 먹는다. 집 안에 들어와 책의 접착풀 등을 먹기도 한다.

■ 털이목 Order Mallophaga
기생곤충
- 날개가 없고 납작하며 몸이 작다.
- 깃털, 털, 피부 부스러기를 먹고 산다.
- 조류나 포유류에 기생하며 산다.

■ 이목 Order Anoplura
기생곤충
- 날개가 없고 납작하며 크기가 작다.
- 피를 빨아먹는다.
- 사람을 비롯한 포유류에 기생하며 산다.

■ 총채벌레목 Order Thysanoptera
토양곤충 | 육상곤충
- 크기는 2mm 이하로 매우 작고 가늘어서 눈으로 구조를 보기 어렵다.
- 꽃, 잎 등 식물 조직을 긁어 빨아 먹는다. 일부는 작은 곤충류의 체액을 빨아먹는다. 버섯을 먹는 종도 있다.
- 버섯이나 꽃을 손에 대고 털면 볼 수 있다.
- 날개 가장자리에 총채 또는 먼지털이 같은 털이 있어 총채벌레라고 한다.

■ 노린재목 Order Hemiptera
육상곤충 | 수생곤충

- 입은 찔러서 빨아먹는 입이다.
- 형태, 서식처가 다양하다.
- 형태의 차이로 과거에는 매미목을 따로 분류했으나 최근에는 진화 계통상 같은 계통에 속하는 것으로 밝혀져 노린재목에 포함시킨다.
- 크게 노린재아목, 매미아목, 진딧물아목으로 나눈다.

분홍다리노린재

노린재아목
- 가운데가슴판과 뒷가슴판이 합쳐져 몸 가운데 역삼각형의 판을 만든다. 광대노린재는 이 판이 매우 크고 화려하게 발달하여 배의 대부분을 덮는다. 앞날개의 절반은 두껍고 절반은 투명하며 얇다.
- 대부분 육상에서 식물의 즙을 빨아 먹는다. 게아재비, 장구애비, 물장군 등은 물속에서 살며 물고기나 올챙이 등 작은 동물의 즙을 빨아먹고 산다.
- 손으로 잡으면 노란 액체의 방어 페로몬을 낸다. 노린내가 나고 오래가서 노린재라는 이름이 붙었다.

유지매미

매미아목
- 매미의 유충은 앞다리의 허벅마디가 발달하여 땅을 파고 나오기 적합하다.
- 매미의 유충은 땅속에서 지내다 성충이 될 즈음 땅 위로 나온다. 땅속에서 지내는 시기는 종과 환경에 따라 다르나 대개 수년에 이른다.
- 수컷 매미는 배 아래쪽 울음판으로 소리를 내어 암컷을 부른다.
- 매미를 비롯하여 멸구, 선녀벌레, 거품벌레, 매미충 등 다양한 곤충이 포함된다.

진딧물

진딧물아목
- 크기가 작다. 다 자란 어른 진딧물도 날개가 있거나 없다. 먹이 식물에 사는 진딧물 밀도가 높아지거나 식물의 영양상태가 좋지 않게 되면 날개 있는 진딧물이 태어나 새로운 식물체를 찾아간다고 한다.
- 잘 이동하지 않고 여러 마리가 모여 산다.
- 봄~가을까지 암컷 진딧물 혼자서 새끼를 낳는다. 가을에는 암컷과 수컷 진딧물이 나타나 짝짓기하고 암컷은 알을 낳는다. 알로 겨울을 지낸다.

완전 변태 내시류 Endopterygota

풀잠자리

■ 풀잠자리목 Order Neuroptera
육상곤충 | 수생곤충

- 잠자리와 비슷하지만 완전 변태류이며 수생곤충이거나 육상곤충이다.
- 풀잠자리는 미끄러운 알 표면이나 나뭇잎 등에 알을 낳는데 마치 가지에 달린 열매처럼 보인다. 이것을 우담바라라고 한다.
- 풀잠자리, 명주잠자리, 뱀잠자리 등이 있다.

■ 딱정벌레목 Order Coleoptera
육상곤충 | 수생곤충

- 몸길이는 0.4~6cm로 다양하며 겉모습도 다양하다. 앞날개가 딱딱하고 두텁다. 날지 않을 때는 배를 덮고 있다. 좌우 앞날개 한 쌍은 배 가운데에서 겹쳐지지 않고 수직으로 서로 만난다. 뒷날개 한 쌍은 얇고 투명하며 앞날개보다 커서 평소에는 앞날개 속에 잘 접어 두었다가 펼쳐서 난다.
- 선호하는 서식처, 식성, 생활 습성이 매우 다양하다.

등빨간먼지벌레

우리딱정벌레

딱정벌레상과

– 딱정벌레과와 먼지벌레과
- 몸길이는 0.2~4cm로 다양하다. 대개 검정색 등 어두운 색이지만 일부는 밝고 화려한 색이다. 한 쌍의 앞날개가 긴 타원형이며 대개 머리와 가슴보다 폭이 조금 더 넓다.
- 살아있는 나방 유충, 지렁이, 달팽이, 죽은 곤충을 잡아먹고 산다.
- 대개 밤에 활동하며 불빛 근처에 모이기도 한다. 낮에는 우거진 숲속의 축축한 땅에서 간혹 볼 수 있다.

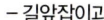

길앞잡이

– 길앞잡이과
- 몸길이는 2cm 정도이다. 한 쌍의 겹눈이 매우 도드라지게 생겼다. 한 쌍의 큰턱은 크고 날카롭다.
- 유충 때는 땅 속에 수직으로 작은 굴을 파고 그 위를 지나는 곤충을 잡아먹는다. 성충도 다른 곤충을 잡아먹는다.
- 걸어가는 사람 앞에서 산길을 따라 짧은 거리를 낮게 날아 붙여진 이름이다. 산길을 걸어갈 때 간혹 볼 수 있는데 재빠르기 때문에 잡기는 어렵다.

검정물방개

물방개상과와 물땡땡이상과

- 물방개과
- 몸길이는 2~4cm 정도이다. 몸은 납작하며 유선형이다. 뒷다리는 납작한 노처럼 생겼고 촘촘한 털이 있어 헤엄치기 좋다.
- 물속에 살면서 물고기나 다른 곤충 등을 잡아먹는다.
- 물 밖에 나갔을 때 앞날개와 등판 사이나 다리와 배 사이에 공기를 머금고 물속으로 들어와 호흡한다. 수초에 알을 낳는다.

- 물매암이과
- 몸길이는 0.5cm 정도로 작다. 잠시도 가만히 있지 않고 물 위에서 쉴 새 없이 이리저리 움직인다. 겹눈이 2쌍이며 1쌍은 물 아래에 있어 물속의 포식자를 경계하며 1쌍은 물 위에 있어 먹이를 찾는다.
- 물 위에 있는 작은 곤충이나 낙엽조각 등을 먹는다.
- 떼 지어 물 위에 산다.

- 물땡땡이과
- 몸이 유선형이고 어두운 색이어서 물방개와 비슷해 보인다.
- 다른 동물을 잡아먹는 물방개와는 달리 수초나 썩은 유기물을 먹는다.
- 외모와 달리 계통적으로는 시체, 배설물, 버섯, 곰팡이 등을 먹는 풍뎅이붙이상과, 반날개상과와 가깝다.

풍뎅이붙이상과와 반날개상과
- 풍뎅이붙이과
- 시체와 배설물을 주로 먹는다.
- 앞날개가 배를 모두 덮지 못하는 풍뎅이와 비슷하게 생겨서 붙여진 이름이다.

- 반날개과
- 버섯, 곰팡이, 축축한 땅에서 유기물을 먹는다. 다른 작은 동물을 먹기도 한다.
- 앞날개가 매우 짧아 배를 덮지 못해서 붙여진 이름이다.

풍뎅이상과
- 몸길이는 1~4cm 정도이다. 타원형이거나 약간 긴 타원형이다. 위아래로 두텁다. 다리는 딱정벌레상과에 비해 짧다. 자세히 보면 더듬이 끝이 부챗살 모양이다.

사슴벌레

- 사슴벌레과
- 암컷과 수컷은 큰턱이 다르게 생겼으며 수컷의 큰턱은 매우 발달했다.
- 유충은 썩은 나무 그루터기에 굴을 파서 먹고 산다. 성충은 나무 수액을 먹는다.
- 밤에 불빛에 모여 든다. 수컷은 발달한 큰턱으로 암컷과 먹이를 차지하기 위해 서로 싸운다.

뿔소똥구리

참오리나무풍뎅이

풍이

– 소똥구리과
- 유충 때 포유류의 배설물을 먹고 산다.
- 성충 한 쌍은 포유류의 배설물을 굴려 작은 공처럼 만들어 땅속에 굴을 파 숨긴다. 암컷이 여기에 알을 낳는다.

– 풍뎅이과
- 유충 때 땅속에 살면서 유기물이나 식물의 뿌리를 먹고 산다.

– 꽃무지과
- 성충은 꽃에서 꽃가루와 꿀을 먹는다.

검은빗살방아벌레

방아벌레상과
– 방아벌레과
- 몸길이는 2cm 이하이다. 몸이 전체적으로 길다. 유충은 피부가 단단하고 몸이 가늘면서 길어 철사벌레라 부른다.
- 유충은 땅속에서 식물 뿌리를 먹어 해충이 되기도 한다. 성충은 식물의 잎을 먹고 달콤한 즙을 좋아한다.
- 성충은 포식자나 사람에게 잡히면 찰깍 소리를 내며 앞가슴을 뒤로 꺾었다가 편다.

애반딧불이

– 반딧불이과
- 유충은 다슬기나 달팽이를 먹고 산다. 성충은 거의 먹지 않는다.
- 유충은 흐르는 맑은 물이나 물가 풀밭에 산다.
- 성충과 유충 모두 루시페라이제라는 효소를 이용하여 열을 내지 않고 빛을 발할 수 있다. 빛을 발하는 방식은 종에 따라 다르며 밤에 밝게 빛나는 반딧불이의 빛은 짝짓기할 상대를 찾는 빛이다. 암컷은 물가나 축축한 이끼 위 등에 알을 낳는다.

칠성무당벌레

머리대장상과
– 무당벌레과
- 몸길이는 0.5~1cm 정도이다. 배가 평평하고 등은 원형으로 둥글다. 앞날개에 노란색이나 주황색 등 화려한 색 바탕에 검은 점무늬가 있는 것이 많다.
- 유충과 성충 모두 진딧물 등 다른 작은 동물을 잡아먹는다.
- 진딧물이 있는 식물의 잎이나 줄기에서 찾아볼 수 있다.

잎벌레상과

– 하늘소과

톱하늘소

- 성충은 더듬이가 긴 편이어서 몸길이의 절반에서 몸길이 정도 된다. 성충의 몸길이는 1~10cm 정도로 다양하다.
- 유충은 나무의 물관부를 파먹고 산다. 살아 있는 나무를 파먹기도 하고 쓰러진 나무나 썩은 나무 그루터기를 먹기도 한다. 성충은 거의 먹지 않거나 나무의 수액을 먹고 꽃가루나 식물의 잎 등을 먹는 종도 있다.
- 몸길이 8~10cm 하는 천연기념물 장수하늘소는 서어나무 숲에서 살며 드물게 강원도 지역에서 채집되기도 하나 현재는 광릉숲에서만 산다고 알려져 있다.

넉점박이큰가슴잎벌레

– 잎벌레과

- 성충의 몸길이는 0.2~2cm이며 더듬이가 머리보다 긴 편이다.
- 식물의 잎을 먹고 산다. 여러 식물 잎을 먹는 종도 있고 한두 가지 식물 잎만 먹는 종도 있다.

바구미상과

– 바구미과

혹바구미

- 몸길이는 0.5~2.5cm 정도이다. 성충의 입구조가 길고 가늘어 긴 코처럼 보인다.
- 유충은 식물의 뿌리나 잎, 줄기, 열매, 썩은 나무나 살아 있는 나무의 물관부를 먹는다. 성충은 식물의 잎이나 열매 등을 주로 먹는다.

왕거위벌레

– 거위벌레과

- 몸길이는 대개 1cm 이하이다. 앞가슴이 길어 목이 긴 거위처럼 보인다.
- 떡갈나무, 밤나무 등의 잎에 알을 한 개 씩 낳은 후 잎으로 잘 말아 놓는다. 이 잎은 알에서 깬 유충의 먹이가 되며 동시에 포식자의 위험에서 유충을 보호해준다.

■ 부채벌레목 Order Strepsiptera

기생곤충

- 앞날개는 퇴화하고 뒷날개만 있다.
- 벌목, 노린재목, 메뚜기목 등의 몸속에 기생한다.

■ 밑들이목 Order Mecoptera

육상곤충

밑들이

- 씹는 입이 잘 발달하여 입이 머리 아래쪽으로 뾰족한 부리 모양이다. 수컷의 생식기는 마치 전갈처럼 생겼다.
- 유충은 이끼나 유기물을 먹고 성충은 작은 곤충, 당밀, 꽃가루, 꽃잎, 열매, 이끼 등을 먹는다.

■ 날도래목 Order Trichoptera

수생곤충

우묵날도래

- 성충의 날개는 2~3개의 털이 모인 비늘로 덮여 있다. 쉴 때 날개는 지붕 모양이 된다.
- 유충은 낙엽이나 작은 돌, 모래, 나뭇가지 등으로 집을 짓거나 돌 틈에 그물을 치고 그물에 걸린 유기물을 먹고 산다.
- 물속에 살다가 성충이 되면 물 밖으로 나온다. 진화상으로 나비목과 가깝다. 성충은 입이 퇴화하여 거의 먹지 못하기 때문에 수명이 짧다. 그러나 물이나 꿀을 먹는다는 기록도 있다.

■ 나비목 Order Lepidoptera

육상곤충

- 크기가 다양하다. 날개가 비늘로 덮여 있다. 입이 대롱같이 생겨서 꽃의 꿀을 빨아 먹기 좋다.
- 유충은 대부분 식물을 먹고 산다.

나비

산호랑나비

- 더듬이 끝이 두툼하여 뭉툭한 곤봉 모양이거나 약간 뾰죽한 모양이다. 팔랑나비과와 네발나비과를 제외하고는 날지 않을 때 배 위에 수직으로 날개를 접어놓는다.
- 꽃의 꿀을 먹는다.
- 주로 낮에 활동한다.

나방

- 더듬이 끝이 뾰족하며 수컷은 성페로몬을 감지하기 위해 깃털처럼 생긴 종도 있다. 날지 않을 때는 날개를 수평으로 펼쳐 놓는다.
- 대개 성충이 되면 거의 먹지 않거나 나무 수액을 조금 먹는다.
- 주로 밤에 활동한다.

잠자리각다귀

■ 파리목 Order Diptera
육상곤충 | 수생곤충
- 뒷날개는 곤봉 모양으로 퇴화하여 균형을 잡는 데 쓰고 앞날개로 난다.

모기과, 각다귀과, 깔따구과
- 유충 때 물속에서 사는 파리목의 대표적인 과이다. 생김새가 서로 비슷하며 각다귀과는 왕모기라 불리기도 하고 깔따구과를 하루살이로 잘못 알고 있는 경우가 많다.

꽃등에

꽃등에과
- 배에 노란색 띠무늬가 있어 벌과 비슷해 보인다.
- 성충은 꽃에서 꽃가루와 꿀을 먹고 산다. 유충은 진딧물을 먹고 사는 종류와 물이 고인 습지에서 썩은 식물이나 배설물을 먹는 종류가 있다.

왕파리매

파리매과
- 가운뎃가슴이 두텁게 발달하여 비행 능력이 매우 뛰어나다.
- 날아가는 다른 곤충을 잡아 입을 찔러 넣어 체액을 빨아 먹고 산다.

똥파리과, 쉬파리과
- 집에서 흔히 보는 집파리와 비슷하게 생겼다.
- 다른 동물의 배설물, 썩은 유기물을 먹고 산다.

쉬파리

■ 벼룩목 Order Siphonaptera
기생곤충
- 날개가 퇴화했다. 몸은 양 옆으로 납작하다. 뒷다리가 통통해 뛸 수 있다.
- 조류나 포유류의 피를 빨아먹는다. 유충 때에는 동물의 오물을 먹고 산다.

벌목 Order Hymenoptera

육상곤충 | 기생곤충

- 2쌍의 날개가 모두 투명하다. 입은 씹기에 적당한 씹는 입이다.

고려왕자루맵시벌

잎벌과
- 성충은 가슴과 배가 만나는 곳이 홀쭉하지 않아 다른 벌들과 구별된다.
- 유충 때 식물의 잎을 먹기 때문에 해충이 되기도 한다.

맵시벌과
- 몸이 매우 가늘고 길다. 암컷 배 끝에 달린 긴 것은 산란관이다.
- 주로 나방 유충이나 번데기 같은 다른 곤충의 몸에 알을 낳는다.

점호리병벌

호리병벌과, 구멍벌과
- 검은색 몸에 노란색 또는 흰색 무늬가 있다.
- 땅속, 나무 구멍 등에 집을 짓고 알을 낳는다. 몇몇 종이 진흙으로 도자기를 빚듯이 집을 만들어 호리병벌이라는 이름이 붙었다. 유충 먹이를 위해 다른 곤충의 유충을 잡아서 마취시킨 후 산 채로 저장한다.

장수말벌

말벌과
- 머리와 가슴이 노란색이거나 황토색인 경우가 많다.
- 암컷은 나무 목질을 자기의 침과 섞어 집을 짓고 여러 개의 알을 낳아 유충이 태어나면 먹이를 잡아다 주며 돌본다.
- 말벌, 장수말벌, 쌍살벌 등이 있다.

어리호박벌

꿀벌과
- 꽃에서 꽃가루와 꿀을 얻는다.
- 호박벌, 뒤영벌, 꿀벌, 꽃벌, 가위벌 등이 있다. 가위벌은 나무줄기나 대롱 속 또는 식물의 잎을 이용하여 집을 짓고 그 안에 꽃가루를 모아 알을 낳는다.
- 학자에 따라 여러 개의 과로 구분하기도 한다.

일본왕개미

개미과
- 땅속이나 나무 그루터기에 주로 산다.
- 고도로 분화한 사회생활로 유명하다.

좀벌상과
- 몸길이가 2mm 이하로 매우 작은 벌을 좀벌상과의 기생봉이라 한다. 날개맥이 거의 없는 등 형태가 단순하다.
- 기생봉은 다른 종 곤충의 유충 또는 알 속에 알을 낳는다. 알에서 깨어난 기생봉 유충은 다른 곤충의 유충과 알을 먹으며 자란다. 성충이 되면 몸을 뚫고 밖으로 나온다.

혹벌상과
- 크기가 작다.
- 식물에 기생한다. 간혹 참나무류의 싹 부분에 붉은색 혹을 만들고 사는 종류도 있다.

곤충 관찰 실습

관찰하기 전에

곤충을 관찰하는 자세

1. 곤충을 찾을 때나 잡을 때는 최대한 조심스럽게 한다.
2. 곤충을 죽이는 시범을 보이지 않는다. 관찰하기 위해 잡았던 곤충은 반드시 놓아 주는 시범을 보인다.
3. 여러 마리의 곤충을 한번에 잡아서 숲 생태계가 파괴되는 일이 없도록 한다.
4. 곤충을 잡아서 가져가지 못하게 한다. 가져가 키우기보다는 곤충에게 가장 좋은 환경이 바로 숲이라는 사실을 잘 가르친다.
5. 대부분의 곤충은 손으로 잡아도 아무런 해가 없으나 독나방이나 쐐기나방과 같은 나방 유충은 만지면 털끝에 있는 독이 몸에 묻을 수 있다. 벌이나 노린재같이 독침이나 뾰족한 주둥이를 가진 곤충이 쏘면 아프고 많이 붓게 되므로 손으로 곤충을 함부로 잡지 않도록 주의를 준다.

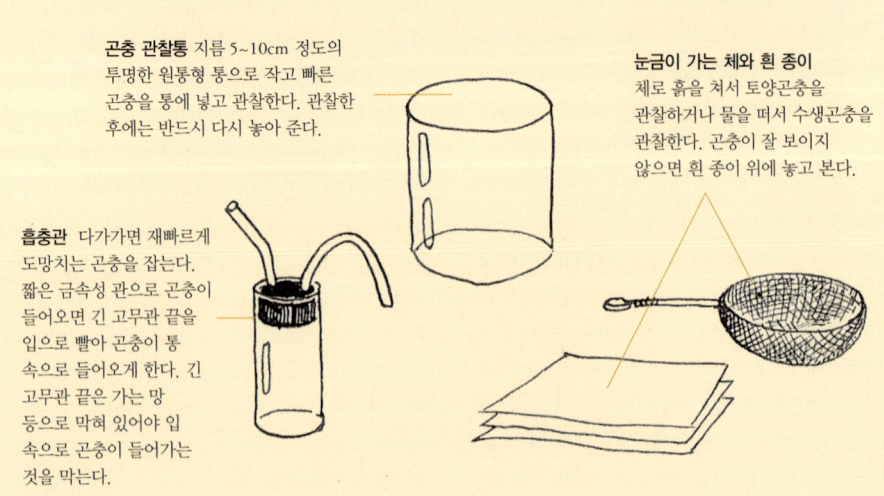

곤충 관찰통 지름 5~10cm 정도의 투명한 원통형 통으로 작고 빠른 곤충을 통에 넣고 관찰한다. 관찰한 후에는 반드시 다시 놓아 준다.

눈금이 가는 체와 흰 종이 체로 흙을 쳐서 토양곤충을 관찰하거나 물을 떠서 수생곤충을 관찰한다. 곤충이 잘 보이지 않으면 흰 종이 위에 놓고 본다.

흡충관 다가가면 재빠르게 도망치는 곤충을 잡는다. 짧은 금속성 관으로 곤충이 들어오면 긴 고무관 끝을 입으로 빨아 곤충이 통 속으로 들어오게 한다. 긴 고무관 끝은 가는 망 등으로 막혀 있어야 입 속으로 곤충이 들어가는 것을 막는다.

준비물과 복장

포충망 날아다니는 곤충을 잡는다. 대부분 앞으로 날아가므로 곤충의 옆에서 앞으로 휘두른다. 잡았던 곤충은 반드시 놓아준다.

모자 강한 직사광선을 피한다.

옷 수풀과 가시에 찔릴 수 있으므로 긴 옷을 입는다. 노란색, 빨간색 옷은 벌을 유인할 수 있으므로 삼가고 녹색, 갈색 옷을 입는다. 여러 도구를 넣을 수 있도록 주머니가 많은 상의나 조끼를 입는다. 바짓단은 흙이 묻지 않도록 끝부분을 말아 고무줄을 넣는다.

사진기 필요하면 사진을 찍는다.

장갑 곤충이나 식물의 독이 오르지 않도록 막아 준다.

휴대용 돋보기 작은 곤충을 관찰한다.

신발 편한 신발을 신는다.

기록장과 필기도구 겨울에 추우면 볼펜은 잘 나오지 않으니 연필을 준비한다.

* 향수나 화장품, 음료수 냄새는 곤충을 유인할 수 있으므로 조심한다.

숲에서 곤충을 찾으려면?

숲에 가면 새소리, 바람소리, 곤충소리가 들린다. 이 중에서 곤충이 내는 소리를 따라 가면 나무나 풀 사이에 숨어 있는 곤충을 찾을 수 있다. 곤충이 주로 있는 꽃이나 나무, 풀, 버섯 등을 찾아가도 곤충을 발견할 수 있으며 때로는 흙바닥이나 개울가를 유심히 들여다보아도 곤충을 찾을 수 있다. 숲 어느 곳에나 곤충은 있지만 더 많은 곤충을 쉽게 볼 수 있는 곳이 따로 있다. 소리를 따라가고 장소를 알아 쉽게 곤충을 찾아보자.

소리에 귀를 기울여라

숲에서 나는 곤충의 소리를 자세히 들어보자. 이른 여름에서 초가을까지는 매미의 소리를 들을 수 있다. 매미 수컷은 배에 울음판이 있어 소리를 내는데 짝짓기를 위해 암컷을 부르는 소리이다. 자세히 들어보면 매미의 울음소리는 약간씩 차이가 있는데 종에 따라 다른 소리를 내어 같은 종의 암컷 매미를 부르기 위해서이다. 우리나라에는 15종의 매미가 있지만 낮은 산지를 포함한 숲에서 사는 매미는 털매미, 늦털매미, 유지매미, 참매미, 애매미, 쓰름매미, 말매미 등이 있다.

귀뚜라미 수컷도 같은 종의 암컷을 부르기 위해 운다. 앞날개에 있는 마찰기관과 뒷다리를 부딪쳐 소리를 내는데 주로 밤에 내기 때문에 숲을 체험하는 과정에서 듣기는 어렵다. 하지만 여치와 메뚜기류는 낮에 울어 소리를 들을 수 있다. 이들도 앞날개와 뒷다리를 부딪쳐 소리를 내며 주로 수컷만 내지만 여치 종의 일부는 암컷도 낸다.

곤충이 주로 있는 곳을 살펴라

꽃 꽃이 만드는 꿀과 꽃가루는 탄수화물과 단백질을 비롯한 영양분이 풍부해서 많은 곤충의 훌륭한 먹이가 된다. 꿀벌의 일벌은 꽃가루와 꿀을 그냥 먹어버리기도 하지만 주로 꽃가루는 뒷다리에 주머니 모양으로 뭉쳐 두고 꿀은 입 안에 머금은 채 집으로 돌아와 저장해 두었다가 유충을 키우는 데 쓴다. 이렇게 곤충이 이 꽃에서 저 꽃으로 분주히 돌아다니는 동안 곤충의 몸에 붙은 꽃가루가 다른 꽃으로 이동하여 꽃가루받이가 이루어진다. 식물은 곤충의 도움으로 종족을 유지하며 곤충은 먹이를 얻는 것이다.

 꽃이 있는 곳에 가면 많은 곤충을 볼 수 있다. 꿀벌을 비롯한 여러 종류의 벌뿐만 아니라 생김새는 벌을 닮았지만 날개가 1쌍밖에 없는 꽃등에류, 화려하고 다양한 날개를 가진 나비류, 꿀을 먹는 벌꼬리박각시 같은 나방류가 있다. 몸길이 2cm 정도의 벌꼬리박각시는 다른 나방과 달리 날개맥 주위를 빼고는 비늘이 없어 전체적으로 날개가 투명해 보인다. 몸을 덮는 비늘은 노란색과 검정색이어서 언뜻 보면 비슷한 크기의 호박벌이나 뒤영벌처럼 보이기도 한다. 꽃에는 꽃무지·꽃벼룩·병대벌레 등 크고 작은 딱정벌레류, 꽃 속에 숨어 지내는 몸길이 1~2mm의 작은 총채벌레류도 있다. 총채벌레는 꽃을 손바닥 위에 조심스럽게 털면 쉽게 발견할 수 있다.

잎 곤충이 주로 먹는 것으로 꽃의 꿀이나 꽃가루 외에 잎이 있다. 잎 중에서도 새로 난 잎이나 꽃봉오리 부분을 가장 좋아하는데 연하며 타닌 같은 독이 없고 영양분이 풍부하기 때문이다. 곤충 중에는 한 가지 식물의 잎만 먹는 종과 다양한 식물을 먹는 종이 있다. 식물에는 나름의 독성 물질이 있는데 다양한 식물을 먹을 수 있는 곤충은 이러한 독성을 소화할 수 있는 것이어서 분포지역이 넓고 농작물의 해충인 경우가 많다.

 잎 주변을 살펴보면 진딧물의 무리, 나방 유충, 노린재, 메뚜기, 잎벌레 등을 볼 수 있다. 진딧물의 무리를 잘 보면 진딧물을 잡아먹으려는 무당벌레를 볼 수 있으며 진딧물의 뿔관이라는 곳에서 나오는 달콤한 액체를 먹기 위해 모인 개미도 볼 수 있다.

나무와 나뭇가지 숲에서 나무나 나뭇가지를 가만히 살펴보면 낮에 활동하지 않는 나방이나 썩덩나무노린재 등 어두운 색 곤충을 볼 수 있다. 나뭇가지인 양 붙어 있는 대벌레도 볼 수 있다. 이 외에도 숲의 나무에는 많은 곤충이 살고 있다. 곤충은 반드시 한 나무에서 사는 것은 아니지만 곤충에 따라 사는 나무가 정해진 경우도 있다. 크기가 작은 진딧물이나 깍지벌레는 참나무과에 속하는 상수리나무, 떡갈나무, 갈참나무, 졸참나무 등의 나뭇가지나 잎에 붙어서 즙액을 빨아먹는다. 하늘소, 나무좀, 바구미의 성충은 입으로 나무껍질을 뜯고 알을 낳는데 알에서 깨어난 유충은 나무껍질 아래를 파먹으며 자라 성충이 되면 나무 밖으로 나온다. 나무껍질에 성충이 만든 작은 구멍이 있는지 보고 구멍 주변의 나무껍질을 조심스럽게 벗겨보면 이런 곤충을 직접 볼 수 있다. 유충이 나무를 파고 지나간 자리가 뱀이 지나간 모양의 굴처럼 보인다. 버드나무잎벌레와 황철나무잎벌레, 거미나 잎말이나방 유충은 버드나무에 살며 다양한 나방 유충은 벚나무의 잎이나 나뭇가지에 산다.

버섯이나 흙이 있는 곳 축축한 흙에는 많은 곤충과 절지동물류가 살고 있다. 우선 흙의 유기물을 먹고 사는 톡토기를 볼 수 있다. 톡토기는 크기가 매우 작으며 꼬리와 같은 도약기가 있어 튀어 오를 수 있다. 개울 근처 흙에는 개울가의 유기물을 먹고 사는 물가파리가 있으며 풍뎅이붙이나 송장벌레처럼 썩은 동식물의 사체를 먹는 곤충도 있다. 버섯의 갓 안쪽 주름살 부분을 털면 반날개나 버섯벌레 같은 작은 딱정벌레류 곤충이나 관총채벌레류 곤충을 볼 수 있다.

개울 개울에 가서 물속의 돌을 가만히 들추어 보면 잠자리, 강도래, 날도래, 하루살이 등의 유충을 볼 수 있다. 잠자리 유충은 턱이 발달하여 다른 곤충을 잡아먹는다. 날도래 유충은 입에서 실을 뽑아내 주변의 낙엽이나 작은 모래 등을 가지고 자신을 보호할 집을 짓거나 바위틈에 그물을 만들어 그물에 걸린 유기물을 먹는다.

물에는 게아재비, 장구애비, 물장군, 물자라같이 물속에 사는 노린재와 소금쟁이처럼 물 위에 사는 노린재가 있다. 물속에 사는 노린재는 배 끝에 길거나 짧은 호흡관이 있어 호흡한다. 몸이 크고 강한 물장군은 작은 물고기나 올챙이, 수생곤충 등의 작은 동물을 사냥하여 체액을 빨아먹고 소금쟁이는 물에 떨어진 작은 동물 사체의 즙액을 빨아먹는다. 물속에는 딱정벌레류의 물방개와 물맴이도 사는데 물방개는 다른 동물을 먹고 살며 물맴이는 물 위에 떨어진 낙엽이나 작은 동물 등을 먹고 산다.

쉽게 하는 유충 검색표

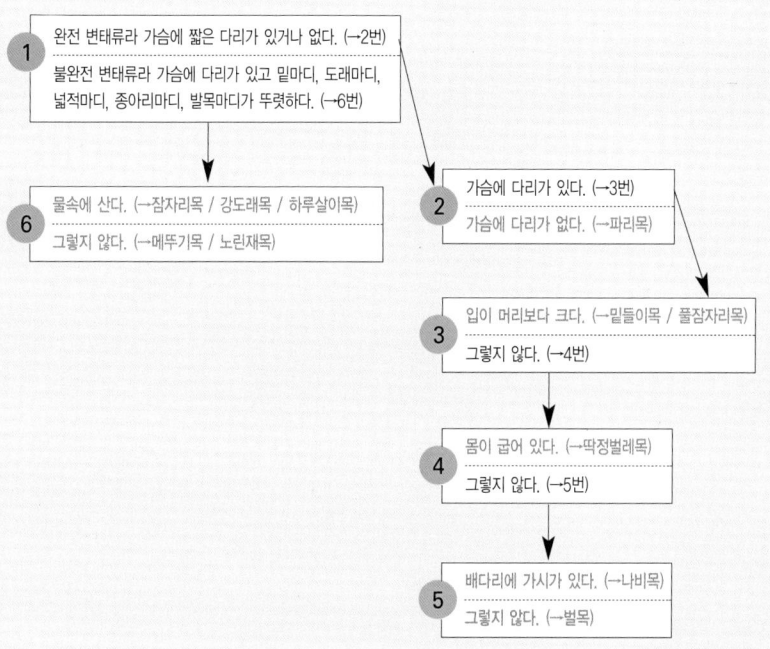

출처 : Michael Chinery, 1976.

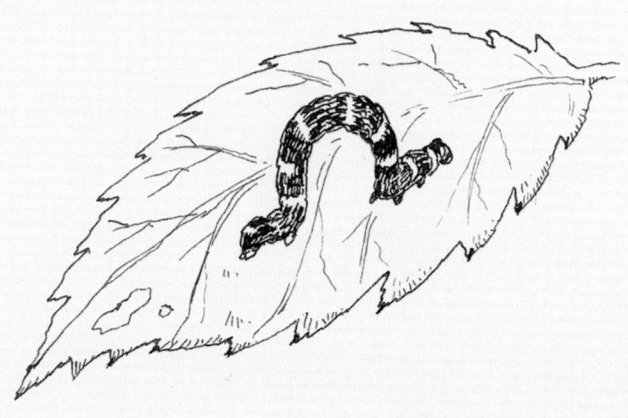

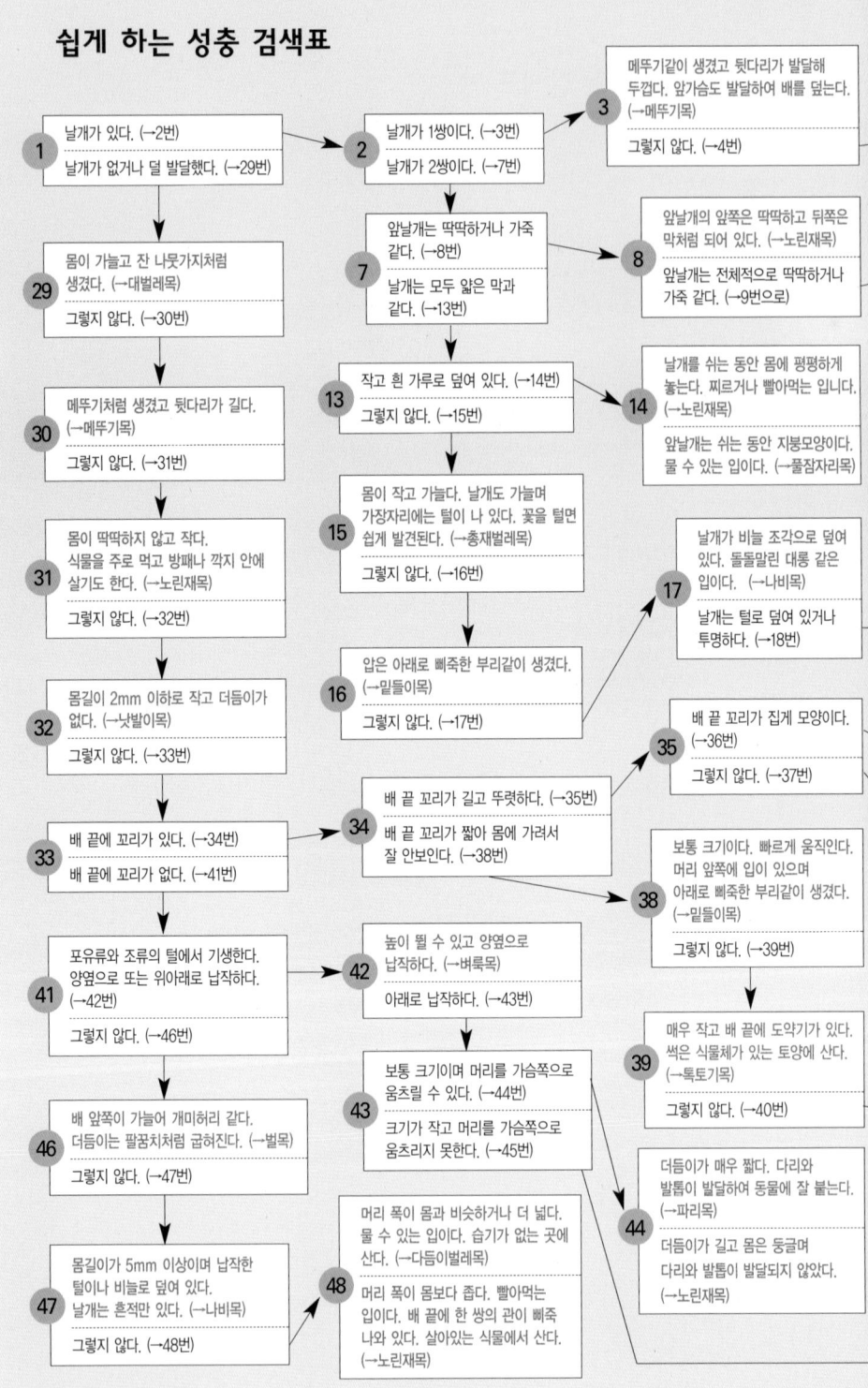

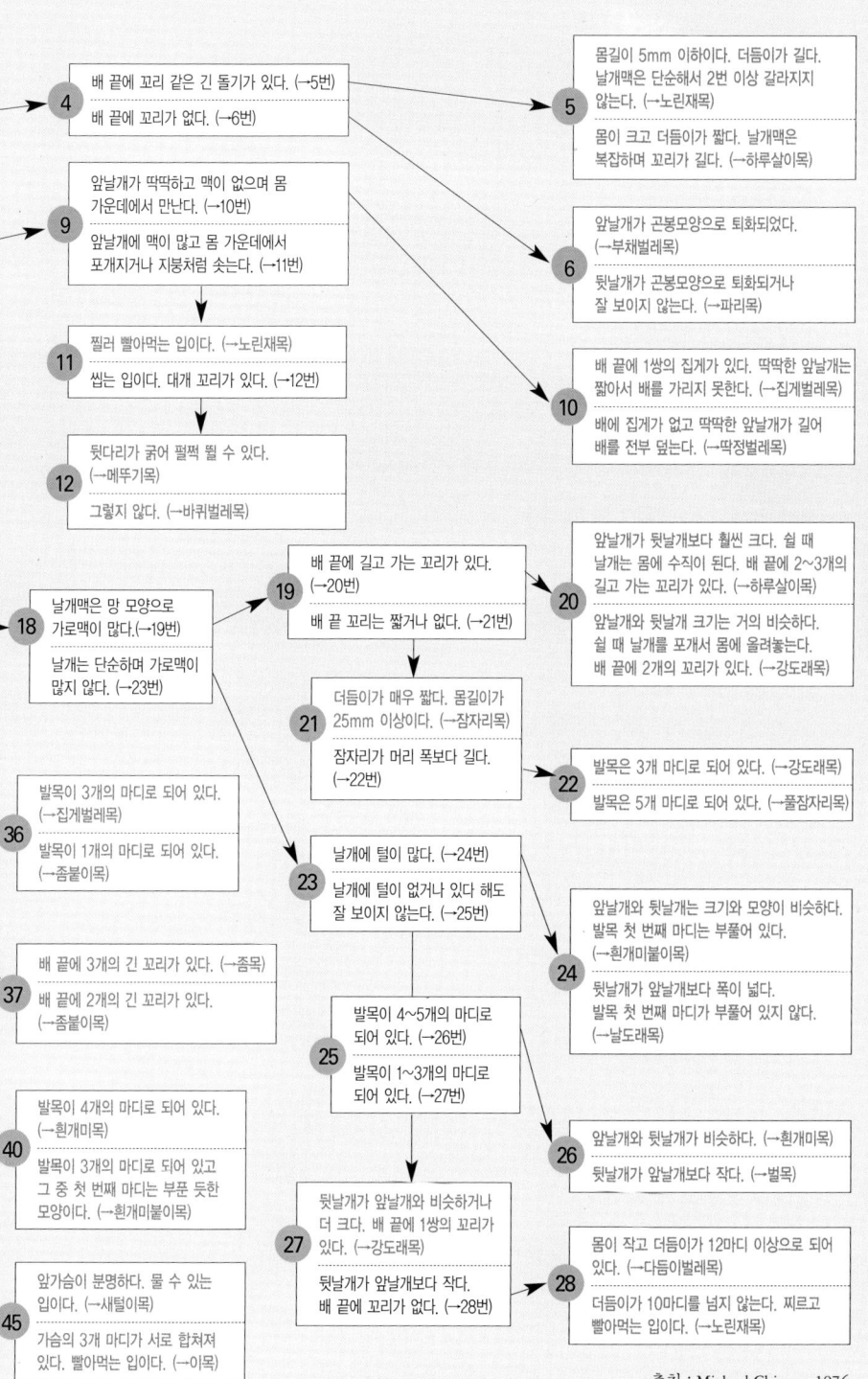

숲과 야생동물

강산에 뛰노는 야생동물은 언제나 풍요로운 자연에서 충분한 먹이를 얻어 건강을 유지하며 자유롭게 살아왔다. 건강하고 아름다운 야생동물은 동경의 대상이면서 인간 삶의 일부였다. 여러 옛이야기에는 두꺼비, 구렁이, 제비, 꿩, 노루, 여우, 호랑이 등 헤아릴 수 없는 많은 야생동물이 등장하였고 농번기에는 종다리, 뜸부기, 오리가 논과 밭에서 함께 살았다. 처마 밑에는 제비, 과실나무에는 까치가 사람과 어울려 살았다. 가을철 감나무 끝에 홍시가 빨갛게 익으면 '까치밥'이라 하여 몇 개를 남겨 두었는데 직박구리나 까치가 이것을 먹었다. 야생동물의 번식이 끝난 후 농한기에는 사냥을 했지만 사냥은 목적과 종류, 때와 장소에 대한 구별이 엄격하였다. 그래서 직업적인 포수가 아니면 사냥한 동물을 장터에 내다 파는 것은 커다란 수치였다. 토끼몰이, 노루몰이가 있었어도 이는 마을 공동 축제를 위한 행사였고 이 때도 동물의 '도망길'을 두어 씨를 말리는 일은 금하였다.

우리는 다른 나라와 달리 희귀한 야생동물도 동경과

숲에서 만나는 야생동물

상징을 넘어 풍자와 해학, 존중의 마음으로 바라보았다. 호랑이는 주로 권력과 세도의 상징으로 표현하지만 우리 민족에게는 곶감과 호랑이 이야기 등 설화와 민화 속에 친근한 모습으로 자리 잡고 있다. 호랑이에게 여러 화를 당하면서도 호랑이를 정의롭고 의로운 동물로 여겼다. 두루미도 선학仙鶴이라 하여 신선처럼 귀하게 여겨 고아한 자태와 품위를 본받으려 하였고 이 때문에 조선시대 문부백관의 흉배에는 두루미 모습을 새겼다.

우리나라의 야생동물

야생동물은 일반적으로 "자연환경에서 자유로이 이동 가능하며 길들여지지 않은 척추동물free and not tamed vertebrates"을 의미한다. 포유류, 조류, 양서류, 파충류, 어류 등을 포함하는데 우리나라에서는 대개 야생동물이라 하면 포유류와 조류만을 의미한다.

    우리나라는 동물지리구상으로 구북구에 속하며 우리나라에서 살거나, 잠시 쉬었다가 다른 곳으로 이동하는 새는 전 세계 조류 9,600여 종 가운데 450여 종, 포유류는 전 세계 4,000여 종 가운데 80여 종이 살고 있다. 그러나 산업화와 인구 증가로 숲의 면적이 줄어들고 자연환경이 파괴되어 많은 야생동물이 멸종했거나 멸종 위기에 처해 있다. 그래서 수가 많은 종은 정해진 구역 내에서 사냥할 수 있게 허용하지만 수가 적은 종은 멸종위기종, 보호대상종, 천연기념물 등으로 지정하여 보호하고 있다.

멸종위기종 붉은박쥐, 늑대, 여우, 표범, 호랑이, 수달, 바다사자, 반달가슴곰, 사향노루, 산양 등
보호대상종 삵, 담비, 물개, 큰바다사자, 물범류, 하늘다람쥐 등
천연기념물 사향노루(216호), 산양(217호), 하늘다람쥐(328호), 반달가슴곰(329호), 수달(330호), 물범(331호) 등

특히 대형포유류는 거의 다 사라졌다. 일제강점기 때는 사람과 가축에 피해를 주는 야생동물을 줄인다는 명분 아래 마구 잡아 죽였고 최근에는 한약재로 사용하기 위해 불법으로 야생동물을 잡기 때문이다. 호랑이는 1922년 이래 자취를 감추었고 표범, 늑대, 승냥이, 여우, 곰도 거의 사라졌다. 이 때문에 소·중형포유류 수가 급격하게 늘었고 최근에는 외래종이 들어오면서 여러 문제가 생기고 있다. 들개와 들고양이는 무리를 지어 돌아다니면서 소형조류 및 소형포유류를 죽이고 까치와 청설모 등은 농작물을 먹어 생산량에 영향을 준다. 많아진 새는 종종 항공기와 충돌 bird strike하여 문제가 된다.

야생동물의 가치

야생동물의 가치는 크게 6가지로 나눈다. 여러 교훈적인 이야기 속에 등장하는 야생동물을 통해 환경을 지켜야 한다고 생각하게 만드는 심미적 가치, 바라보는 것만으로도 편안하고 즐겁게 만드는 휴양적 가치, 숲 생

태계의 균형을 유지하고 숲을 만들고 유지하게 하는 생태적 가치, 숲에 대한 과학적 호기심을 만족시켜 주는 교육 및 과학적  가치, 가축으로서 먹을거리가 되거나 약재로 쓰이는 등의 이용적 가치, 야생동물의 털이나 애완용 동물을 통해 화폐로 만들 수 있는 상업적 가치가 있다.

  이 중에서도 숲을 만들고 유지하는 데 중요한 역할을 담당하여 생태적 가치가 큰 조류의 가치를 더 알아보자.

  가을이 되어 신갈나무와 졸참나무의 도토리가 여물면 그 나무 위나 밑에서 분주히 움직이는 새를 볼 수 있다. 바로 어치이다. 어치는 도토리를 몰래 감추어 놓고 찾아먹으면서 겨울을 이긴다. 이런 '저장 행동'은 박새류와 어치에서 많이 볼 수 있다. 어치는 도토리를 통째로 먹어 목 부분에 저장한다. 그러면 목 부분이 포대처럼 부풀어 오르는데 대체로 도토리 4~5개, 많으면 10개 이상도 들어간다. 이렇게 모은 도토리를 땅 속이나 나무 틈, 나무와 나무 사이에 한 개씩 저장하고 낙엽이나 이끼, 나무껍질로 감춘다. 이 행동은 도토리가 여물기 시작할 때부터 눈이 많이 쌓일 무렵까지 계속된다. 어치는 기억력이 좋기 때문에 저장한 곳을 잘 찾아내지만 때로는 찾지 못해 숨겨 둔 도토리에서 자연스레 싹이 튼다.

  새가 배설하거나 게워낸 물질 속의 씨앗도 숲을 만드는 데 큰 역할을 한다. 특히 과육과 액즙이 많은 물열매는 자연적으로 땅에 떨어졌을 때보다 새의 몸을 거쳤을 때 훨씬 더 싹이 잘 튼다. 새의 소화기관을 거치

며 위산에 의해 필요 없는 껍데기가 벗겨지고 열매껍질도 알맞게 부드러워지기 때문이다. 일본의 경우 키가 큰 나무의 35%, 키가 작은 나무의 76%가 새의 몸을 통과한 씨앗에서 자란 나무이고 보르네오섬 나무의 40%, 나이지리아 열대림의 71%도 새의 배설물을 통해 싹이 트고 자란 나무라고 한다.

새는 해충을 없애주기도 한다. 박새는 한 해 동안 8만 5천여 마리의 곤충과 애벌레를 잡아먹으며 뻐꾸기도 송충이, 쐐기벌레처럼 몸에 털이 난 벌레를 약 9만여 마리 이상 잡아먹는다. 이 곤충의 15%만 해충이라고 해도 그 효과를 돈으로 환산하면 약 8천억여 원에 이른다. 더구나 농약을 사용하지 않아 환경이 전혀 파괴되지 않는다.

이 외에도 깃털에 붙었다 떨어지는 씨앗과 먹으려고 가져가다 떨어뜨린 씨앗은 식물을 멀리 고루 퍼뜨린다. 동박새나 직박구리는 꽃의 꿀을 먹으면서 자연스럽게 꽃가루받이를 돕고 딱따구리류는 나무를 쪼아 늙어가는 나무의 분해를 촉진하기도 한다.

야생동물의 기본

우리나라에서는 포유류와 조류를 대개 야생동물이라 한다. 포유류와 조류의 기본 구조와 기능, 특징에 대해 살펴보자.

　포유류는 바깥 기온과 관계없이 체온을 따뜻하고 일정하게 유지하여 혹한의 극지방에서부터 열대의 적도지방까지 다양한 기후와 환경에서 살고 있다. 포유류라는 이름은 새끼들이 어미의 젖을 먹고 자라서 붙여진 이름이며 이 때문에 인간이나 어류일 것 같은 고래도 포유류로 분류한다. 우리나라에 살고 있는 포유류는 식충목 10종, 토끼목 2종, 박쥐목 22종, 쥐목 15종, 개목 24종, 소목 7종으로 총 80종인데 북한에서만 볼 수 있는 포유류가 17종이며 우리나라에서는 총 63개 종만 볼 수 있다.

　날개를 가진 조류 역시 바깥 기온과 관계없이 일정하게 체온을 유지한다. 포유류보다는 체온이 높은 편이어서 포유류인 사람은 체온이 36~37℃지만 조류는 42~43℃이다. 우리나라에는 아비목, 논병아리목, 슴새목, 사다새목, 황새목, 기러기목, 매목, 닭목, 두루미목, 도요목, 비둘기목, 올빼미목, 딱따구리목, 참새목 등 18목 71과가 있다.

포유류

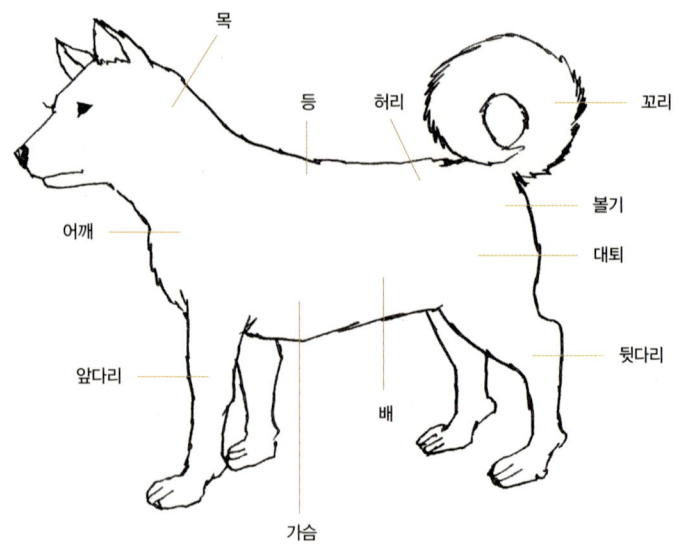

포유류는 피부조직이 변형된 털로 덮여 있다. 동물에 따라 털의 모양과 색깔이 다르며 종에 따라 털 대신 비늘이나 가시, 강모 등이 있기도 하다. 새끼는 어미의 젖을 먹고 자라며 아래턱과 관절, 이빨이 있어 다른 동물과는 달리 음식을 씹을 수 있다. 심장은 2심방 2심실이라 4개의 방으로 되어 있고 다리는 대부분 4개가 있어 걷거나 뛰기에 알맞다.

조류

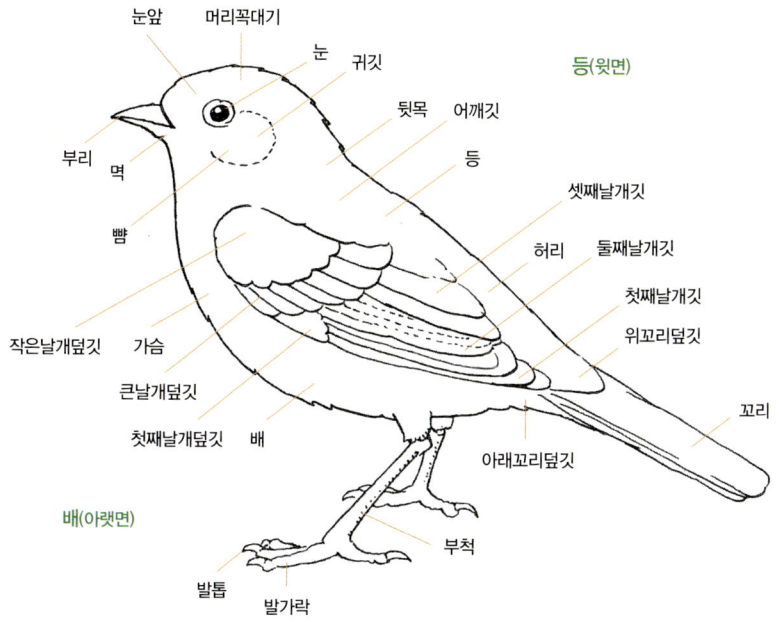

조류는 몸에 깃털이 나 있고 다리는 비늘로 덮여 있다. 부리는 딱딱하고 날개가 있다. 몸무게의 절반을 차지할 정도로 가슴근육이 발달하고 뼈가 가벼워 날기에 좋다.

포유류 관찰 실습

관찰하기 전에

포유류를 관찰하는 자세

1. 포유류는 수가 많지 않으며 네 다리로 돌아다니기 때문에 발견하기 어렵다. 그래서 그 종이 살고 있는지를 알기 위해서 주로 발자국과 배설물을 확인한다.
2. 포유류 가까이로 다가가지 않도록 한다. 잘못하면 물릴 수 있으며 그 포유류가 광견병 등에 걸렸다면 치명적이다.
3. 멀리 보이는 포유류에게 돌 등을 던지지 않도록 한다. 포유류는 우리가 보호해야 할 존재임을 알게 한다.
4. 조그마한 움직임과 흔적도 관찰하고 느낄 수 있는 탐구자세로 임한다.
5. 포유류의 흔적을 찾을 때는 10명 이상이 함께 움직이기보다는 5~7명 정도의 소규모로 나누어 찾는다.

준비물과 복장

모자 강한 직사광선을 피한다.

옷 수풀과 가시에 찔릴 수 있으므로 긴 옷을 입는다. 숲에서 두드러져 보이는 빨간색, 노란색, 흰색 등의 옷을 입으면 야생동물이 도망가므로 피한다. 녹색, 갈색 옷을 입는다. 여러 도구를 넣을 수 있도록 주머니가 많은 상의나 조끼를 입는다. 바짓단은 흙이 묻지 않도록 끝부분을 말아 고무줄을 넣는다.

사진기 필요하면 사진을 찍는다.

쌍안경 멀리 있는 동물을 볼 수 있다. 무조건 배율이 높다고 좋은 것은 아니며 7~8배 정도가 적당하다. 쌍안경 겉면의 8×30, 7×45에서 앞의 숫자가 확대 배율이며 뒤의 숫자는 대물렌즈의 직경(단위:mm)이라 클수록 시야가 밝다. 하지만 커질수록 무게가 많이 나가므로 부담이 없는 정도로 고른다.

장갑 곤충이나 식물의 독이 오르거나 동물에게 물릴 수 있다.

신발 편한 신발을 신는다.

* 향수나 화장품, 음료수 냄새는 곤충을 유인할 수 있으므로 조심한다.

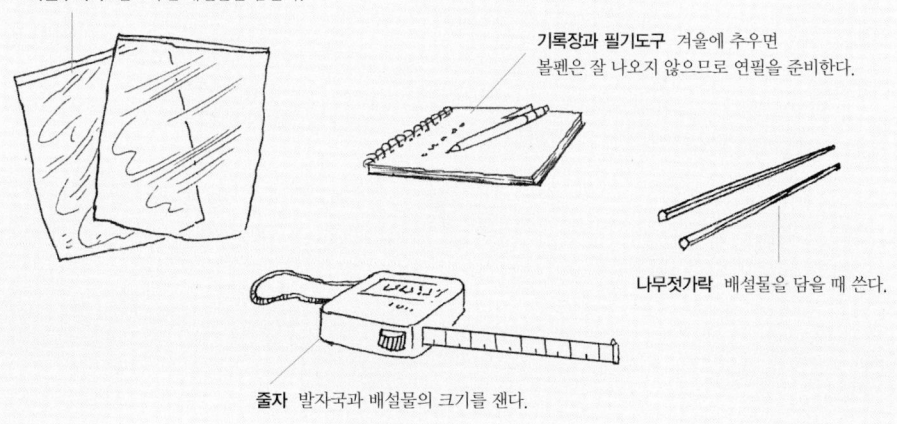

비닐주머니 필요하면 배설물을 담는다.

기록장과 필기도구 겨울에 추우면 볼펜은 잘 나오지 않으므로 연필을 준비한다.

나무젓가락 배설물을 담을 때 쓴다.

줄자 발자국과 배설물의 크기를 잰다.

쌍안경 사용법

1. 목에 거는 끈을 가슴 높이에 오도록 조절한다.

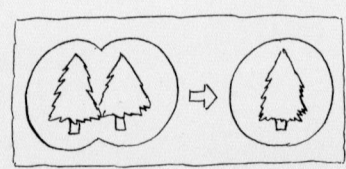

2. 대상물이 하나로 보이도록 접안렌즈를 눈 넓이로 조절한다.

좌우시력 조절링   초점링

3. 초점링으로 초점을 맞춘다. 좌우시력이 다른 사람은 좌우시력조정링을 조정한다.

4. 우선 육안으로 찾고, 찾으면 목표물에서 눈을 떼지 않고 쌍안경을 눈에 가져간다.

5. 참고지점을 확인해서 그곳부터 순서대로 찾아간다.

주의!
절대 태양을 보면 안 된다!

숲에서 포유류를 찾으려면?

포유류는 숲에 흔치 않으며 사람 눈을 피해 다니기 때문에 직접 관찰하기 어렵다. 그래서 발자국이나 배설물로 어떤 포유류가 근처에 살고 있는지 확인한다.

발자국은 종에 따라 다르기 때문에 쉽게 어느 종인지 구분할 수 있다. 발자국의 모양, 크기, 앞발과 뒷발의 간격, 발톱이 있는지 없는지 등을 눈여겨본다. 바위보다는 진흙에 쉽게 남기 때문에 주로 강가나 부슬부슬한 흙에서 눈에 쉽게 띈다. 겨울철 눈이 내린 후에 남은 발자국도 어느 포유류의 것인지 쉽게 구분할 수 있다. 하지만 진흙이 너무 무르거나 눈이 많이 왔을 경우에는 발자국이 실제 크기보다 커질 수 있다. 최근 숲에 들개와 들고양이가 많아져 혼동할 우려가 있는 것도 주의하자.

배설물의 색깔, 크기, 모양으로 어느 동물의 것인지 알 수 있다. 배설물의 색깔은 대개 초식성은 갈색, 육식성이나 잡식성은 검은색에 가깝다. 크기는 자를 이용하여 재고, 형태는 원형인지 타원형인지 배설물의 끝이 뾰족한지 등을 살핀다. 배설물에 남은 물기로 배설 시기를 짐작할 수 있다. 하지만 같은 시기일지라도 햇볕을 많이 받는 곳이나 그늘진 곳의 배설물은 상태가 다를 수 있으므로 성급하게 결론을 내리지 않는다. 배설물을 발견했을 때 색깔, 크기, 모양 등을 기록하고 사진으로 찍으며 더 관심이 있는 경우에는 준비한 비닐주머니에 담거나 그 자리에서 젓가락으로 휘저으며 무엇을 먹었는지 확인해 본다. 포유류의 배설물에서는 많은 정보를 얻을 수 있는데 종종 너구리 배설물에서 등산객이 먹다 버린 소시지 비닐을 발견하기도 한다. 하지만 모든 포유류의 배설물을 관찰할 수 있는 것은 아니다. 두더지는 대식가로 알려져 있을 만큼 많이 먹지만 주로 땅속에서 살기 때문에 배설물을 찾기 어렵다.

숲 속에서 볼 수 있는 포유류

멧돼지

- **크기** 몸길이 150cm
- **생김새** 몸은 굵고 길며 네 다리는 짧아서 몸통과의 경계가 확실하지 않다. 주둥이가 길고 원통형이다. 눈은 작고 몸에는 긴 털이 많다. 암컷과 수컷의 색이 같고 대개 검은색이지만 때로는 갈색이나 회색인 경우도 있다.
- **먹이** 본래 초식동물이지만 토끼, 들쥐, 물고기, 곤충에 이르기까지 아무거나 먹는 잡식성이다.
- **번식** 짝짓기 시기는 12~1월이며 암컷 1마리의 뒤를 수컷 여러 마리가 뒤쫓으면서 쟁탈전이 벌어진다. 이듬해 5월에 7~13마리의 새끼를 낳는다. 암컷이 새끼를 키운다.
- **특징** 송곳니가 날카로워 다치면 상대를 가리지 않고 반격한다. 멧돼지는 늦은 가을 피하지방 조직이 잘 발달해 3~5cm나 되며 겨울엔 눈 속의 식물뿌리를 캐어먹으며 살아간다.

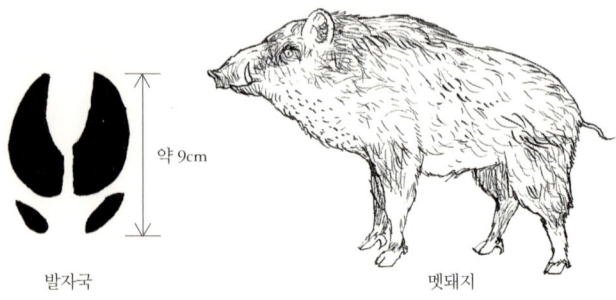

발자국 / 약 9cm / 멧돼지

노루

- **크기** 몸길이 95~150cm, 꼬리길이 20~40cm
- **생김새** 수컷은 짧고 가는 뿔이 있다. 여름털은 황갈적색이고 겨울털은 연한 점토색이며 엉덩이에 큰 백색 반점이 있다.
- **먹이** 해 진 뒤나 새벽에 활동하면서 주로 연한 풀을 먹는다. 겨울에는 마른풀이나 나무의 순을 먹는다.
- **번식** 짝짓기 시기는 10월이며 이듬해 6월에 2마리의 새끼를 낳는다.
- **특징** 그늘진 곳이나 추운 곳에서 산다. 노루 등에 기생하는 등에류의 유충 때문에 몸이 가렵기 때문이다. 수컷은 뿔이 있는데 1년 후부터 나서 3년 후엔 가지가 돋고 매년 12월에 떨어졌다가 이듬해 1월초에 다시 난다. 겨울에는 눈 위에서 잠을 자기도 한다.

약 7cm / 앞발 / 뒷발 / 발자국 / 노루

고라니

- **크기** 몸길이 90cm
- **생김새** 노루와 비슷하게 생겼지만 노루보다 작고 수컷도 뿔이 없다. 수컷은 송곳니가 예리한 칼 모양으로 길게 자라서 끝이 구부러져 입 밖으로 길게 나와 있으나 암컷은 송곳니가 작아 밖으로 드러나지 않는다. 털은 거칠고 굵으며 목과 허리의 털이 길다. 등은 담갈적색이다.
- **먹이** 주로 연한 풀을 먹으나 겨울에는 나뭇가지 끝이나 보리의 연한 잎을 먹기도 한다. 물을 좋아하여 하루에 보통 두 번은 물가에서 물을 먹고 헤엄도 친다.
- **번식** 12월에 짝짓기하여 이듬해 6월 상순에 2~6마리의 새끼를 낳는다.
- **특징** 다가가도 노루처럼 크게 놀라지 않으며 도망갔다가 다시 되돌아온다. 3월말~6월말에 여름털로 갈리고 8월 10일경에서 10월 중순에 걸쳐 겨울털로 갈린다.

고라니

오소리

- **크기** 몸길이 53~79cm, 꼬리길이 14.5~18.5cm
- **생김새** 머리가 몸에 비해 작아서 작은 구멍도 쉽게 빠져나간다. 털은 거칠고 끝이 가늘며 뽀족하다. 네 다리는 굵고 발톱이 길며 날카롭다. 귀가 작다. 몸 윗면은 흑갈색 바탕에 백색의 서리가 내린 것처럼 보인다. 몸 아랫면은 연한 갈색을 띤 회백색이다.
- **먹이** 과실, 감자, 벌과 개미 등의 곤충, 개구리, 쥐 등을 먹는다.
- **번식** 짝짓기 시기는 10월경이며 이듬해 5월경에 2~8마리의 새끼를 낳는다. 새끼가 태어난 지 20일 이전에 누군가 새끼를 건드리면 새끼를 잡아먹거나 깔고 앉아 죽여 버린다.
- **특징** 죽은 시늉을 잘 한다. 위급한 상황이거나 심한 충격을 받으면 죽은 시늉을 하고 있다가 기회를 엿보아 역습을 하거나 도망친다. 11월말 또는 12월초부터 동면하지만 따뜻한 날에는 굴 밖으로 나오기도 한다.

오소리

고슴도치

고슴도치

- **크기** 몸길이 12.5~25cm, 꼬리길이 2~3cm
- **생김새** 몸이 둥그스름하며 주둥이는 뾰족하여 길쭉하게 나와 있다. 등은 짧고 가시 털로 덮여 있다. 발가락은 5개이다. 머리는 흑갈색이고 어깨, 몸 옆면, 다리, 꼬리는 갈색이며 몸 아랫면은 담갈색이다.
- **먹이** 곤충, 유충, 나무 열매, 버섯, 잡초 뿌리, 과실, 작은 쥐, 어린 새, 작은 뱀, 도마뱀, 개구리 등도 먹는 잡식성이다.
- **번식** 짝짓기는 1년에 1번 하고 6~7월에 2~4마리의 새끼를 낳는다.
- **특징** 겨울이 되면 잡목의 뿌리 밑, 숲 속의 쓰러진 나무 사이에 벼과와 사초과 식물의 마른 잎과 바위이끼로 보금자리를 둥글게 만들어 동면하고 다음해 3월 하순에 깨어난다. 적을 만나면 달아나지 않고 주둥이와 네 다리를 모아 밤송이같이 만들어 움직이지 않는다.

족제비

- 크기 수컷 – 몸길이 28~46cm, 꼬리길이 15~21cm
        암컷 – 몸길이 25~30cm, 꼬리길이 13~16cm
- 생김새 꼬리가 길어 몸길이의 50% 이상을 차지한다. 몸 윗면과 다리, 꼬리는 황색이고 이마는 거무스레한 갈색이며 뺨과 몸 아랫면은 짙은 황토색이다. 입술과 아래턱 사이에는 백색 무늬가 있다.
- 먹이 집쥐와 들쥐, 개구리를 주로 먹고 가끔은 양어장의 물고기나 인가의 닭, 야생조류의 알을 잡아먹어 피해를 준다.
- 번식 2~3월에 짝짓기하여 3~5월에 2~10마리의 새끼를 낳는다.
- 특징 모피가 매우 부드럽고 색깔이 좋으며 방한용으로 뛰어나 겨울털이 고가에 팔렸다. 그 때문에 1960년대에는 한 해에 10만 마리 이상을 잡아들여 지금은 야생 족제비 사냥을 금지한다.

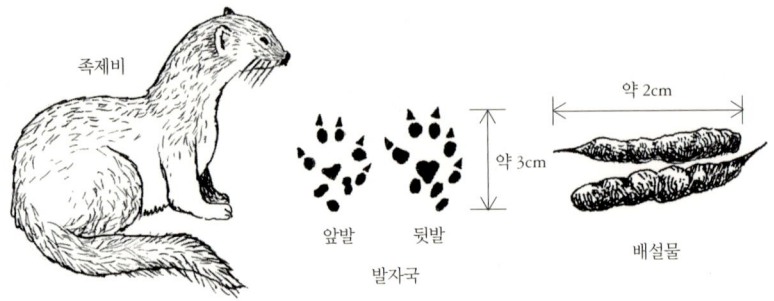

너구리

- 크기 몸길이 50~60cm, 꼬리길이 13~25cm
- 생김새 대체로 검은색에 가깝고 등 정중앙에 검은색 띠가 있고 눈 밑에는 반점이 있다. 앞다리에는 짙은 검은색의 띠가 있다.
- 먹이 들쥐, 파충류, 양서류, 곤충, 야생조류, 물고기, 달팽이, 곡물, 과실 등 아무거나 먹는 잡식성이다.
- 번식 3월경에 짝짓기하여 62일 후에 6~10마리의 새끼를 낳는다.
- 특징 털이 길어서 등의 긴 털은 길이가 90mm나 된다.

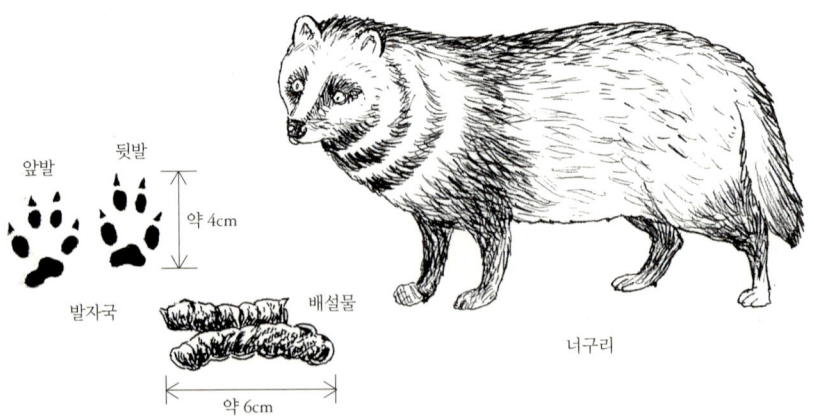

멧토끼

- **크기** 몸길이 43~46cm, 귀길이 8~10cm, 꼬리길이 5~11cm
- **생김새** 발가락이 4개이며 발바닥에도 털이 있다. 털은 회색을 띠며 허리와 꼬리 부분의 털 끝은 담회갈색이다.
- **먹이** 나무껍질, 연한 가지, 풀 등을 먹고 가을에는 콩밭의 콩을 먹기도 해서 농작물에 피해를 준다.
- **번식** 1년에 2~3번, 한번에 2~4마리의 새끼를 낳는다.
- **특징** 감각기관이 발달해 작은 소리와 변화도 감지하여 눈치 빠르고 날쌔게 행동한다. 아침과 저녁에 주로 활동한다.

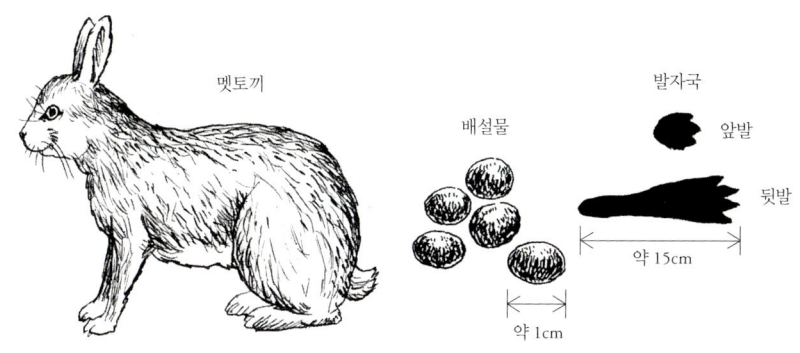

청설모

- **크기** 몸길이 22cm
- **생김새** 몸이 가늘고 길다. 꼬리가 길어 몸통 길이의 1/2 이상이다. 몸 윗면은 회갈색이며 아랫면은 흰색이다. 꼬리는 몸 윗면의 색깔과 같으나 끝으로 갈수록 검은색이며 아랫면은 암회색이다.
- **먹이** 잣나무, 가래나무, 가문비나무, 상수리나무, 밤나무 등의 열매와 땅콩 등 여러 종류의 과실, 나뭇잎, 나무껍질, 야생조류의 알이나 어미 새 등을 먹는다.
- **번식** 1월 상순에 짝짓기하여 짝짓기 뒤 암수가 약 3주간 동거한다. 그 뒤 암컷은 수컷을 내보내고 바위 이끼, 짐승의 털 등 부드러운 재료로 보금자리를 만든다. 임신한 지 약 35일 후 5마리 정도의 새끼를 낳는다.
- **특징** 월동을 위해 늦은 가을에 도토리, 밤, 잣 등 단단한 열매를 바위 구멍이나 땅속에 저장한다. 버섯을 나뭇가지에 꿰어 말려 놓기도 한다.

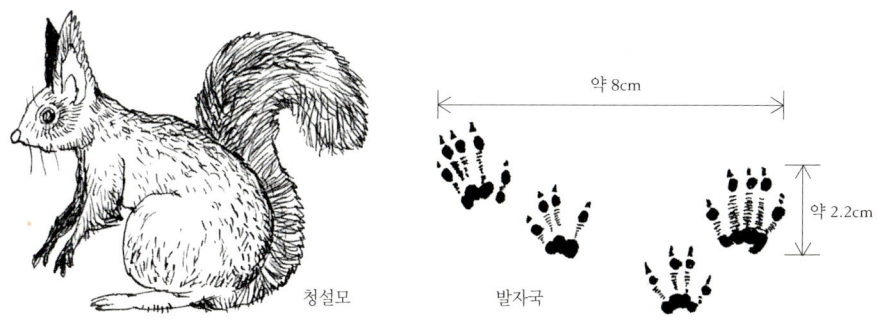

다람쥐

- **크기** 몸길이 15.5~16.4cm, 꼬리길이 10~13.2cm
- **생김새** 긴 털로 덮인 꼬리는 납작하며 몸통 길이보다 짧다. 눈은 크고 검은색이며 짧은 귀에는 긴 털이 없다. 몸 윗면에 5줄의 암흑색 줄무늬가 있으며 가운데의 줄무늬가 가장 길어 머리 위에서 꼬리 앞까지 나 있다.
- **먹이** 밤, 도토리, 잣, 피나무, 개암나무, 옥수수, 호박, 수박 등을 먹는다.
- **번식** 3월 중순경에 동면에서 깨어나면 짝짓기하기 시작한다. 짝짓기는 1년에 2번 하고 임신한 지 24~25일 후에 4~8마리의 새끼를 낳는다.
- **특징** 낮에 나무를 타고 올라가 먹이를 구하고 밤에는 나무나 바위의 구멍에서 쉰다. 늦가을에 월동을 위해 뺨주머니에 5~8g씩의 먹이를 넣어 저장창고에 저장하며 겨울에는 땅속 굴이나 바위 구멍에서 반수면 상태로 동면하면서 저장창고에서 먹이를 찾아 먹는다. 숲의 여러 곳에서 '찌익 찌익' 하고 우는 다람쥐를 볼 수 있다.

다람쥐

두더지

- **크기** 몸길이 150~180cm
- **생김새** 원통형 몸이 비만해 보인다. 어깨가 너무 발달해 목이 짧다. 눈은 바늘구멍처럼 작고 때때로 피막으로 덮여 있다. 주둥이는 원통형으로 길어서 밑을 향한다. 귀가 보이지 않는다. 땅속생활에 맞게 흙을 파기 알맞은 앞다리가 몸에 찰싹 붙어 있다.
- **먹이** 지역과 계절에 따라 다르지만 주로 번데기, 거미, 지렁이, 풍뎅이, 민달팽이, 지네, 개구리, 달팽이 등을 먹는다. 대식가라서 10~12시간만 먹이를 먹지 못하면 죽는다. 물도 잘 먹고 헤엄도 잘 친다.
- **번식** 혼자 살다가 번식기에만 암수가 모인다. 다부일처제이며 1년에 1번 4~5월에 땅속 5~15cm 깊이에 보금자리를 만들고 2~6마리의 새끼를 낳는다.
- **특징** 쉽게 볼 수 없다. 땅의 진동을 매우 민감하게 느낄 수 있어 가까이 가기 전에 땅속으로 숨기 때문이다. 항상 먹이를 찾기 위해 움직이며 낮에는 지하에서 곤충을 찾고 밤에는 땅 위에 나와서 먹이를 찾는다. 그러다 올빼미 먹이가 되기도 한다.

두더지

조류 관찰 실습

관찰하기 전에

새를 관찰하는 자세

1. 새는 작은 소리도 듣고 도망가기 때문에 자세히 관찰하기 어렵다. 한눈에 어떤 새인지 알아볼 수 있는 특징을 잘 익혀 두어 날아가는 새도 어떤 새인지 구분한다.
2. 새를 조금이라도 가까이 다가가 볼 수 있도록 조용히 접근한다.
3. 새의 둥지나 새에게 돌을 던지지 않도록 한다. 새는 아끼고 보호해야 하며 조심스럽게 다뤄야 하는 존재임을 알게 한다.
4. 둥지의 어린 새를 보기 위해 나무에 올라가지 않도록 한다.

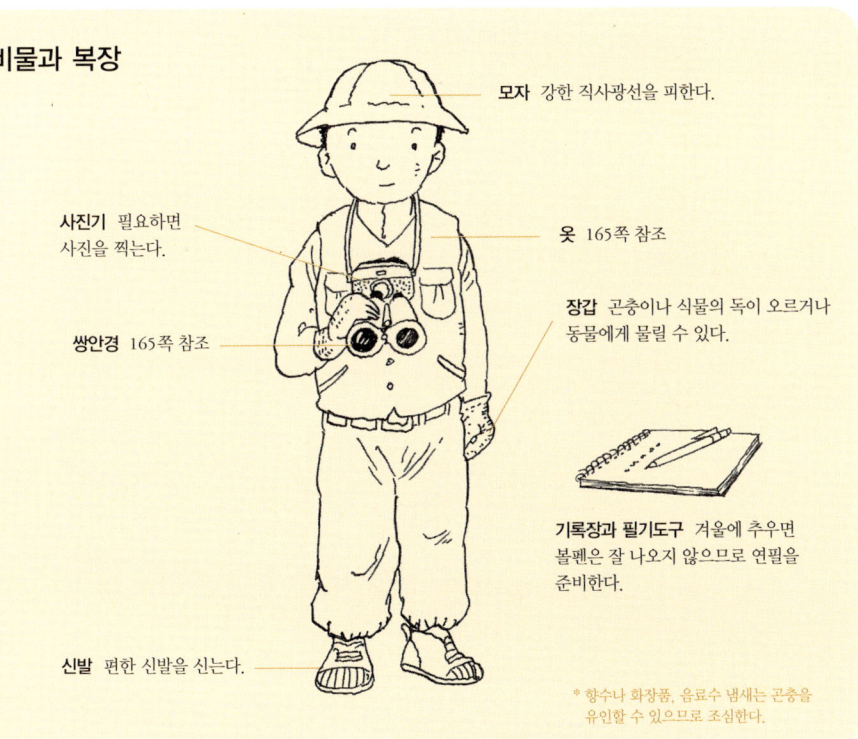

준비물과 복장

- **모자** 강한 직사광선을 피한다.
- **사진기** 필요하면 사진을 찍는다.
- **옷** 165쪽 참조
- **장갑** 곤충이나 식물의 독이 오르거나 동물에게 물릴 수 있다.
- **쌍안경** 165쪽 참조
- **기록장과 필기도구** 겨울에 추우면 볼펜은 잘 나오지 않으므로 연필을 준비한다.
- **신발** 편한 신발을 신는다.

* 향수나 화장품, 음료수 냄새는 곤충을 유인할 수 있으므로 조심한다.

숲에서 새를 찾으려면?

소리에 귀를 기울여라

새들은 무성한 숲 속에서 천적의 눈을 속이기 위해 숨거나 줄기에 혹처럼 붙어 있거나 주위 환경과 비슷한 모양으로 위장하고 있다. 그래서 새가 바로 코앞에 있어도 못 보는 경우가 있다. 이런 새들을 찾아내기 위해서는 눈과 귀를 충분히 활용해야 하는데 여기에는 몇 가지 요령이 있다. 우선 눈을 한 곳에만 집중하지 말고 전면을 전체적으로 보면서 약간의 움직임이나 소리에 귀를 기울인다. 소리가 들리면 허둥대지 말고 어느 방향에서 들리는지 파악한다. 특히 잎이 무성한 초여름에는 새들이 잘 울기 때문에 보는 것과 함께 귀를 사용한다면 좀더 쉽고 편리하게 새를 관찰할 수 있다.

새들이 즐겨 찾는 곳을 살펴라

새들이 즐겨 찾거나 잘 머무르는 장소, 모이는 장소, 통과하는 장소 등을 미리 알고 있으면 비교적 쉽고 즐겁게 새를 발견할 수 있다.

먹이 먹는 장소 새는 날아야 하기 때문에 먹이를 몸속에 저장하기보다는 빨리 소화시켜야 한다. 이 때문에 먹이를 조금씩 자주 먹으므로 새가 좋아하는 먹이를 알면 먹이 있는 장소에서 쉽게 발견할 수 있다. 새는 부리 모양과 크기, 사는 장소 등에 따라 좋아하는 먹이가 다른데 참새는 주로 곡물을 먹으며 멧새류·긴꼬리홍양진이는 벼과 식물의 씨앗, 어치·원앙은 도토리, 직박구리·찌르레기·물까치·까치 등은 감·배·사과를 먹는다.

물을 먹는 장소와 목욕하는 장소 새들은 물이 고여 있는 곳, 샘 근처, 냇

물 등에서 물을 먹거나 목욕을 한다. 물가의 흙에 발자국, 깃털이 있으면 새들이 이용하는 증거이므로 그런 곳은 좀더 주의 깊게 관찰한다.

쉬는 장소와 조망하는 곳 도심지에 있는 새는 전선이나 전신주에 자주 앉는다. 주변이 잘 보이는 높은 장소가 주변을 살피기 좋아 안전하다고 생각하기 때문이다. 숲에 있는 새는 나뭇가지 끝에 앉아 높은 소리로 지저귀는데 이는 자신의 세력권을 나타내고 동시에 침입자를 막기 위한 것이다.

하늘 하늘을 올려다보는 것도 잊지 말아야 한다. 특히 앞이 확 트인 땅이나 농경지 부근에서는 독수리나 매 같은 육식성의 사나운 새가 사냥하기 위해 하늘을 날 수 있으므로 주의해서 살펴본다.

필드 마크로 나는 새도 구분한다

몸의 크기나 형태, 깃털, 부리, 발의 색 등 새의 외견상 특징이 새를 구분할 수 있는 가장 확실한 단서이다. 외견상 특징 중에서도 특히 눈에 띄는 특징을 '필드 마크field mark'라고 한다. 예를 들면 흰뺨검둥오리의 노란 부리 끝, 참새 뺨의 검은 점, 물총새 몸의 푸른색, 댕기물떼새 머리의 두건 모양 깃털은 한눈에 "그 새다!" 하는 것을 알 수 있게 하는 필드 마크이다. 이런 필드 마크를 숙지하고 있으면 멀리 날아가는 새나 앉아 있는 새도 구분할 수 있다.

크기와 형태를 살핀다

몸의 생김새

부리의 크기와 생김새

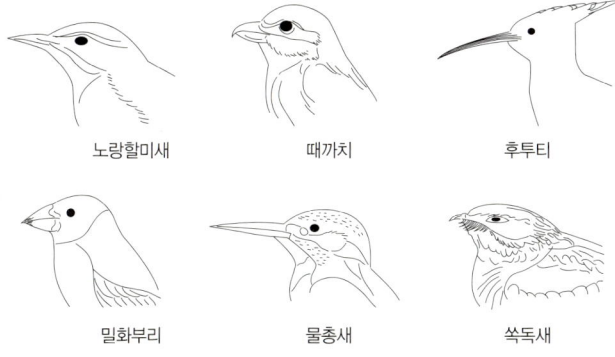

긴가 짧은가 / 굵은가 가는가 / 곧은가 굽었는가

꼬리의 길이와 생김새

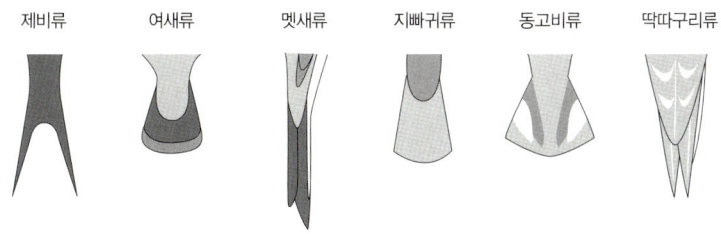

긴가 짧은가 / 각이 졌는가 타원형인가 / 오목한가 쐐기꼴인가

날개의 형태

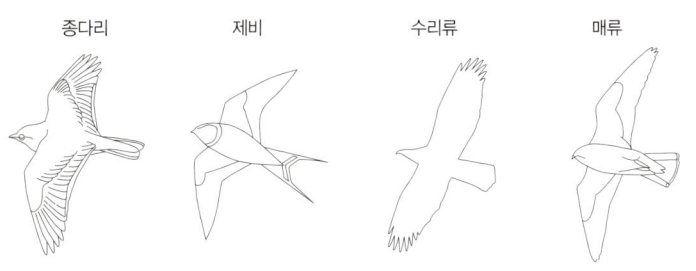

긴가 짧은가 / 끝이 둥근가 뾰족한가

몸의 아랫면

가슴과 배 부분은 어떤 색을 띠는가 / 줄무늬, 얼룩무늬, 점무늬 등이 있는가

몸과 날개의 아랫면

등이나 날개에 무늬나 줄이 있는가 / 어떤 방향으로 있는가 /
몇 번째 날개깃, 날개덮깃에 있는가

동작을 주시한다

앉아 있을 때의 자세

자세는 수평인가 수직인가

앉아 있을 때 꼬리의 움직임

돌리는가 / 크게 아래위로 흔드는가 / 미세하게 움직이는가

나무줄기에 붙는 방법

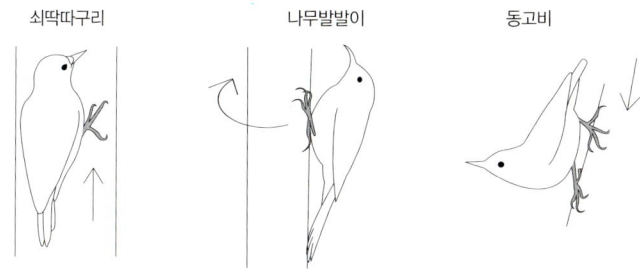

위로 똑바로 오르는가 / 나선형으로 오르는가 / 거꾸로 내려올 수 있는가

날아가는 방법

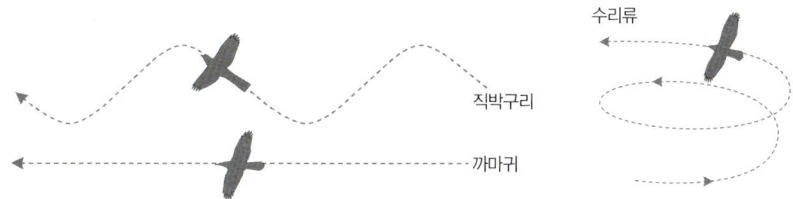

정지비행 방법

걸어갈 때의 자세

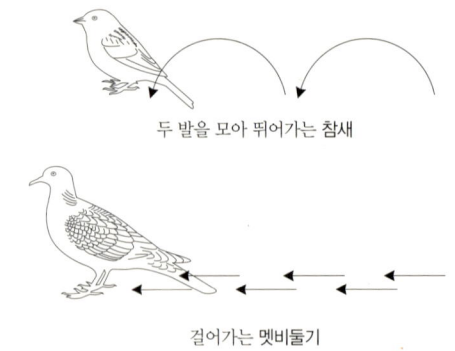

색채와 패턴을 파악한다

숲 속에서 볼 수 있는 새

필드 마크를 알면 많은 새를 구분할 수 있지만 여기서는 흔히 숲에서 볼 수 있는 박새, 직박구리, 참새, 까치, 쇠딱따구리, 붉은머리오목눈이, 멧비둘기에 대해 좀더 알아보자.

수컷

박새 *Parus major* Great Tit

- 크기 몸길이 14cm
- 생김새 머리꼭대기와 목은 검은색이고 뺨은 흰색이다. 배 가운데에는 검은색 세로줄이 긴 넥타이 모양으로 있는데 수컷이 암컷보다 폭이 넓고 어린 새는 분명하지 않다. 날개는 어두운 회색으로 1개의 흰색 띠가 있다.
- 먹이 곤충을 주로 먹고 식물의 씨앗이나 열매도 먹는다.
- 번식 1년에 2번, 4~7월에 알을 낳는다. 알은 흰색 바탕에 적갈색 작은 얼룩무늬가 있으며 4~13개 정도 낳는다.
- 둥지 나무 구멍, 돌담 틈, 건물 틈에 주로 만들며 인공 새집도 잘 이용한다.
- 특징 우리나라에서 흔히 볼 수 있는 텃새이다. 주로 낙엽활엽수림에서 살고 번식기에 암수가 함께 세력권을 형성한다. 번식기가 아니라면 박새류와 쇠딱따구리, 동고비와 함께 무리를 형성하기도 한다.

동백꽃 꿀을 먹으며 꽃가루를 옮기는 모습

직박구리 *Hypsipetes amaurotis* Brown-eared Bulbul

- 크기 몸길이 20cm
- 생김새 몸은 전반적으로 회갈색이다. 머리는 푸른색을 띤 회색, 귀깃은 밤색이다. 부리는 가늘고 곧으며 부리와 다리는 검은색이다. 날개와 꼬리는 광택이 있는 암갈색이다. 종종 회색의 머리깃을 세우며 경계한다.
- 먹이 숲에서 유충, 잠자리, 매미 등을 즐겨 먹는다.
- 번식 붉은빛이 도는 흰 바탕에 적갈색 반점이 있는 알을 4~5개 낳는다.
- 둥지 나뭇가지 위에 작은 식물성 재료를 이용하여 밥그릇 모양의 둥지를 만든다.
- 특징 비번식기에는 큰 무리를 이루어 생활하기도 하며 '삐-잇, 삐-잇' 하는 소리를 내면서 매우 시끄럽게 운다. 내륙의 숲과 도심, 해안에서 멀리 떨어진 도서지역에서도 서식하여 흔히 볼 수 있는 텃새이다.

무리지어 있는 모습

참새 *Passer montanus* Tree Sparrow

- 크기 몸길이 14.5cm
- 생김새 머리와 등은 갈색이며 등과 날개에는 검은색 세로 줄무늬가 있다. 아랫면은 황백색이며 목과 뺨에는 검은 점이 있다. 부리는 검은색이지만 겨울철에는 약간 노란색을 띤다. 다리는 갈색이다.
- 먹이 잡식성이다.
- 번식 황갈색 바탕에 적갈색 무늬가 있는 알을 4~8개 정도 낳는다.
- 둥지 나무 구멍, 인공 새집이나 건물 틈, 처마 밑 등에 둥지를 만든다.
- 특징 주로 인가 근처에서 소규모 무리를 이루어 생활하지만 겨울에는 큰 무리를 이루어 개활지와 농경지의 덤불 등에서 집단으로 생활하기도 한다. 우리나라의 도시와 농촌의 인가 주변, 농경지, 개활지 등지에서 흔히 볼 수 있는 텃새이다.

까치 *Pica pica* Black-billed Magpie

- 크기 몸길이 46cm
- 생김새 흰색의 어깨깃과 배를 제외하고 몸 전체가 광택이 있는 검은색이며 녹색 광택이 있는 긴 꼬리가 있다. 날 때는 흰색의 첫째날개깃이 뚜렷하게 보인다. 여름철에 털갈이를 할 때는 머리의 털이 적어 보인다. 새끼는 부모에 비해 전체적으로 작고 꼬리와 부리가 많이 짧으며 부리 색깔도 부모에 비해 검지 않다.
- 먹이 주로 설치류, 뱀, 곤충류, 과일, 열매, 음식 찌꺼기, 썩은 고기 등을 먹는다.
- 번식 2~7월에 번식한다. 푸른빛이 도는 하얀 바탕에 갈색 점이 박힌 알을 평균 5~6개 낳는다.
- 둥지 영역 내 높은 나무나 전신주 등에 나뭇가지를 얽어 둥근 형태의 둥지를 짓는다. 이전에 썼던 둥지를 다시 쓰기도 하고 쓰던 둥지 위에 새로 짓거나 다른 나무에 짓기도 한다. 암수가 함께 둥지를 짓는다.
- 특징 번식기에 특히 영역성이 강하여 이웃한 개체 간에 자주 싸운다. 일부일처제로 암컷이 알을 품고 수컷은 암컷에게 먹이를 물어다 주거나 영역을 방어한다. 암수가 함께 새끼를 돌보는데 새끼가 자라 둥지 밖을 나오면 한동안은 부모를 따라다니며 먹이를 받아먹다가 7월이 되면 부모를 떠나 또래 무리에 합류한다. 매우 공격적이며 맹금류나 개, 고양이 등에게도 덤빈다. 비번식기에는 무리를 이룬다. 우리나라 숲의 경계 지역, 도시와 시골의 평지 및 농경지에서 흔히 볼 수 있는 텃새이다.

아물쇠딱따구리

쇠딱따구리 *Dendrocopos kizuki* Japanese Pigmy Woodpecker

- 크기 몸길이 15cm
- 생김새 어두운 갈색 머리에 흰색 눈썹선과 뺨선이 있다. 등에는 흰색의 가로 줄무늬, 배와 옆구리에는 갈색의 세로 줄무늬가 뚜렷하며 귀깃은 어두운 갈색이다. 수컷은 머리에 붉은 점이 있으나 야외에서는 잘 보이지 않는다. 부리는 원추형으로 단단하며 푸른빛을 띤 회색이다.
- 먹이 나무줄기를 부리 끝으로 쪼아 구멍을 만들고 긴 혀를 이용하여 곤충을 잡아먹는다.
- 번식 흰색 알을 5~7개 낳는다.
- 둥지 나무줄기에 구멍을 파서 직접 둥지를 만든다.
- 특징 가장 크기가 작은 딱따구리이다. 단단한 꼬리깃으로 몸을 지탱하여 나무줄기에 세로로 앉거나 주위를 빙빙 돌면서 기어오른다. 비번식기에는 박새류 등과 같이 무리를 이룬다. 우리나라 숲에서 흔히 볼 수 있는 텃새이다.

새끼

붉은머리오목눈이 *Paradoxornis webbianus* Vinous-throated Parrotbill

- 크기 몸길이 13cm
- 생김새 암수 모두 이마와 머리꼭대기 등 몸 윗면은 적갈색이며 배는 황갈색이다. 꼬리는 길고 부리는 짧고 굵으며 심하게 활처럼 굽었다. 윗부리와 아랫부리는 어두운 갈색으로 끝은 회색이다. 다리는 몸에 비해 비교적 튼튼하고 회색이다.
- 먹이 곤충류, 거미류 등을 먹는다.
- 번식 4~6월에 백색과 연한 푸른색의 알을 10~12개 낳는다.
- 둥지 풀숲이나 관목숲 속의 낮은 나뭇가지 위에 마른 풀, 풀뿌리 등을 주재료로 하고 거미줄로 엮어서 작은 항아리 모양으로 튼튼하게 만든다.
- 특징 뻐꾸기의 알을 키우기도 한다. 흔히 뱁새라고도 부르며 북한에서는 부비새라고 하는 텃새이다. 매우 시끄럽게 '비, 비, 비' 하고 운다.

겨울에 작은 무리를 지어 생활하는 모습

멧비둘기 *Streptopelia orientalis* Rufous Turtle Dove

- 크기 몸길이 33cm
- 생김새 암수 모두 이마와 머리꼭대기는 잿빛이다. 뒷머리와 목은 포도주색을 띤 잿빛 갈색이다. 날개와 등의 깃털 가장자리에는 붉은색 띠가 있으며 검은색의 꼬리 끝에는 흰 띠가 있다. 어린 새는 목에 가로띠 얼룩무늬가 없으며 등의 붉은색 띠가 약하고 흰색이 많다. 부리는 어두운 푸른빛이 도는 잿빛이고 다리는 적자색이다.
- 먹이 식물의 씨와 열매, 벼 낟알, 콩 등을 즐겨 먹는다.
- 번식 한번에 2개의 알을 낳는다.
- 둥지 소나무, 전나무 등의 나뭇가지에 나뭇잎과 나뭇가지를 이용하여 엉성하게 만든다. 깊이는 5~6cm 정도이다.
- 특징 번식기에는 암수 한 쌍이 주로 생활한다. 날개를 수평으로 한 채 활공하기도 한다. 소리는 낮고 탁하게 '구, 구, 쿠-, 쿠-' 하고 운다. 우리나라의 숲, 개활지, 농경지, 공원에서 흔히 볼 수 있는 텃새이다.

새 관찰 기록하기

관찰한 것을 기록할 때는 상세히 기록한다. 주로 일시(날짜, 시간, 날씨) / 장소 / 종명(새 이름, 성별, 계절깃, 어미새와 새끼새 등) / 소리(노랫소리, 경계음) / 행동 및 특징(구애 행동, 먹이를 잡는 행동 등) / 주위 환경 / 기타 느낀 점 등을 적는다.

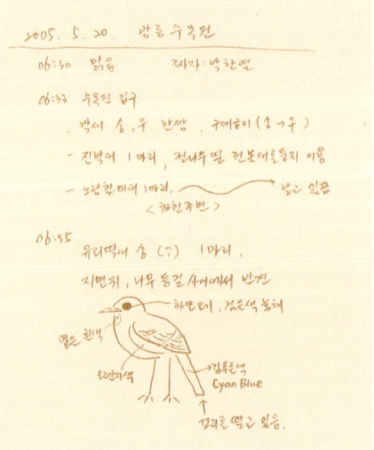

내 집에서 보는 새

집에서도 관찰할 수 있는 새가 있다. 도심지에 흔한 비둘기나 참새 외에도 겨울이 되면 먹이와 쉴 곳을 찾아 인가로 내려오는 새가 있기 때문이다. 이런 새들을 위해 먹이대를 만들고 새집을 만들어보자. 숲에 만들어 직접 숲을 찾아가 관찰할 수도 있지만 내 집 앞에 만들면 때로는 집에서도 관찰할 수 있다.

먹이대 만들기

겨울이면 인가에서도 쉽게 여러 새를 볼 수 있다. 벌레가 죽거나 땅속으로 들어가고 나무열매나 씨앗도 적어져 먹이 찾기가 어렵기 때문이다. 이 때 산속이나 집 근처에 먹이대를 만들면 새들의 겨울나기를 돕고 직접 새를 관찰할 수도 있다.

그렇다면 새는 어떤 먹이를 좋아할까? 맛은 우리가 먹기에 맛있는 것과 쓴맛이 있는 것을 좋아하며 색깔은 붉은색(가막살나무, 마가목 등), 등색(호박덩굴, 감 등), 검은색(오디, 사철나무, 감탕나무, 사스레피나무 등)을 좋아한다. 나무는 교목으로는 팥배나무, 벚나무, 산사나무, 상수리나무, 신갈나무, 물박달나무, 마가목, 노간주나무, 붉나무, 신나무, 단풍나무, 쉬나무, 음나무, 푸조나무 등의 열매를 좋아하고 관목으로는 작살나무, 매자나무, 화살나무, 아그배나무, 산초나무, 쥐똥나무, 광나무 등의 열매를 좋아한다. 나무 외에 풀 종류 중에서는 명아주의 열매를 좋아한다.

새집 만들기

가을에 새집을 만들어 주면 미처 집을 짓지 못한 새들이 겨울을 날 수 있도록 도와줄 수 있으며, 야생의 새를 주변에서 쉽게 관찰할 수도 있다.

지난해에 이미 새집을 만들어 주었다면 가을에 새집 안을 깨끗이 청소해 주어야 새들이 찾아든다. 새집에는 새가 드나들 수 있는 구멍을 만들어야 하는데 박새류가 살 집이라면 지름이 약 3cm 정도면 된다. 너무 크면 뱀이나 다른 조류가 이용할 수 있다. 새집은 먹이대와는 조금 떨어진 곳에 달아 준다.

먹이대 만들 때 주의사항

1. 주위에서 건너뛰거나 고양이가 뛰어오르지 못할 정도로 높은 곳에 만든다.
2. 집 근처에 만들 경우, 유리창 가까이에 만들면 방 안에서도 새가 먹이 먹는 모습을 볼 수 있다. 가운데에 유리가 있으면 새도 마음 놓고 먹이를 먹는다.
3. 물은 새가 마실 것과 목욕할 것으로 2개 준비한다. 3cm 정도 깊이가 알맞다. 베란다에 놓을 때는 화분 받침을 이용하면 편리하다. 물은 매일 갈아준다.
4. 물 가까이에 새가 앉아 있을 횃대를 만들어 주면 좋다. 새가 목욕을 한 후 횃대에서 털을 부리로 손질하는 모습을 관찰할 수 있다.

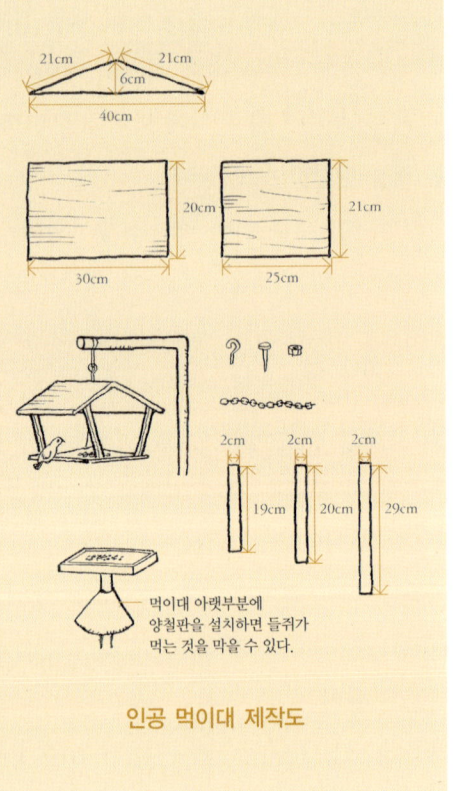

먹이대 아랫부분에 양철판을 설치하면 들쥐가 먹는 것을 막을 수 있다.

인공 먹이대 제작도

새집 제작도

사각형 새집

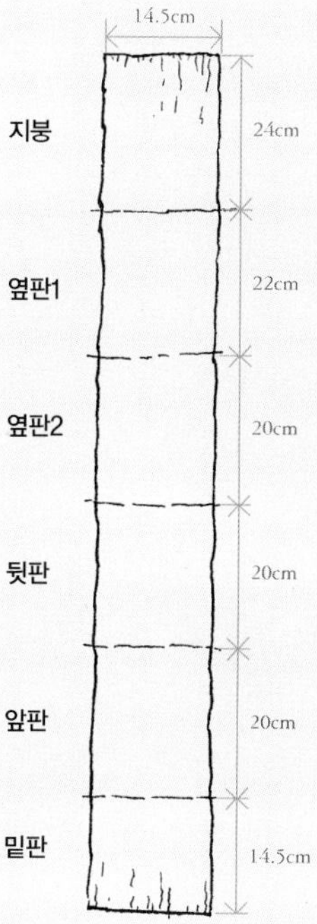

지붕 24cm (14.5cm)
옆판1 22cm
옆판2 20cm
뒷판 20cm
앞판 20cm
밑판 14.5cm

① 나무판을 자른다.

② 모서리는 둥글게 깎는다. 나중에 여닫을 문을 만들기 위해 옆판1의 옆을 송곳으로 구멍 낸다.

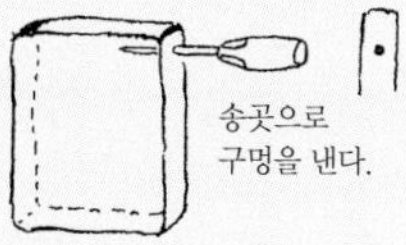

송곳으로 구멍을 낸다.

옆판1 뚜껑이 된다.

③ 새집을 만들고 끈을 끼워 나무에 매단다.

15cm   2.8~3cm

끈을 끼워 나무에 매단다.

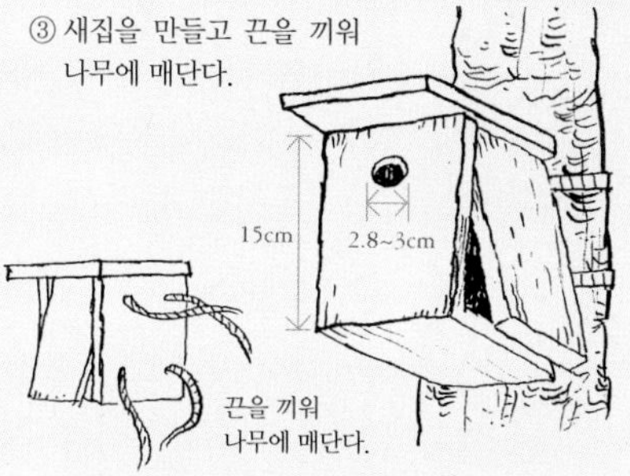

④ 네모난 구멍으로 만들어 주어도 좋다.

3cm × 3cm

원통형 새집

15cm 이상
30cm

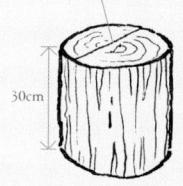

① 지름 15cm 이상 나무를 30cm 정도 길이로 자른다.

② 2개로 쪼갠다.

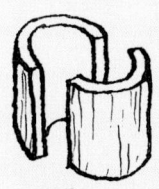

③ 안을 파낸다.

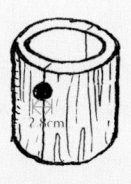

④ 지름 2.8cm 정도로 구멍을 내고 2개를 붙인다.

⑤ 아래위로 뚜껑을 만들어 완성한다.

나도 숲해설가

숲체험은 인간의 성장과 발달에 필수적인 영양소이다. 직접 숲체험 프로그램을 계획하고 실행 평가하여 숲해설가를 향해 한 발 다가가 보자.

자연과 멀어져만 가는 우리들

우리의 일상을 한번 돌아보자. 우리는 도시의 아파트에 살며 알람 소리에 깨어나 수돗물로 씻고 가공된 빵 한 조각 먹으며 아파트 지하 주차장으로 들어간다. 빌딩을 헤치고 콘크리트길을 따라 운전하며 사무실 건물 지하 주차장으로 향한다. 막힌 벽을 마주보며 일을 하다 하루의 업무가 끝나면 다시 사무실 빌딩 지하 주차장으로 내려와 차를 몰고 역시 아파트 지하 주차장으로 향한다. 주차 후 집으로 들어가 씻고 저녁을 먹고 텔레비전을 보고 잠자리에 든다. 이렇게 우리는 자연과 관련 없이 인공적인 환경만을 보며 하루하루를 살아간다. 우리가 자연의 변화를 삶과 연관 지어 느끼게 되는 것은 홍수가 났거나 폭설이 내렸을 때처럼 매우 비정상적인 경우일 뿐이다.

이러한 환경은 도심 속의 어른에게도 문제가 되지만 밥상 위의 밥알과 논의 벼를 관계 짓지 못하는 아이들에게는 더욱 큰 문제가 된다. 한 공익광고에서 여자아이가 다친 병아리를 보고 '고장났다.' 하고 말한 것처럼 생명에 대한 기본 이해마저 부족해진다. 하지만 아이들이 보고 겪을 수 있는 환경은 날이 갈수록 삭막해져만 간다. 산이 전 국토의 65%를 차지하지만 서울 도심지에서만 살아온 아이들은 산이나 계곡, 냇가를 구경하기 힘들다. 산과 내로 둘러싸여 우리의 일부가 되었던 자연은 이제 스스로 힘을 기울여 찾아 나서야만 만나볼 수 있는 먼 존재가 되고 말았다.

왜 우리 숲으로 가는가

자연을 찾아가 직접 느끼는 활동은 누구에게나 중요하며 특히 유소년기의 아이들에게는 더욱 중요하다. 어린 시절 경험한 자연은 평생에 걸쳐 다양한 방식으로 영향을 미치기 때문이다. 환경이나 생물과 관련한 직업으로 발전하기도 하고 어느 신문 기사의 제목처럼 '자연체험은 내 아이를 영재로' 만들 수도 있으며 환자의 병을 빨리 낫게 할 수도 있다. 자연체험은 근본적으로 감성이 풍부하고 지혜로우며 올바른 '인간'으로 자라나게 한다. 통제할 수 없으며 계속 변하는 자연환경을 인식하고 이해하고 대응하는 과정에서 인지적, 정의적, 평가적 능력을 발달시킬 수 있는 무수한 기회를 얻게 되기 때문이다.

자연체험은 결코 사치가 아니다. 자연체험은 인간발달을 위한 필수적인 영양소이다.

숲이 우리를 부른다

직접 찾아가자

숲은 우리가 자연을 배울 수 있는 장소 중 하나이다. 자연에는 숲만이 아니라 강과 바다 등도 있지만 산지로 둘러싸인 우리나라에서는 어디서나 쉽게 접할 수 있는 자연이 숲이기에 숲이 자연을 대표하기도 한다. 그래서 숲이라는 작은 단위를 알기 위해서는 먼저 자연을 알아야 한다.

자연을 경험할 수 있는 방법에는 크게 직접적 체험, 간접적 체험, 상징적 체험이 있다. 직접적 체험은 인간이 통제하고 관리하지 않는 자연을 찾아가 체험하는 것으로 도시에 사는 경우에는 기회가 적다. 간접적 체험은 인위적으로 만들어진 자연을 찾아가 체험하는 것으로 집에서 기르는 가축이나 애완동물과의 접촉도 간접적 체험에 들어간다. 상징적 체험은 텔레비전 등의 매체를 통해 이루어지는 체험으로 최근 들어 그 비중이 더욱 커지고 있다.

체험의 종류에 따라 불확실성과 복잡성이 다른데 이에 따라 인간발달에 기여하는 정도도 달라진다. 우리는 동물원이나 식물원에 갔을 때보다 숲이나 강에 갔을 때 예측하지 않았던 많은 사건을 목격하거나 체험하게 된다. 이렇게 예측하기 어렵고 복잡할수록 인간발달에 기여하는 바가 커진다. 그래서 동물원 같은 간접적 자연체험이나 자연 다큐멘터리 같은 상징적 자연체험은 아무리 자극적이고 잘 모사되고 기술적으로 정교하게 만들어졌다 해도 본질적으로 자연환경에 미치지 못한다. 동물원 관리인이나 다큐멘터리 작가가 자연의 일부를 미리 선택해서 보여주고자 하는 상태대로 유지시켜 놓았기 때문이다.

현대사회는 도시화의 진행으로 직접적 체험보다는 간접적, 상징적 체험에 의존하고 있다. 텔레비전이나 영화 등을 통해서는 자연과의 직접적인 접촉을 통해 경험하게 되는 놀라움, 흥분, 설렘 등을 느끼기 어렵다. 동물원이나 자연사박물관의 전시기법이 놀라울 정도로 정교하고 다양해지고 있지만 이런 공간에서의 체험만으로는 아이들의 발달이나 성격형성에 충분하지 않다. 간접적 자연체험은 수동적이며 흥미를 위주로 구성되어 있을 뿐만 아니라 아이들이 일상적으로 만나는 자연이 아니라 드물고 별난 것들이다. 그리고 간접적 자연체험이 아무리 실감나더라도 아이

자연체험의 유형별 특성 비교표

	직접적 자연체험	간접적 자연체험	상징적 자연체험
체험 방식	인간의 몸(오감)	인간의 몸(오감)	TV, 컴퓨터, 책 등의 매체
체험 장소	숲, 하천, 바다	동물원, 식물원, 공원, 수족관	집, 학교, 극장
체험의 불확실성	높다	보통	낮다
체험의 복잡성	높다	보통	낮다

들을 포함한 구경꾼들은 그것이 정교하게 만들어진 '쇼'라는 것을 잘 알고 있다. 동물원과 박물관에서의 체험은 아무래도 떨림, 도전, 창의성, 능동적인 참여가 결여될 수밖에 없다.

자연체험으로 얻는 능력

발품을 팔아 자연체험을 위해 여기저기를 다니다보면 그곳이 박물관, 전시관이든 수목원이나 숲이든 정도의 차이는 있을지라도 그저 다니는 것만으로도 자연스레 얻어지는 것들이 있다. 특히 인성을 형성해 가는 아이들은 자연을 찾아다니면서 다른 곳에서는 기르기 힘든 능력을 갖추어 간다.

질문하고 이해하는 능력

학문은 정답을 배우는 것이 아니라 묻는 법을 배우고 묻는 일에 익숙해지는 것이다. 처음에는 낱낱의 개체와 개별적 사건에 대해 묻고 나중에는 개체나 사건들 사이의 관계에 대해 묻는다. 관계는 결국 의미로 이어진다. 학문이란 결국 관계를 묻는 데 익숙해지고 관계를 이해하는 데 중요한 질문을 하는 법을 배우는 것이다.

자연을 체험하는 가운데 아이들은 개체들의 존재와 그들 사이의 관계에 대해 물어볼 수 있는 수많은 기회를 얻는다. 자연체험은 아이들에게 이름 붙이고 비교하고 비슷하거나 다른 것을 찾고 원인과 결과를 묻게 만든다. 이 모든 것이 관계를 이해해 가는 과정이며 인지 능력을 키워가는 과정이라고 할 수 있다. 예를 들어 숲에 가서 꽃을 보고 이름을 물어 알게 되면 꽃들이 서로 어떤 점에서 다른가를 살펴보고 비슷한 것들끼리 함께 묶어볼 수도 있다. 이런 활동은 기초적인 인지 능력의 발달에서 매우 중요한 연습과정이다.

아이들은 자연을 경험하며 책, 텔레비전 등을 통해 보았던 많은 것과 간접적으로 익혔던 지식을 진정으로 이해하게 되고 이로써 종합적인 이해 능력이 발달한다. 예를 들어 일정한 온도 이하에서만 눈이 내린다, 나무는 특정한 조건에서만 자란다, 새가 살 수 있는 장소는 따로 있다, 나비는 낮에 나타나고 나방은 밤에 나타난다, 조개나 굴은 건조한 곳이 아니라 축축한 곳에서 발견할 수 있다는 등의 체험은 별개처럼 보이던 사실들을 의미 있게 연결 짓는 연습의 기회를 제공한다. 그리고 마침내는 어린 연어가 바다로 나가 자라서 알을 낳기 위해 육지에 돌아오면서 숲에 영양분을 공급한다는 사실, 즉 숲은 물과 함께 영양분을 바다로 흘려보내지만 바다는 연어를 통해 숲을 키운다는 놀라운 관계도 이해하게 되는 것이다.

나아가 자연체험은 아이들로 하여금 비판적으로 사고하기, 창의적으로 질문하기, 문제 해결하기, 의사 결정하기 등의 능력을 향상하는 데에도 도움이 된다.

느끼고 감상하는 능력

자연체험은 아이들의 감성을 발달하게 한다. 아이들이 무언가를 배울 때는 머리보다 가슴이 먼저 작동한다. 예를 들어 좋아하거나 싫어하는 느낌, 끌린다거나 꺼림칙한 느낌, 놀랍거나 시시한 느낌, 확실하거나 의심스러운 느낌, 즐겁거나 슬픈 느낌, 흥미롭거나 지루한 느낌, 해볼 만하거나 두렵다는 느낌 등이 아이들의 자연체험에서 초기단계에 특히 중요한 역할을 한다.

자연과의 접촉으로 아이들은 감성적 수용능력(감수성)을 갖게 된다. 이러한 감수성은 성장하면서 창의력, 탐구력과 상상력의 중요한 원천이 된다. 자연체험 과정에서 느끼게 되는 경이감, 놀라움, 독특함, 다양함과 같은 느낌은 아이들에게 '뭔가 더 있다'는 감각을 갖게 한다. 이러한 감각은 이미 알려진 것과 미지의 것에 대해 끌리고 빠져드는 마음, 즉 '지각적 참여의 힘'을 키우게 한다. 『침묵의 봄』이라는 책으로 잘 알려진 미국의 해양생물학자 레이첼 카슨은 아이들의 자연체험이 감성적 영역의 발달에서 갖는 중요성을 다음과 같이 분명하게 지적했다.

> 아이들에게 안다는 것은 느낀다는 것에 비하면 덜 중요하다. 만약 사실에 대한 앎이 나중에 지식과 지혜로 성장하는 씨앗이라면 감정과 감동은 그 씨앗을 길러내는 토양이다. 어린시절은 이러한 토양을 준비하는 시간이다. 일단 한번 아름다움, 새롭고 알 수 없는 것에 대한 흥분, 동정심과 애처로움과 사랑스러움 등의 느낌이 일어나면 아이는 그 대상에 대해 알고 싶어한다. 그렇게 해서 알게 되면 그 앎은 평생을 간다. 아이들에게 그들이 소화시킬 수 없는 지식을 꾸역꾸역 삼키도록 몰아붙이기보다는 알고 싶어하도록 길을 안내하는 것이 더 중요하다.

자연체험을 통해 갖게 되는 느낌이 늘 좋기만 한 것은 아니다. 초등학교 저학년 또래의 여자아이들 중에는 자연을 더럽다거나 위험하다거나 왠지 꺼림칙하다고 느끼는 경우가 많다. 이런 아이들은 지렁이나 풍뎅이를 보고도 비명을 지르며 물러나는 것이 보통이다. 그러나 이런 느낌들조차도 아이의 학습과 발달에 필요한 자극이며 동기이다. 발달과 성장은 이러한 체험과 느낌의 무수한 축적을 통해 실현된다. 따라서 오늘날 많은 아이가 자기 주변에 있는 자연과의 직접적인 접촉을 차단당한 채 텔레비전 등의 매체를 통해 보다 환상적인 자연을 체험하는 것은 극적일는지 모르지만 그들의 발달 과정에서는 일상 속에서 자주 접하는 자연을 대신하지 못한다.

자연에 가치를 부여하는 능력

아이들은 자연체험을 통해 느끼고 알게 된 바를 바탕으로 가치를 부여하게 된다. 그런데 이런 가치를 느끼는 것은 아무 때나 되는 것이 아니며 단계별로 발달하는 시기가 따로 있다.

  자연에 대한 가치 발달의 첫 번째 단계는 주로 3~6세에 나타나며 이 때에는 실용적, 정복적, 부정적 가치가 형성된다. 실용적 가치는 허기와 갈증을 채우거나 공포로부터 벗어나거나 혹은 편안하고 안전한 곳에 머물고싶다는 등의 주로 자신의 물리적 욕구를 충족하는 것과 직접 관련이 있다. 정복적 가치는 자연에 대한 지배자 혹은 통제자로서 누리는 쾌감과 관련이 있고 생물을 학대하는 방식으로 표출되기도 한다. 부정적 가치는 자연에 대한 혐오감, 두려움, 거부감을 의미하지만 이는 어른들이

켈러트가 구분한 자연의 9가지 가치와 발달 시기

가치	정의	3~6세	7~12세	13~17세
실용적	물리적 욕구의 충족	O		
정복적	자연에 대한 지배자·통제자로서의 쾌감	O		
부정적	자연에 대한 공포와 혐오, 거부감	O		
미적	자연의 물리적 매력과 호소력		O	
인본주의적	자연과의 감정적 유대감		O	
상징적	언어와 상상의 기원으로서의 자연		O	
과학적	자연에 대한 지식과 이해		O	O
도덕적	자연과의 윤리적, 정신적 관계			O
자연주의적	자연에 대한 탐구와 발견			O

지켜보는 가운데 불장난을 하거나 바위투성이 계곡을 지나면서 위험을 예측하고 대비할 수 있는 긍정적인 능력을 기르는 계기가 될 수 있다.

두 번째 단계는 주로 7~12세에 나타나며 이 시기에 나타나는 가치는 미적, 인본주의적, 상징적, 과학적 가치이다. 그 반면 이전에 형성된 실용적, 정복적, 부정적 가치는 줄어든다. 이 때의 아이들은 자연과 생물을 보며 편안함, 친근감, 즐거움을 발견한다. 다른 생물을 감정이 있는 살아있는 독립적 생명으로 인정하기 시작한다. 이는 호기심과 끌림으로 이어져 낯선 자연 속을 탐험하며 지식을 넓히고 이로써 어른들의 감독과 돌봄을 떠나서 홀로 버티는 법을 배우기 시작한다. 어른들이 뭐라고 하지 않아도 자연을 보다 조심스럽게 다루는 태도를 갖는다. 자연 속에서의 이러한 체험은 앞으로 문제해결, 비판적 사고와 의사결정능력을 발달시키는 기반을 형성한다.

세 번째 단계는 주로 13~17세에 나타나며 자연에 대한 추상적, 개념적, 윤리적 사고가 급속하게 발달한다. 가치의 측면에서는 과학적, 도덕적, 자연주의적 가치가 발달하며 보다 큰 시공간적 규모(생태계, 진화 과정 등)에 대한 인식이 형성된다. 자연에 대한 윤리적 책임의식이 보다 복잡해지고 자연에 대한 아이디어도 보다 추상적이고 체계적이 된다. 이 또래의 청소년들에게 자연은 자신의 육체적, 정신적 한계를 시험하는 대상이 되기도 한다. 실제로 자연체험을 한 지 6개월이 지난 청소년을 대상으로 조사했을 때 이전에 비해 자신감, 자의식, 난관을 극복하려는 의지 등이 더 발달했다고 한다.

이런 가치 형성은 또한 네 가지 특징을 보이는데, 첫째, 구체적이고 직접적인 감각에서 추상적인 경험과 사고로 발전한다. 둘째, 개인적·이기적·자기중심적인 관점에서 사회적·보편적인 관점으로 확대된다. 셋째, 관심의 지리적 범주도 점차 확대되어 자신의 주변 환경만 보던 것에서

숲에서 뒹굴며 뛰노는 아이들
아이들에게는 일상적이고 직접적인 자연체험의 기회가 필요하다.

더 넓게 지구를 바라보게 된다. 넷째, 감성적·창의적 가치도 논리적·추상적·합리적 가치로 발전한다.

이처럼 성장과 발달의 토양이 되는 자연체험은 그 어느 때보다 어린시절에 누릴 수 있어야 하며 이 과정에서 자연체험을 이끄는 해설가의 역할이 중요해진다. 이제 본격적으로 해설가에 대해 살펴보자.

숲을 설명해 주다

숲속에서 펼쳐지는 무한한 상상력의 세계

다음은 정태춘이 곡과 가사를 쓰고 직접 부른 '고향집 가세'라는 노래이다. 노래 가사 속에 등장하는 생물의 이름에 표시를 하면서 읽어보자.

고향집 가세

작사, 작곡, 노래 정태춘

내 고향집 뒤뜰의 해바라기 울타리에 기대어 자고
담 너머 논둑길로 황소마차 덜컹거리며 지나가고
음, 무너진 장독대 틈 사이로 난쟁이 채송화 피우려
푸석한 슬레이트 지붕위로 햇살이 비쳐 오겠지.
에헤 에헤야, 아침이 올 게야.
에헤 에헤야, 내 고향집 가세.

내 고향집 담 그늘의 호랭이꽃 기세등등하게 피어나고
따가운 햇살에 개흙 마당 먼지만 폴폴 나고
음, 툇마루 아래 개도 잠이 들고, 뚝딱거리는 괘종시계만
천천히 천천히 돌아갈 게야, 텅 빈 집도 아득하게

숲을 이야기하는 사람

에헤 에헤야, 가물어도 좋아라.
에헤 에헤야, 내 고향집 가세.

내 고향집 장독대의 큰 항아리 거기 술에 담던 들국화
흙 담에 매달린 햇마늘 몇 접 어느 자식을 주랴고
음, 실한 놈들은 다 싸 보내고 무지랭이만 겨우 남아도
쓰러지는 울타리 대롱대롱 매달린 저 수세미나 잘 익으면
에헤 에헤야, 어머니 계신 곳
에헤 에헤야, 내 고향집 가세.

마루 끝 판장문 앞의 무궁화 지는 햇살에 더욱 소담하고
원추리 꽃밭의 실잠자리 저녁 바람에 날개 하늘거리고
음, 텃밭의 꼬부라진 오이·가지 밭고랑 일어서는 어머니
지금 퀴퀴한 헛간에 호미 던지고 어머니는 손을 씻으실 게야.
에헤 에헤야, 수제비도 좋아라.
에헤 에헤야, 내 고향집 가세.

내 고향집 마당에 쑥불 피우고 멧방석에 이웃들이 앉아
도시로 떠난 사람들 얘기하며 하늘의 별들을 볼게야.
음, 처자들 새하얀 손톱마다 새빨간 봉숭아물을 들이고
새마을 모자로 모기 쫓으며 꼬박꼬박 졸기도 할게야.
에헤 에헤야, 그 별빛도 그리워.
에헤 에헤야, 내 고향집 가세.

에헤 에헤야, 어머니 계신 곳
에헤 에헤야, 내 고향집 가세.

어릴 적 학교길 보리밭엔 문둥이도 아직 있을는지
큰길가 언덕 위 공동묘지엔 상여 집도 그냥 있을는지
음, 미군부대 철조망 그 안으로 음, 융단 같은 골프장 잔디와
이 너머 산비탈 잡초들도 지금 가면 다시 볼 게야.
에헤 에헤야, 내 아버지는 그 땅 아래
에헤 에헤야, 내 고향집 가세.

 이 노래 속에서 마당은 그냥 마당이 아니라 개흙마당이고 지붕은 푸석한 슬레이트 지붕이며 채송화는 키 작은 난장이고 장독대는 손보는 이 없이 무너져가는 허름한 장독대이다. 마차는 속도를 낼 수 없는 황소가 끄는 마차이며 오이와 가지는 내다 팔 수 없는 꼬부라진 것이고 모자에는 농촌 개조와 몰락의 상징인 새마을 마크가 붙어 있고 개는 지킬 것도 없이 툇마루 아래에 잠들어 있다. 그의 노래 한 곡에 등장하는 식물들만 해도 해바라기, 채송화, 호랭이꽃, 마늘, 들국화, 수세미, 무궁화, 원추리, 오이, 쑥, 봉숭아, 보리, 잔디까지 13가지에 이르고 이들은 지금이라도 시골에 가면 거기 자라고 있을 것 같은 식물이다. 정태춘이 짧은 노래 한 곡에서 몰락해 가는 고향의 모습을 얼마나 풍부한 감수성으로 구체적으로 느끼고 기억하고 아파하는지 놀라지 않을 수 없다.
 '감수성'이 높다는 것은 어떤 대상이나 대상의 변화를 민감하게 '인식'할 수 있다는 것을 의미한다. 그렇다고 해서 인식이 감수성보다 우선하는 것은 아니다. 흔히 인식을 더욱 중시하여 감수성을 일시적인 느낌으로 치부하기도 하지만 우리의 인식을 지배하는 것이 감수성이다. 조선

시대 문인의 다음과 같은 유명한 구절을 보자.

> 사랑하면 알게 되고, 알면 보이나니
> 그 때 보이는 것은 전과 같지 않으리라.

사랑이라는 느낌은 인식에 영향을 미친다. 뭐 눈에는 뭐가 보이며 한 번 미운 털이 박히면 무슨 짓을 해도 밉게 보인다는 말처럼 인간이 환경을 경험하는 방식은 매우 선택적이다. 따라서 우리는 감수성이라는 말을 외부 자극을 얼마나 민감하게 받아들이는가라는 수동적인 측면에서만 해석해서는 그 의미를 충분히 이해할 수 없다. 오히려 감수성은 마음을 쏟아 선택적으로 받아들일 수 있도록 만드는 역할을 한다.

그런데 이러한 감수성을 가장 많이 키워줄 수 있는 것이 바로 자연이며 숲이다. 바닥에 엎드려 열심히 개미의 엉덩이를 쫓고 있는 아이가 있다. 그 아이는 자신의 마음을 온통 그 개미에게 쏟아 그 순간 개미에 대해 놀라울 정도로 예민한 감수성을 갖게 되며 그 순간에 늘 거기에 있었지만 전에는 보지 못했던 새로운 세상을 발견한다. 이처럼 우리는 숲을 직접 체험함으로써 생태적 감수성이 자극받아 상상력을 발휘하게 되고 전에 보지 못한 새로운 세계를 발견하고 체험함으로써 자신의 세계를 넓혀갈 수 있다.

숲해설이란?

숲해설에 대해 알기 위해서는 먼저 환경교육과 환경해설에 대해 알아야 한다. 숲해설이라는 말과 의미는 환경해설의 한 부분에서 나오기 때문이다.

환경교육과 환경해설

환경문제를 해결하기 위한 방법에는 환경규제와 같은 법제적 접근, 환경상품인증제와 같은 경제적 접근, 효율적인 하수처리 기법의 개발과 같은 과학기술적 접근도 필요하지만 교육적 접근도 매우 중요하다. 환경문제를 '환경의 문제'가 아니라 '환경을 대하는 사람들의 문제'로 해석하면 환경교육은 환경문제를 해결하는 가장 근본적인 방법이기 때문이다.

환경교육은 교육과정에 따라 정규수업이나 특별활동 등을 통해 장기적이고 체계적으로 이루어지는 환경교육, 국립공원이나 동물원 같은 곳

환경교육의 유형별 특성

유형	환경교육	환경의사소통	환경해설
교육 주체	학교, 교사	대중매체, 조정가	단체, 기관, 숲해설가
교육 대상	학생	불특정다수 이해 집단	방문자
핵심 요소	피교육자	메시지	장소
주요 목표 영역	인지적 about	기능적 for	정의적 in
의사소통 방식	쌍방향, 집중적	일방향, 방사형	쌍방향, 자율적
성취도 평가	중요	거의 불가능	사소
기간	장기적	순간적	단기적
운영 방식	정기적, 계획적	일회적, 반복적	간헐적, 불규칙적
지향점	체계적 이해 지향	문제 해결 지향	감수성 향상 지향

에서 자발적으로 방문한 다양한 사람을 대상으로 진행하는 환경해설, 텔레비전이나 라디오 등을 통한 환경의사소통의 세 유형으로 나눌 수 있다. 환경교육은 교사를 통해 환경과 환경문제에 대한 과학적 지식을 강조하는 경향이 있다. 다른 영역에 비해 학습자의 성취도를 평가할 수 있고 우리나라에서는 이 영역을 중요하게 여겨 초등학교의 경우 모든 수업 시간이나 재량활동, 특별활동을 통해 환경교육을 실시하고 있다. 환경해설은 다양한 사람에게 단시간에 이루어져야 하기 때문에 환경교육에 비해 지식이나 평가보다는 방문객의 만족도나 해설 장소의 보존과 관리의 중요성을 강조한다. 환경해설은 다시 해설가가 안내하는 해설가안내형 guided과 스스로탐방형self-guided으로 나뉘는데 해설가안내형은 현장에서 묻고 답할 수 있는 장점이 있으며 스스로탐방형은 탐방코스와 시간을 방문객이 직접 조절할 수 있는 장점이 있다. 환경의사소통은 정해지지 않은 여러 사람을 대상으로 하는 것이 특징이다. 대중매체를 통한 것 외에 공청회나 토론회를 통해 이루어지기도 하지만 일방적인 의사소통one-way communication이 될 가능성이 높은 한계를 가진다.

숲해설

환경해설의 주제는 생태계, 생태계 구성 요소인 숲, 갯벌과 습지, 하천, 야생화, 민물고기, 철새 등 매우 다양하다. 이 중에서도 숲을 주제로 이루어지는 환경해설을 숲해설이라 한다.

  환경해설 주제 가운데 가장 중요한 주제가 숲이다. 숲은 어머니인 태양과 지구를 연결하는 고리이며 지구상에 생물이 존재할 수 있도록 광합성을 통해 태양빛을 고정하는 배꼽이기 때문이다. 석유나 석탄 같은 화석연료도 사실은 태양에너지가 저장된 특별한 형식일 뿐이다. 숲은 우리의 살고 죽음이 태양에 달려 있음을 다시 깨닫게 해주는 중요한 통로이다. 숲은 나무와 풀을 합친 말이지만 나무와 풀의 단순 합이 아니다. 숲을 이해하기 위해서는 땅을 알아야 하고 땅속의 벌레를 알아야 하며 땅의 생김새와 물과 바람의 흐름, 이들 사이의 관계를 알아야 한다. 숲은 생태계의 복잡한 상호의존적 관계를 느끼고 가르치고 배울 수 있는 좋은 학교이다.

숲을 감상하고 느끼는 것도 중요하지만 여기에 해설이 따른다면 더욱 좋다. 참가자는 숲해설을 통해 숲의 동식물과 생태, 문화를 알고 자연놀이를 통해 직접 몸으로 익힐 수 있다. 이로써 참가자와 숲 사이에는 의미 있는 관계가 형성되어 참가자 스스로 숲에 관심을 가져 숲을 보호하게 하며 나아가 숲 관리 정책에 대한 지지도를 높여주기도 한다. 이것들은 궁극적으로 모두가 자연과 더불어 행복하고 만족하는 삶을 살 수 있도록 한다.

따라서 숲해설은 숲을 찾는 사람이나 관리하는 사람은 물론 숲 그 자체에도 도움이 되는 다목적 활동이다. 그렇기 때문에 숲을 해설하는 숲해설가는 숲해설의 역할과 의미, 중요성을 알아 유효적절하게 설명하고 홍보해야 한다. 듣는 이가 가슴으로 느낄 수 있도록 화술을 개발해야 하며 깊고 폭넓은 지식을 함께 전할 수 있도록 항상 노력해야 한다.

나무를 설명하는 해설가 비가 부슬부슬 내리는 가운데 아이들에게 나무를 설명하고 있다. 해설가는 예측하지 못한 상황도 해설의 소재로 활용할 수 있는 창의성이 있어야 한다.

숲해설의 계획, 실행, 평가

숲해설의 6가지 원칙

숲해설을 계획하고 실행하며 평가하기 이전에 먼저 다음 6가지 원칙은 반드시 숙지하자. 이 원칙을 완전히 이해하고 적용한다면 훌륭한 해설가가 될 수 있을 것이다.

☝ **숲해설은 방문객의 사전 경험과 연결되어야 한다.**
방문객이 감동받고 쉽게 이해하길 원한다면 숲해설 주제와 내용이 방문객의 숲에 대한 지식, 경험과 연결되어야 한다. 따라서 해설가는 방문객에 대한 정보를 얻기 위해 노력해야 한다. 예를 들어 어촌 주민들이 단체로 숲을 방문한다면 그에 맞는 해설을 준비해야 한다.

✌ **숲해설은 지식이나 정보를 전달하되 그 이상이어야 한다.**
숲해설은 숲 생태계를 구성하는 다양한 요소에 대한 지식과 정보를 전달하는 과정이다. 그러나 숲해설은 단순한 지식, 정보의 전달을 넘어 방문객이 숲과 관계를 형성하고 그 속에서 의미를 발견할 수 있도록 도와주어야 한다. 숲해설은 나무 이름 가르쳐주기 이상이어야 한다.

🤟 **숲해설은 통합적이어야 한다.**
숲해설 소재는 자연, 과학, 역사, 문화, 건축 등 다양한 분야를 포함해야 하며 이러한 다양한 분야의 내용이 서로 어떻게 연관되는지를 밝히는 것이 좋다. 하나의 주제를 정해 흩어진 자원들을 하나의 실로 꿰는 주제해설이 좋은 방법이다.

🖖 **숲해설의 교육적 효과는 방문객의 관심과 흥미에 의존한다.**
자신이 의도한 교육적 효과를 거두기 위해서는 방문객의 관심과 흥미를 끌 수 있는 주제와 방법을 택해야만 한다. 전달할 내용을 지나치게 강조하면 방문객은 따분하고 어렵다고 느끼기 쉽다는 점을 기억해야 한다.

🖐 **숲해설은 나무와 풀을 넘어 숲을 다루어야 한다.**
숲에 가면 제일 먼저 눈에 띄는 것이 나무와 풀이다. 그러나 숲은 나무와 풀의 합 이상이다. 부분 설명에 치우쳐 숲을 하나의 생명체로 보는 종합적 관점을 지나쳐서는 안 된다.

☝🖐 **아이는 작은 어른이 아니다.**
방문객이 아이라고 해서 무조건 쉽게 전달하려고만 하면 안 된다. 물론 숲해설은 방문객의 특성에 따라 달라져야 하지만 아이는 작은 어른이 아니라 완전히 다른 종류의 인간이다. 어른용 해설을 쉽게 풀어서 설명하는 것이 아니라 어린이만을 위한 해설을 준비해야 한다.

숲해설 계획 기록장의 예

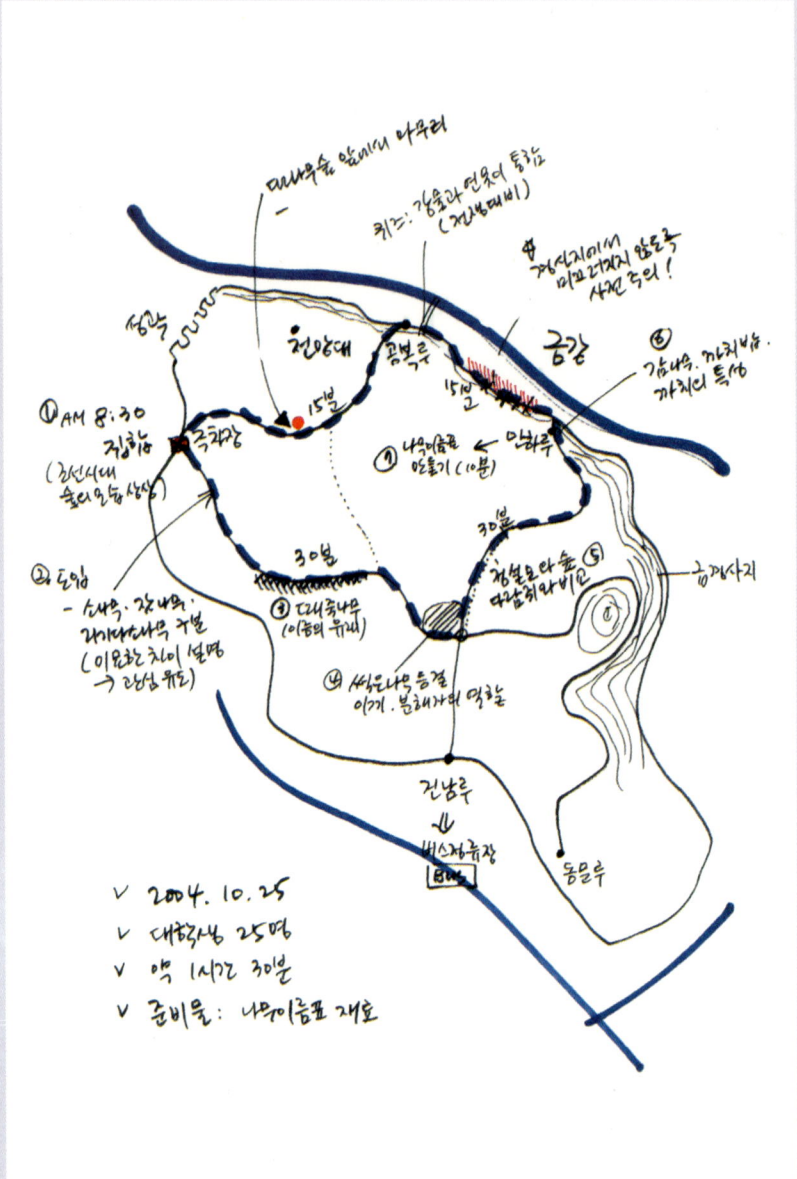

숲해설의 계획

대상지에 대한 이해

숲해설 계획을 세우기 위해서는 무엇보다 대상지에 대한 이해와 경험의 폭을 넓히는 것이 중요하다. 그 과정에서 흥미로운 해설 주제를 발굴하도록 노력하고 주제와 직접 관련되지 않은 질문에 대해서도 답할 수 있도록 준비하며 탐방하는 동안 기대하지 않은 일들이 일어났을 때 이를 활용할 수 있도록 대비해야 한다.

　대상지와 친숙해지는 과정은 사실 끝이 없다. 그러나 초기 단계에는 반드시 집중적으로 책이나 자료를 읽고 가능하면 자주 대상지를 방문하여 실제적인 해설자 자신만의 경험을 쌓을 필요가 있다. '~라고 하더라' 식의 해설은 방문객의 신뢰를 떨어뜨릴 수 있기 때문이다. 대상지를 다른 상황에서 방문하는 것도 중요하다. 각 계절이 변할 때, 밤과 낮, 화창하거나 비가 오는 날 등 갖가지 상황에서 대상지를 방문하면서 어떤 차이가 있는지에 관심을 기울여야 한다. 대상지에 대한 해설자 자신의 직접적인 경험이 많으면 해설 자체가 구체적이고 생동감 넘치게 된다. 대상지에 대해 잘 아는 사람과 함께 방문하면서 이야기를 듣고 배우는 것도 좋다. 그 지역에 오래 산 주민을 방문하여 오랜 경험에서 나오는 이야기를 듣도록 노력하는 것도 바람직하다.

주제 설정

대상지에 대해 익숙해지면 해설의 주제는 자연스럽게 떠오르지만 그렇더라도 항상 의식적으로 주제를 떠올리는 연습을 해야 한다. 예를 들어 "참가자와 내가 반나절 동안 이 지역을 탐방했을 때 (　)을 알았으면 좋겠다."와 같은 방식으로 질문하면서 (　)에 들어갈 내용을 마음에 두고 경험과 자료를 검토하는 것이 좋다.

　이러한 구체적인 주제 없이 막연하게 그때그때 생각나는 대로 또는 물어오는 대로 얘기하다보면 혼란스럽고 의도하지 않은 것들만 잔뜩 전달하는 경우가 생길 수 있다. 주제는 구체적이고 간결하면서 분명한 것이 좋다. 그러나 너무 구체적이면 이야기와 해설의 풍부함을 억제할 수 있으므로 주의한다. 대략 한 대상지에서 3~5가지 정도의 주제를 설정하면 충분하다.

해설 장소의 선정

여러 해설 주제 가운데 하나를 골라 주제와 잘 어울리면서 구체적인 증거를 보여줄 수 있는 대상지의 몇몇 장소를 찾아서 엮으면 탐방 코스가 된다. 하나의 주제는 3~5개 정도의 하위 개념이나 아이디어로 나누어 구성하는 것이 효과적이다. 때로는 개념이나 아이디어가 각각의 장소와 일대일로 대응할 수도 있다.

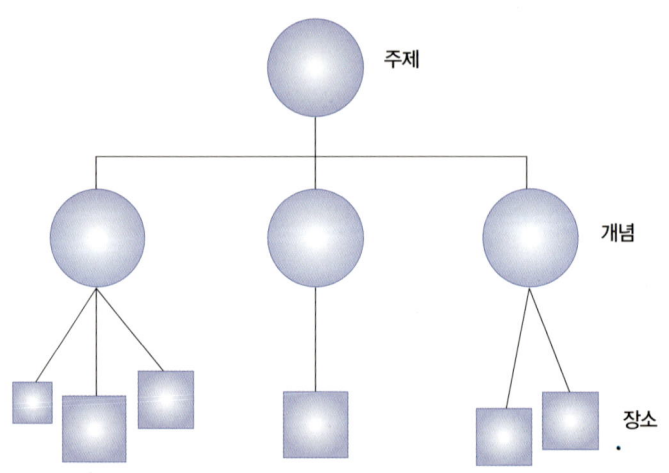

주제Theme란 무엇인가?

주제는 해설에서 가장 중요하고 중심적인 생각을 말한다. 주제를 활용하여 해설을 구성하면 해설이 조직적이 되고 이해하기 쉬워진다. 일단 주제가 정해지면 모든 해설 요소는 이 주제를 향해 집중되어야 한다.

좋은 주제의 조건

1. 짧고 간결하고 완결된 문장으로 작성하라.
2. 오직 하나의 아이디어만 담기게 하라.
3. 해설의 총체적인 목표를 나타내라.
4. 구체적이어야 한다.
5. 사람들의 관심과 주의를 끌 수 있는 용어를 사용하라.

주제의 사례

1. 우리는 우리의 아이들을 대신해서 자연을 지킬 책임이 있다.
2. 생물 종을 보존하는 것은 생명보험을 드는 것과 같다.
3. 이 숲에는 세 종류의 개구리가 살고 있다. 그 중에서 어떤 개구리가 당신의 생명을 구할 수 있을까?
4. 어떤 동물은 체온을 유지하기 위해 행동을 바꿀 수 있다.
5. 모든 생명은 태양에 의존하고 있다.
6. 에너지는 다양한 형태로 존재하는데 때로는 아주 뜻밖의 형태도 있다.
7. 살아있는 모든 것은 다른 모든 것들과 연결되어 있다.
8. 모기도 자연에서 중요한 역할을 한다.
9. 땅속에는 놀라운 배수장치가 숨어 있다.
10. 나무의 크기를 결정하는 세 가지의 요소가 있다.

◆ 아래의 빈 칸에 여러분이 해설가가 되면 다루고 싶은 주제의 예를 쓰시오.

숲해설의 실행

숲해설은 크게 준비 단계, 도입 단계, 본 해설 단계, 마무리 단계로 나눌 수 있다. 준비 단계를 제외하고 각 단계를 구성할 때는 우선 주제를 가장 잘 설명할 수 있는 본 해설 단계에 대해 생각하고 다음으로 마무리 단계, 마지막으로 도입 단계를 생각하며 구성한다. 무엇에 대해 말할 것인지가 구체적이어야 마무리와 도입이 제대로 이루어지기 때문이다. 성공적인 해설을 위해서는 각각의 단계별 구성 중에서도 목표 부분을 충실히 달성한다.

준비 단계

소요시간 15~30분

목표
- 참가자들을 반갑게 맞으면서 제대로 찾아왔다는 것을 알린다.
- 예상되는 해설 시간을 알리고 탐방에 필요한 복장 등을 갖추도록 요구한다.
- 안전사고에 대비하여 주의할 점을 알려준다.
- 친밀한 분위기를 조성하면서 출발을 기다린다.

주의할 점
- 해설가와 참가자가 서로를 알 수 있는 중요한 시간이다. 참가자는 앞으로 어떤 체험을 하게 될지 물어볼 수 있고 서로 이름과 배경을 묻고 답하는 과정에서 서먹한 분위기를 깨뜨릴 수 있다.
- 참가자가 먼저 다가오기를 기다리지 말고 웃으면서 열린 마음으로 친근하게 먼저 다가간다. 필요하다면 출발 전에 함께 사진을 찍자고 제안할 수도 있다.
- 가능한 한 많은 참가자에게 관심을 기울여야 한다. 만약 참가자가 많지 않다면 모두들 돌아가면서 인사를 하도록 권할 수도 있다. 특정한 소집단이나 개인에 묶이지 않아야 한다. 잘못하면 다른 참가자들이 무시당한다고 느낄 수 있다.
- 참가자가 도착하는 순간 해설 과정에서 주의해야 할 점들을 발견할 수 있다. 예를 들어 탐방코스를 감당하기 어려운 어린아이나 노약자가 같이 왔다거나 계절적(너무 얇은 옷이나 슬리퍼 등)으로 혹은 주제(철새 탐방 등)에 부적절한 복장을 하고 있을 수도 있고 물건(물병이나 쌍안경 등)을 놓고 왔을 수도 있다.

도입 단계

소요시간 10분 내외
목표
- 참가자들이 흥미를 갖도록 해설 주제를 잘 설명한다.
- 해설이 어떻게 진행될 것인지 간략히 설명한다.
- 탐방 과정에서 보게 될 것들에 대해 간단히 설명함으로써 개념적 틀을 갖도록 도와준다.
- 탐방 시간과 준비물 등을 다시 한 번 알려주고 확인하게 한다.

주의할 점
- 참가자 집단이 적더라도 탐방 과정에 대한 간단한 소개를 잊지 않는다.
- 참가자가 주제에 대해 관심을 갖도록 유도한다. 꼭 참가하지 않아도 되는 참가자는 주로 이 시기에 탐방을 계속할 것인지를 결정하기 때문에 중요한 의미를 갖는다.
- 노련한 해설가는 주제를 짐작할 수 있는 흥미로운 질문이나 고정관념을 깨뜨리면서 뭔가 빨려들게 하는 이야기로 시작한다. 예를 들어 "한반도에서 가장 특이한 숲을 보게 될 것입니다." "새들이 얼마나 정교하고 은밀하게 집을 짓는지 알게 될 것입니다." "여러분이 상상할 수 있는 가장 큰 나무는 높이가 얼마나 되나요?"
- 처음 도입 단계에서 참가자의 주의를 끄는 것은 매우 중요하다. 그러기 위해서는 해설가 스스로가 자신의 직업에 대한 열정을 가지고 있어야 하고 주제에 대해 진심으로 흥미를 느껴야 한다.
- 이 단계에서 전체 탐방이 얼마나 걸리고 어떤 것을 보게 될 것이고 언제쯤 돌아올 것인지에 대한 정보를 제공해야 한다. 특히 종착점이 출발점과 다르다면 정확히 언제 어디에서 끝나게 될 것인지 알려주어야 한다.
- 신비로움을 느낄 수 있는 해설로 이어가는 것도 좋다. "다음 방문하는 곳에서는 마치 200년 전으로 돌아간 느낌을 받게 될 것입니다. 여러분들이 당시의 흔적을 찾을 수 있는지 한번 시도해 보세요."

본 해설 단계

소요시간 장소마다 5~7분 정도

목표
- 흥미로운 장소나 대상을 보여주면서 주제를 형성해 나간다.

주의할 점
- 이 단계에서는 참가자가 여러 곳을 방문하고 해설을 들으면서 해설 주제에 대한 구체적인 단서를 하나씩 발견하고 결합하도록 유도한다. 주제에 부합하는 이야기를 들려주는 것이 좋다. 하지만 해설가가 알고 있는 모든 것을 전해주려다 보면 전체 초점을 흐리고 산만하게 만들 위험이 있으므로 주제에 맞는 이야기만 한다.
- 참가자가 질문을 하거나 해설을 할 만한 특별한 일이 벌어지면 그 때는 주제와 다소 동떨어지더라도 설명을 해주는 것이 좋다.
- 초보 해설가는 무얼 말하고 어떻게 행동해야 할지 계획하는 과정을 어려워한다. 그러나 주제를 분명하게 정하고 그 주제와 연관된 해설거리가 있는 탐방 장소들을 선정하여 엮으면 보다 쉽게 구성할 수 있다.
- 각각의 탐방 장소마다 주의집중단계, 상세설명단계, 주제연결단계, 해설전이단계의 4단계를 거쳐 진행한다. 이 해설은 장소별 약 5~7분 정도가 적당하다.

본 해설의 4단계 정의 및 지침

주의집중단계 해설의 대상이나 주제에 대해 참가자를 집중시킨다. 30~60초	• 강조하려는 대상 옆에 서거나 손으로 가리켜 관심을 집중시킨다. • 소집단이라면 흥미로운 질문을 제시하는 것만으로도 주의를 집중시킬 수 있지만 대집단이라면 설명하기 전에 참가자들이 대상을 분명히 확인할 수 있도록 해야 한다. • 참가자가 넓게 퍼져 있거나 일렬로 늘어서 있으면 시간을 들여서라도 그들 사이를 가로지르면서 주의를 집중시킨다.
상세설명단계 실제 해설에 해당하는 부분으로서 상세하게 설명한다. 3~5분	• 선택해서 필요한 만큼만 설명한다. 너무 상세히 많은 것을 설명하면 참가자들이 질릴 수 있다. • 설명할 내용은 전체 주제와 잘 맞는 것으로 선택한다. • 설명을 시작하기 전에 흥미로운 질문을 던지면 관심을 유도하고 주의를 집중시켜 효과적이다. • 참가자들이 능동적으로 참여할 수 있는 기회를 제공한다. 예를 들어 참가자와 함께 나무의 둘레를 재어 본다.
주제연결단계 각각의 해설을 전체 주제와 연결 짓는다. 30초	• 왜 해설가가 그 장소에 멈춰 서 설명을 했는가에 대해 숨은 의미가 드러나게 한다. • 너무 자세한 설명보다는 앞서의 체험을 짧게 회상하면서 주제가 명료해지도록 만든다. 예를 들어 "우리가 방금 함께 재어본 나무는 200년 전에 이 숲에 가득했던 나무의 모습입니다." 하고 주제를 일깨워준다.
해설전이단계 한 장소의 설명을 마치고 다음 장소로 간다. 10초	• 다음 장소에서 어떤 것을 보고 체험하게 될 것인지 힌트를 준다. • 앞서 이야기한 것을 회상하게 하며 흥미를 계속 유지한다. 예를 들어 "앞에서 곤충이 숲의 생장에 중요하고 했는데 이제 그 실제 사례를 보게 될 것입니다." • 참가자에게 체험한 것을 보다 깊이 생각하고 회상할 수 있는 기회를 준다. 이동하는 동안 특정한 요소를 주의 깊게 살피거나 찾아보도록 요구하는 것도 좋다.

마무리 단계

소요시간 15분~30분
목표
- 탐방 과정에서 관찰하거나 경험한 것들이 주제와 어떻게 연관되는지 보여주어 주제를 한 번 더 강조한다.

주의할 점
- 마무리는 탐방 코스의 마지막 장소에서 이루어지는 것이 보통이며 다른 모든 단계에서와 마찬가지로 전체적인 주제를 강조하는 것이 주된 목표이다.
- 각각의 장소에서 이루어진 해설 과정에서 관찰하고 경험한 것들 중 중요한 부분들을 짚으면서 전체 주제와 어떻게 연관되는지에 대해 종합적으로 참가자들에게 강조한다.

유형별 좋은 질문의 사례

유형	질문 사례
주의집중형 참가자의 주의를 집중시킨다.	• 자, 모두들 이 토양 속의 노란 줄이 보이세요? • 이게 무엇일까요? • 이렇게 생긴 열매를 본 적이 있습니까?
비교관찰형 몇 가지 대상의 유사점과 차이점을 강조한다.	• 이 두 개의 바위는 어떤 점에서 다르죠? • 사람과 곤충 사이에 비슷한 점을 사회성이라는 측면에서 이야기해 볼 수 있는 사람? • 어떤 냄새가 나죠? 어떤 냄새와 비슷한 것 같습니까?
추론유도형 제시한 정보를 넘어 일반화하거나 합리적인 결론을 도출하게 한다.	• 만약 그렇다면, 우리는 이 나무가 잘 자라지 못한 이유에 대해 어떻게 설명할 수 있을까요? • 지금까지 나타난 증거를 토대로 어떤 결론을 내릴 수 있나요? • 이 탐방로 주변은 20년 후에 어떤 모습으로 변해 있을까요?
실제적용형 정보를 다른 상황에 적용할 수 있게 한다.	• 방금 우리가 알게 된 지식을 집에서는 어떻게 활용할 수 있을까요? • 이런 것들을 아는 것이 왜 중요할까요? • 이런 도구는 주로 어떤 용도로 사용되었을까요?
문제해결형 현실 문제나 쟁점의 해결책을 찾게 한다.	• 이와 같은 토양 침식을 막기 위해서는 어떤 조치를 취해야 할까요? • 만약 풀과 진흙밖에 없다면 어떤 형태의 집을 짓겠습니까? • 이 생물종이 멸종되지 않게 하기 위해서는 어떻게 해야 할까요?
인간관계형 어떤 현상에 대해 인과관계로 생각할 수 있게 한다.	• 강의 저쪽 편에 비해서 이쪽 편에 훨씬 더 많은 개구리가 살고 있는 이유가 무엇일까요? • 주변을 한번 둘러보세요. 강을 이렇게 오염시킨 물질들은 어디에서 왔을까요? • 왜 이 숲의 계곡에서는 아까 능선에서 보았던 나무들이 보이지 않는 것일까요?
평가판단형 각자의 의견을 말하고 경청함으로써 평가하고 판단하도록 한다.	• 당신은 어떤 것이 공평한 해결책 같습니까? • 당신이 생각하기에 누가 옳은 것 같습니까? • 당신은 이것이 좋다고 생각하나요, 나쁘다고 생각하나요?

- 좋은 마무리는 간결하고 구체적이어야 한다. 예를 들어 "오늘 탐방 과정에서 우리는 도시에 있는 작은 숲도 다양한 생명들이 하나로 어우러진 거대한 존재라는 것을 알았습니다. 그 숲 속에는 오랜 시간의 변화를 반영하는 많은 증거들도 있었습니다. 숲에 사는 모든 생명체는 저마다 고유의 역할이 있으며 서로 의존적으로 얽혀 있다는 것도 알게 되었습니다. 여러분이 다음에 숲에 오게 되면 예전과는 다른 눈으로 숲을 보게 되었으면 좋겠습니다. 다음 주에는 박쥐가 어떻게 숲을 건강하게 만드는 데 도움을 주는지 설명합니다. 관심 있는 분의 많은 참여를 부탁드립니다. 감사합니다."
- 출발지와 종착지가 다르다면 이 단계에서 출발점으로 돌아가는 지름길을 알려주는 것도 필요하다. 더 이야기를 나누고 싶은 사람은 출발점에 돌아가서 모이자는 공지사항을 알리는 것도 이 때가 좋다.
- 탐방로에는 해설에서 다루지 않은 많은 볼거리가 있기 마련이다. 아주 경치가 좋거나 사람들의 흥미를 끌 만한 요소가 있는 곳에서 마무리하는 것은 피한다. 해설가의 말보다는 볼거리에 정신을 빼앗기기 쉽다. 그런 볼거리가 나타나기 전에 마무리를 하고 앞으로 어떤 볼거리가 있는지 알려준 뒤 좀더 즐기도록 권한다.
- 끝나고 나서 뒤풀이 자리를 갖게 될 수도 있는데 가끔은 이런 자리를 갖는 것이 필요하다. 왜냐하면 일회성이 강한 숲해설의 특성상 참가자들의 반응이나 평가를 들을 기회가 매우 적기 때문이다. 뒤풀이 자리를 활용하여 자신의 해설에 대한 평가 정보를 얻는 것은 바람직하다.

숲해설의 평가

평가는 크게 프로그램에 참여한 사람의 변화를 측정하는 성취도 평가와 프로그램 자체의 평가로 나눌 수 있는데 숲해설은 둘 가운데 성취도 평가가 그다지 중요하지 않다. 숲해설은 환경교육적으로 중요한 장소에서 놀고 즐기면서 배우는 과정이기 때문에 즐거움을 위협하는 수준의 심각한 공부는 바람직하지 않기 때문이다. 예를 들어 숲해설 프로그램이 끝난 뒤에 배운 나무의 이름을 얼마나 기억하는지 시험을 본다면 누가 좋아하겠는가?

그렇다고 해서 프로그램 평가까지 중요하지 않다는 것은 아니다. 숲해설 프로그램은 학교에서 이루어지는 교육과는 달리 일회적이거나 간헐적이어서 지속적인 평가가 어렵고 방문객에게 평가를 부탁하기도 어렵지만 훌륭한 숲해설가와 숲해설 프로그램은 하루아침에 만들어질 수 없다. 끊임없는 평가, 반성, 수정, 보완을 통해서만 가능할 수 있다.

다음에 제시한 숲해설 평가표는 넓은 의미의 프로그램보다는 숲해설가 개인의 활동을 평가하기 위해 작성한 것이다. 숲해설가 양성 과정에서 동료나 강사진을 통해 평가해 볼 수 있으며 필요하다면 해설 과정을 비디오로 촬영하여 직접 보면서 스스로 평가하기 위한 지침으로 사용할 수도 있을 것이다.

살아있는 해설이 되려면?

1. 해설에 도움이 될 만한 시청각 자료나 보조 교재를 가지고 다닌다.
2. 가능하면 자주 암시를 주고 신비스러움과 호기심을 부여한다. 특히 해설전이단계에서 이런 요소를 적극 활용한다.
3. 해설 장소에 머물 때 참가자가 직접 해 볼 수 있는 작은 활동을 활용한다. 이 시간에 해설가는 심리적, 물리적 에너지를 보충할 수도 있다.
4. 참가자들에게 질문을 던진다. 정답이 있는 경우 참/거짓과 같은 닫힌 질문도 좋고 보다 창의적이고 능동적으로 생각하도록 유도하기 위해 열린 질문을 해도 좋다. 예를 들어 "이 숲에서 혼자 살아남으려면 무엇부터 해야 할까요?"
5. 참가자가 많을 때는 항상 앞장선다. 그래야 참가자들이 흩어지지 않아서 탐방 과정을 통제하기 쉽다.
6. 집단이 커지면 똑같은 일을 해도 시간이 많이 걸리므로 시간 안배에 주의한다.
7. 질문에 항상 성실히 대답한다.
8. 뜻하지 않은 일이 벌어졌을 때 당황하지 말고 오히려 해설 자원으로 활용한다.
9. 가능하면 해설을 시작했던 곳에서 끝낸다.
10. 시간 계획에 따라 움직인다. 너무 늦어지면 해설 전체에 대해 실망스럽다고 느끼는 경우가 많다.
11. 사고가 발생하면 사고를 당한 사람과 참가자 모두에게 주의를 기울인다. 당황한 주변 참가자들의 리더가 되어야 한다.

숲해설 프로그램 평가

■ 프로그램 평가 기본 정보

해설가 이름		평가자 이름	
운영 시간	200 . . 오(전·후) 시 분 ~ 오(전·후) 시 분		
장소		참가자 수	
프로그램 명		참가자 성격	

■ 평가자 유의 사항

- 평가하는 동안 해설가에 대해 존중하는 태도와 행동을 유지하여 주십시오.
- 잘한 부분을 구체적으로 찾아내어 밝히는 데 관심을 가져 주십시오.
- 평가하기에 모호한 점이 있으면 해설가에게 물어본 뒤에 평가하여 주십시오.

■ 프로그램 전반에 대한 서술적 평가 및 제안

항목별 평가에 반영하기 어려운 상황을 고려하여 전반적으로 평가하고 제안할 것이 있으면 함께 적어 주십시오.

■ 평가 영역 및 항목별 평가(그렇다 : 1점, 그렇지 않다 : 0점)

평가 영역	평가 항목	평가
준비 및 도입 단계	참가자들을 반갑게 맞으면서 친밀한 분위기를 조성하였는가?	
	예상 해설 시간을 알려주고 탐방에 필요한 복장을 갖추도록 요구하였는가?	
	참가자의 특성(연령, 성별, 소집단 등)을 확인하였는가?	
	해설 주제에 대해 참가자들의 흥미와 관심을 잘 유도하였는가?	
	해설 주제에 대해 짐작할 수 있도록 설명하였는가?	
	대상지를 미리 여러 차례 답사하여 해실 조건을 숙지하고 있었는가?	
	소계	/6

평가 영역	평가 항목	평가
본 해설 단계	전달하고자 하는 정보의 양이 적절하였는가?	
	주제와 상관없는 잡다한 지식을 열거하지 않았는가?	
	흥미로운 질문이나 이야기로 관심을 유도하고 주의를 집중시켰는가?	
	중요한 해설 대상에 대해서는 모든 사람이 집중하는지 확인하였는가?	
	모든 참가자가 볼 수 있는 위치(바위나 나무 위 등)에서 해설하였는가?	
	가능한 많은 참가자에게 골고루 관심을 기울이도록 노력하였는가?	
	전체 주제에 잘 부합하는 소재와 내용을 선정하였는가?	
	흔히 볼 수 없는 대상지만의 특성을 잘 살렸는가?	
	외부 자료 외에 해설가 자신의 구체적인 경험을 반영하였는가?	
	참가자의 특성을 고려할 때 흥미를 유발할 수 있는 주제를 선정하였는가?	
	전달하려고 하는 주제는 구체적이고 명료하였는가?	
	해설 장소가 선정된 주제를 잘 반영하였는가?	
	앞에서 해설했던 내용과 연관 지어 주제를 이어갔는가?	
	전달한 내용이 과학적으로 정확하고 오류가 없었는가?	
	대상지의 계절적, 시간적 변화를 잘 감지하여 반영하였는가?	
	참가자의 일상적 경험과 연관 지어 설명하였는가?	
	시간을 효과적으로 안배하고 한 장소에서 너무 오래 머물지 않았는가?	
	이동 중에 체험한 것을 보다 깊이 생각하고 회상할 기회를 제공하였는가?	
	이동 중에 참가자가 주의 깊게 살피거나 찾을 거리를 제시하였는가?	
	참가자들이 해설 과정에 참여할 수 있는 기회를 제공하였는가?	
	해설가의 주관적 가치 판단을 지나치게 강조하지 않았는가?	
	해설의 전 과정에 걸쳐 열의와 진지함을 보였는가?	
	모든 질문에 항상 성실히 대답하였는가?	
	잘 모르는 부분에 대해 솔직하게 답하였는가?	
	시청각 자료나 보조 교재를 효과적으로 활용하였는가?	
	해설 장소로 안전하고 사고의 위험이 없는 곳을 선정하였는가?	
	뜻하지 않은 일이 벌어졌을 때 당황하지 않고 잘 대처하였는가?	
	소계	/27
마무리 단계	정리하면서 해설 전체의 주제를 적절히 강조하였는가?	
	각 장소에서 이루어진 해설을 요약하여 상기시켜 주었는가?	
	체험한 내용에 대해 느낀 점 등을 표현하고 공유할 기회를 주었는가?	
	출발지와 종착지가 다르다면 출발점으로 돌아가는 길을 알려주었는가?	
	추후 프로그램 등 공지사항을 적절히 알려 주었는가?	
	해설에 포함되지 않은 대상지의 볼거리에 대해 알려 주었는가?	
	소계	/6

숲에서 응급상황이 발생하면?

숲 체험을 하다보면 참가자들이 크고 작은 부상을 당할 수 있다. 특히 벌레에 물리거나 가시에 찔리는 일이 많다. 이를 방지하기 위해 앞서 곤충과 포유류, 조류 관찰 실습에서 설명한 복장대로 참가자들이 입었는지 확인한다. 숲을 다닐 때는 수풀을 헤치고 다니지 말고 사람들이 지나간 길의 중앙으로 가도록 주의를 주며 숲해설가는 간단한 구급상자를 항상 준비한다. 간혹 심장발작, 뇌졸중 등이 발생하거나 알레르기 반응으로 인하여 작게 느껴졌던 일이 크게 확대할 수도 있다. 이렇게 급한 상황이 발생하면 당황하지 말고 침착하게 119에 신고한다. 하지만 이런 일들은 자주 일어나는 것은 아니며 응급처치 방법도 다양하고 복잡하여 여기서는 숲에서 자주 일어나는 간단한 상황과 응급처치를 중심으로 살펴본다.

가시가 박혔을 때

핀셋으로 제거한다. → 그 부위를 씻은 후 더러워지지 않도록 덮는다.

주의 가시가 눈 안에 있다면 억지로 제거하려고 하지 말고 119나 응급 의료 기관에 전화한다.

가벼운 찰과상을 입었을 때

비누나 물로 깨끗이 씻는다. → 무균 드레싱을 상처 위에 놓고 가능하면 출혈을 조절하기 위해 몇 분 동안 압박을 한다. → 깨끗한 드레싱과 붕대로 상처를 덮는다.

코피가 날 때

콧구멍을 막는다. → 고개를 약간 앞으로 하고 앉도록 하여 코피를 조절한다. → 콧등에 얼음주머니를 대거나 코 바로 아래 윗입술 위에 압박을 가한다.

치아가 빠졌을 때

출혈을 조절한 후 치아를 모아둔다. 다시 끼워 넣을 수 있을지도 모르기 때문이다. → 출혈을 조절하기 위해 구멍에 치아를 넣거나 둘둘 만 무균 드레싱을 넣는다. 환자가 의식이 있고 협조할 수 있다면 빠진 치아보다는 무균 드레싱을 넣는다. → 압박을 유지하기 위해 환자에게 부드럽게 물도록 한다.

벌에 쏘였을 때

손톱이나 플라스틱 카드, 핀셋을 사용하여 침을 제거한다. 핀셋을 사용할 때는 독물낭이 아닌 침을 꽉 잡아야 한다. → 물로 그 부위를 씻는다. 비누가 있으면 비누로 씻는 게 더 좋다. → 깨끗이 유지하기 위해 상처 부위를 드레싱한다. → 통증과 붓는 것을 줄이기 위해 냉찜질한다. → 알레르기 반응 증상이 있는지 확인한다.

 대체로 가벼운 상처지만 몇몇 사람은 벌침에 대해 심한 알레르기 반응을 보이기도 한다. 이 알레르기 반응은 구조 호흡이 필요할 정도로 응급상황을 초래할 수도 있다.

뱀에 물렸을 때

119나 응급 의료 기관에 전화한다. → 가능하면 물린 부위를 심장보다 낮게 하여 안정시킨다. → 상처 부위를 깨끗이 씻는다. → 물린 부위를 고정한다. → 가능한 빨리 의사에게 항독 처치를 받게 한다.

 독사는 주로 바위, 통나무, 나무껍질에 살면서 낮보다는 밤에 활동한다. 사람을 죽게 할 정도의 맹독을 가진 독사는 단지 몇 종류뿐이므로 너무 당황하지 말고 환자를 안심시킨다. 하지만 맹독일 확률도 전혀 없는 것은 아니므로 재빨리 119나 응급 의료 기관에 전화한다.

동물에게 물렸을 때

- **상처가 심각하지 않은 경우**
상처를 비누와 물로 깨끗이 씻는다. → 출혈을 조절하고 드레싱한다.
- **상처가 심각한 경우**
출혈을 조절한다. → 상처를 닦지 않는다. 상처는 의료기관에서 올바르게 치료를 받아야 하므로 건드리지 않는다. → 어떤 행동을 하는 어떤 동물이었는지를 기억해 사태를 파악한다. → 119나 응급 의료 기관에 전화한다. 상황을 설명하고 안내자의 처치방법대로 응급 처치를 한다.

> **주의** 상처가 심각하지 않더라도 체험자를 문 동물이 광견병에 걸린 동물이라면 위험하다. 광견병은 개만 걸리는 병이 아니다. 스컹크, 박쥐, 너구리, 고양이, 개, 소, 여우 등의 동물도 걸린다. 이 병은 침을 통해 전이될 수 있으므로 광견병 예방 백신 주사를 맞은 경우는 큰 위험이 없지만 일반인이 물리면 치명적이다. 가능하면 동물에게 물리지 않도록 주의해야 한다. 야생동물을 껴안거나 음식을 주기 위해 가까이 다가가서는 안 되며 죽은 야생동물일지라도 가까이 다가가서는 안 된다.

독성 식물에 노출되었을 때

노출된 피부를 씻는다. → 가렵거나 발진이 나타난다면 찬물로 비누를 사용하여 깨끗하게 나무의 진을 씻어낸다. → 충분한 양의 알코올로 닦아 낸다. → 119나 응급 의료 기관에 전화한다.

> **주의** 알코올을 탈지면에 묻히지 않고 그냥 닦아내거나 알코올을 너무 적게 사용하면 나무진이 오히려 피부에 더 번지게 된다. 알코올은 충분한 양을 사용한다.

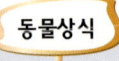

동물상식

광견병이 있는 동물인지 어떻게 아나요?

광견병이 있는 동물은 이상하게 행동합니다. 침을 질질 흘릴 수도 있고 부분적으로 마비된 것처럼 보이기도 하고 성질을 부리며 물 수 있습니다. 혹은 이상하게 조용할 수도 있지요. 너구리같이 밤에 활동하는 동물이라면 낮에 활동하고 있을 수도 있습니다. 이런 동물이라면 일단 한 번 광견병을 의심해 보아야 합니다.

식물상식

독성 식물인지 어떻게 아나요?

독성을 가진 것으로 유명한 옻나무가 아니라면 독성 식물이 무엇인지 알기는 어렵습니다. 의심 가는 식물이 독성을 가지고 있는지를 알고 싶다면 그 식물의 수액을 채취해 보세요. 그 수액이 공기에 노출되었을 때 몇 분 내에 갈색으로 변하고 다음 날에는 검은 색으로 변한다면 독성 식물입니다.

탈구하였을 때

부상당한 부위를 될 수 있는 한 편하게 한다. → 찬물로 찜질하여 아픔을 가라앉히고 붓는 것을 막는다. → 무릎의 슬관절이 탈구한 환자를 옮길 때에는 베개나 윗도리를 접어 부상당한 다리의 무릎 밑에 괴어준다.

> **주의** 뼈가 제 위치에서 벗어난 탈구는 매우 아파서 흔히 심한 쇼크가 나타난다. 탈구는 빠르고도 정확한 처치를 해야 하지만 특별한 비상시가 아니면 전문 의료 요원이 아닌 사람이 탈구를 바로잡으려고 해서는 안 된다.

염좌하였을 때

염좌한 부위를 높이 올린다. 손목이면 팔걸이를 만들어 고정시키고 발목이면 환자를 눕히고 옷이나 베개 같은 것을 염좌 부위의 밑에 놓아 그 부위를 높인다. → 여러 시간 또는 치료받을 때까지 상처 부위에 찬물 찜질을 한다. → 염좌가 심하면 전문 의료 요원이 도착할 때까지 움직이지 않도록 한다. → 발목 염좌 부상자는 되도록 걷지 않는 것이 좋으나 발목뼈가 염좌하였고 짧은 거리를 움직여야만 하는 경우라면 신발을 신은 채로 붕대를 감는다.

> **주의** 갑작스런 충격 등으로 인대 등을 상한 염좌는 때로는 탈구와 구별이 어렵다. 만약 골절일 수도 있는 의심이 든다면 골절로 가정하고 처치한다.

염좌는 손상과 동시에 아프고 붓기 시작하여 환자가 부상당한 부분을 움직이면 더 아파진다. 상처의 피부색이 곧 변하지는 않으나 한번 변색하면 여러 주 계속된다. 염좌에는 몇 분 동안 고통이 계속된 뒤 통증이 그치는 가벼운 정도부터 인대가 터져서 완치까지 여러 주가 걸리는 심한 정도까지 있으니 환자를 너무 불안하게 하거나 혹은 너무 소홀하게 대하지 않는다.

숲 교육에서의 자연놀이

자연을 배우고 느끼는 방법은 크게 두 가지로 나뉜다. 누군가의 설명을 듣거나 관련 있는 책을 읽는 간접적인 방법이 있고 만져보고 냄새 맡고 먹어보는 등의 직접적인 방법이 있다. 숲해설이 숲 교육의 간접적인 방법이라면 자연놀이는 배운 것을 실제로 느끼게 하는 직접적인 방법이다.

자연놀이?

자연놀이란 자연을 소재로 숲에서 하는 놀이다. 자연놀이를 통해 참가자는 새로운 시각으로 자연법칙을 바라볼 수 있다. 자연놀이를 통한 학습은 일반 학습에 비해 더 오래 기억에 남으며 놀이에서 느낀 즐거움이 자연을 알고자 하는 배움의 원동력으로 작용하기도 한다. 또한 놀이를 통해서 자신의 경험을 재구성하고 자연에 대한 느낌을 표현함으로써 창의성을 키우고 사고력을 발달시킨다. 자연놀이는 자연을 배울 수 있는 귀중한 학습의 기회이며 발달의 기회이다.

　일반적으로 '놀이'는 자발적인 참여로 이루어지며 규칙이 자유로워 다양하게 활용할 수 있다. 결과보다는 놀이 과정이나 놀이 자체가 목적이라 가벼운 마음으로 할 수 있으며 자유롭더라도 일정한 규칙을 가지고 때로는 경쟁적인 요소를 포함하기도 한다. 자연놀이 역시 이러한 놀이의

놀면서 배운다

특징을 모두 갖는다. 참가자가 자발적으로 참여해야 하며 숲해설가는 참여를 강요해서는 안 된다. 자연스럽게 놀이에 끌어들여야 한다. 간단한 규칙을 가지고는 있지만 비교적 자유로워 다양하게 활용할 수 있으며 이런 자연놀이를 통해 참가자는 고정된 시각에서 벗어나 새로운 시각으로 자연을 경험할 수 있다. 자연물에 감정을 이입시키고 자신이 직접 숲의 나무가 되거나 꽃이 되어 현실을 벗어나 상상의 세계에서 새로운 자아를 발견할 수도 있다. 가벼운 마음으로 적극적으로 임할 수 있으며 일부 자연놀이는 경쟁적인 요소를 포함하는데 때로는 이런 경쟁적인 요소가 참가자들에게 스트레스를 줄 수도 있으니 주의하자.

자연놀이로 숲해설 구성하기

자연놀이는 분명 어린아이에게 더욱 좋은 숲 교육 방법이지만 '놀이'라고 해서 어린이만의 활동은 아니다. 어른에게도 활용할 수 있으며 일방

자연놀이의 교육적 가치

1. 숲에 대한 흥미를 높인다.
2. 강요가 아닌 자발적인 참여로 이루어져 더 잘 이해하고 더 오래 기억한다.
3. 자연에 대한 구체적인 경험을 할 수 있다.
4. 학습에 대한 자신감과 성취감을 준다.
5. 성취감은 새로운 과제에 대한 도전과 문제해결능력 향상으로 이어진다.
6. 폭넓은 학습의 기회를 제공한다.

적인 설명보다는 참가자가 적극적으로 참여할 수 있어 누구에게나 효과적이다.

자연놀이로 숲해설을 구성하는 방법에는 자연놀이만으로 구성하는 방법과 숲해설 이후나 중간에 잠깐 진행하는 방법이 있다. 나이가 어릴수록 놀이를 활용한 프로그램이 더 효과적이어서 어린아이들에게 해설해야 한다면 자연놀이만으로 구성하는 것도 좋다. 이 경우에는 해설을 준비하듯이 단계별로 놀이를 이어서 진행한다. 예를 들어 처음에는 참가자의 흥미를 돋우는 놀이를 하고 다음으로 집중력을 높이는 놀이, 감성을 풍부하게 하는 놀이, 자신이 느낀 점을 서로 나누는 놀이 순서로 마무리한다.

이보다 일반적인 방법은 숲해설 이후나 중간에 자연놀이를 하는 방법이다. 보통 해설 프로그램은 1시간에서 1시간 반 정도 진행하며 2시간을 넘기면 참가자는 지치고 지루해 한다. 이 때 해설 중간이나 이후에 해설 주제와 관련 있는 자연놀이를 넣으면 해설을 더 쉽고 재미있게 이해할 수 있으며 지루함이 줄어들고 피로를 풀 여유도 생긴다.

이렇게 해야 좋은 해설가

자연놀이를 진행하는 사람에 따라 놀이의 질이 달라지기 때문에 숲해설가는 진행하는 요령에 대해 분명히 알고 또한 실행할 수 있어야 한다. 단순한 놀이 이상의 자연놀이를 위해 적절한 놀이를 선택하여 흥미롭게 진행함으로써 놀이를 통해 달성하고자 하는 목표를 달성한다.

숲해설가는 우선 참가자들과 함께 적극적으로 놀이에 참여해야 한다. 적절한 유머로 흥미를 돋우고 예상치 못한 일이 발생했을 때에도 적절하게 대처해야 한다. 이를 위해 미리 어떤 재미난 이야기를 할 것인지 어떤 일들이 일어날 수 있는지를 메모하여 준비하는 것도 좋다. 놀이가 진행되는 상황을 보며 적절하게 개입하여 잘 운영되도록 도와야 하고 새로운 자료나 상황을 제시할 때에는 참가자들이 이미 알고 있는 것과 새로운 것을 적절하게 섞어 제공해야 한다. 자연놀이는 되도록 개인적인 놀이보다는 협동적인 모둠활동으로 한다. 2명 이상이 한 모둠이 되어 함께하는 모둠활동은 구성원이 서로 자극을 주고받고 모방하게 하여 참가자에게 자발적으로 무언가 하려는 욕구를 심어준다. 단체활동을 통해 소속감도 심어주어 개인의 성장과 발달을 돕는다. 또한 숲해설가는 다양한 문화적, 사회적, 정서적 경험과 지식도 전할 수 있도록 많은 교양을 쌓아야 한다.

숲에서 할 수 있는 자연놀이의 실제

자연놀이 진행시 유의점

놀이의 주제와 목표를 선정한다.
어떤 놀이를 하느냐는 숲해설의 주제가 무엇인가에 따라 달라진다. 따라서 먼저 해설주제를 정한다. 그 다음에 놀이를 통해 이루려는 목적, 전달하고자 하는 정보, 어떤 태도와 기술을 키우려고 하는지에 대한 목표를 설정한다.

참가하는 연령층을 고려하여 놀이를 선정한다.
연령을 고려하지 않고 너무 어려운 놀이를 선택하면 쉽게 흥미를 떨어뜨려 놀이의 진행이 어렵다. 따라서 참가자의 연령이나 성향을 사전에 파악하여 적절한 놀이를 선정하거나 또는 같은 놀이라 하더라도 수준에 맞게 변형하여 진행한다.

놀이에 적합한 장소를 선정한다.
놀이의 형태는 다양하다. 뛰거나 숨거나 하는 움직임이 많은 동적인 형태가 있는가 하면 만들기와 같은 정적인 형태의 놀이도 있다. 놀이에 따라서 적합한 장소를 선정한다. 움직임이 많은 경우에는 일정 이상의 공간이 확보되어야 하고 주변에 위험요소가 있는지 확인한다.

반드시 무엇인가를 가르쳐야 한다는 의식을 갖지 말아야 한다.
놀이의 가장 중요한 요소는 즐거움이기 때문에 지나치게 교훈적이거나 지식전달을 위주로 해서는 안 된다. 흥미와 즐거움을 유지하면서 자연스럽게 전달하고자 하는 의미에 도달하도록 한다. 이를 위해 놀이를 먼저 하고 놀이와 관련한 해설을 하는 것도 좋은 방법이다. 들은 것보다 직접 활동한 것을 더 오래 기억하고 쉽게 이해하기 때문에 나중에 설명하면 이전의 활동과 연결이 되면서 놀이의 의미를 더 잘 이해할 수 있다.

적절한 경쟁심은 허락하되 지나친 경쟁심을 유발하지 않도록 한다.
놀이에는 경쟁요소가 포함되기도 한다. 이를 잘 활용하면 협동정신이나 통솔력을 이끌어 낼 수 있고 친선을 도모하는 데 효과적이다. 그러나 지나친 경쟁심은 과격한 행동을 야기하거나 놀이의 본질을 잃어버리게 할 수 있다.

소외되는 사람이 없도록 모두의 적극적인 참여를 유도한다.
놀이나 활동은 적극적인 사람이 주도하여 진행되는 경우가 많다. 소극적인 사람들은 놀이에서 빠져 있거나 주변부를 맴돌게 된다. 여러 사람에게 고루 기회를 제공하고 적극적인 참여를 유도하도록 한다.

안전사고에 대비한다.
몸을 움직이는 동적인 활동이나 만들기와 같은 정적인 활동 모두 안전사고에 대한 대비가 필요하다. 따라서 숲해설가는 기본적인 응급처치에 대한 지식을 습득하고 구급상자 등을 반드시 준비한다.

자연놀이의 예

같은 모양 찾아오기

숲해설가가 제시한 것과 같은 모양을 찾아오는 놀이로 기억력과 관찰력이 필요하다. 이 놀이는 숲 속에서 볼 수 있는 각종 사물과 식물, 동물 등에 흥미를 갖게 하며 기억력과 관찰력을 증진시키는 데 매우 좋은 놀이이다.

대상 유치원 이상 | **소요시간** 30분 | **준비물** 사전에 준비한 숲에서 볼 수 있는 사물 10개, 보자기 2장

놀이방법

1. 놀이를 진행하는 숲에서 볼 수 있는 열매, 나뭇잎, 뿌리, 나무껍질, 동물의 배설물, 쓰레기 등을 10개 정도 미리 수집한다.
2. 보자기에 수집한 것들을 올려놓고 다른 보자기로 덮어 둔다.
3. 준비가 끝나면 참가자를 모아 "보자기 속에는 우리 주위에서 볼 수 있는 것들이 들어 있습니다. 지금부터 약 25초 동안 이 보자기를 열 것입니다. 무엇이 들어 있는지 잘 보고 기억해 두세요." 하고 이야기 한 뒤에 덮어둔 보자기를 젖힌다.
4. 보자기에 있는 것들을 25초 동안 보여주고 각자 흩어져서 5분 안에 같은 물건을 찾아오도록 한다.
5. 참가자가 다 모이면 각자가 찾은 것과 보자기 속의 물건을 맞추어 본다. 이 때 흥미를 유발하고 집중을 시키기 위해서 물건을 하나씩 꺼내고 누가 그 물건을 찾아왔는지 확인한 다음 그 물건에 대해서 설명한다.

유의사항

1. 자연물을 수집할 때는 살아있는 생물보다는 바닥에 떨어진 잎이나 배설물 등을 수집하게 한다.
2. 물건을 찾는 동안 다른 생물을 밟거나 죽이지 않도록 주의를 준다.
3. 놀이를 하는 대상의 나이가 어리면 찾아야 하는 물건의 수를 줄이거나 쉽게 찾을 수 있는 물건을 많이 포함시킨다.

활용하기

1. **보물찾기** 숲에서 찾을 수 있는 보물목록과 예시를 미리 만들어 각자 찾아오게 하고 왜 그것을 가져왔는지 이유를 물으며 함께 이야기한다.

   보물목록의 예

새의 깃털	사람들이 버린 쓰레기
바람에 떨어진 씨앗	일직선 모양인 것
단풍나무 잎	가장 예쁜 것
나무의 가시	숲에 어울리지 않는 것
동물의 뼈	벌레 먹은 나뭇잎
식물의 씨앗	가장 하얀 것
보호색의 동물이나 곤충	숲에서 역할이 가장 큰 것
둥근 것	자신을 생각하게 하는 것
알의 일부분	가장 부드러운 것
가장 울퉁불퉁 한 것	태양에너지를 사용하는 것
가장 뾰족한 것	자기 얼굴과 닮은 것

2. **자연물이 아닌 것 찾기** 미리 숲에 자연물이 아닌 것을 숨겨두고 찾아오게 하는 놀이도 할 수 있다. 이 때에는 확실히 눈에 띄는 것과 주변 환경과 비슷해서 쉽게 눈에 띄지 않는 것을 적당히 섞어 숨긴다.

먹이그물 만들기

생물의 먹고 먹히는 관계는 숲 교육과 자연계의 균형을 이야기하는 데 있어서 매우 중요한 개념이다. 먹이그물 만들기는 참가자가 실제로 생물이 되어 서로 먹고 먹히는 관계를 재현함으로써 생물의 상호작용을 잘 이해할 수 있도록 돕는다.

대상 초등학교 이상 | **소요시간** 1시간 | **준비물** 두꺼운 도화지, 크레파스, 매직, 고무줄, 1m 길이의 비닐 끈 여러 개

놀이방법

1. 참가자에게 종이를 한 장씩 나누어 준다. 숲에 사는 식물이나 동물 모양 가면을 만들게 한다. 시간 여유가 없다면 그림대신 글자만 쓴다.
2. 각자 가면을 쓰고 먹이그물을 만든다.
3. 다 만들었다면 숲해설가는 다음과 같은 질문을 던진다.

   질문1: 생물이 얻는 에너지는 맨 처음에 어디서 오는 것일까요?
   → 에너지가 태양에서 온다는 것을 알려 준다.

   질문2: 가장 먼저 태양에너지를 이용하는 생물은 어떤 것일까요?
   → 식물은 '물+공기(이산화탄소)+빛'을 이용하여 광합성한다고 알려준다.

4. 맨 처음 식물의 이름을 적은 사람에게 끈의 한쪽을 잡도록 한다. 그 다음에는 그 식물을 먹는 동물이 있는지 물어보고 나머지 끈의 끝을 잡도록 한다. 식물을 먹는 동물이 한 마리 이상이면 식물인 사람에게 끈을 여러 가닥 주고 동물들이 잡게 한다.
5. 이런 방식으로 나머지 참가자도 차례로 끈을 연결해 먹이그물을 완성한다.
6. 먹이그물이 완성되면 중간에 있는 끈 하나를 가위로 끊어버리거나 중간에 서 있는 한 명을 빠져나오게 한다. 이렇게 한 뒤 어떤 변화가 일어나는지에 대해서 서로 이야기해 본다. 숲해설가는 연쇄적으로 영향을 받는다는 사실을 가르쳐 주고 그래서 숲속 생물 하나하나가 매우 중요한 역할을 한다는 것을 알려준다.
7. 먹이그물이 끊어지는 이유에 대해서 이야기하게 한다.

유의사항

최소 6명 이상의 인원이 필요하며 서로의 관련성을 확인하게 한다.

활용하기

먹이그물에 사람을 포함시켜 사람은 먹이그물에서 어떤 위치에 있고 어떤 역할을 하며 어떤 영향을 미치는가에 대해서 이야기하도록 한다.

나이테로 말하기

나이테를 관찰하면 나무의 성장 환경을 알 수 있다. 나이테는 나무의 형태 변화뿐 아니라 나무가 성장한 지역의 환경 변화까지 보여준다. 이 활동에서 나무줄기의 단면 혹은 나이테를 관찰하여 환경적, 역사적 변화를 추적한다.

대상 초등학교 이상 | **소요시간** 1시간 | **준비물** 나이테가 보이는 나무원판(나무원판을 구하지 못한 경우 나이테 그림을 복사해서 사용), 줄, 핀, 작은 종이, 라벨, 종이판, 확대경, 네임펜

놀이방법
1. 나이테가 생겨나는 이유를 설명하고 실제로 나이테를 만져보고 관찰하게 한다.
2. 나무의 내부 구조에 대해 설명한다. 나무의 껍질, 체관, 형성층, 물관, 심재, 변재 등을 설명한다. 학생들에게 확대경을 나누어 주어 나이테의 변재와 심재에서 작은 구멍을 조사하도록 하고 이 작은 구멍이 나뭇가지의 위 아래로 물을 이동시키는 물관임을 알려준다.
3. 나무의 나이를 알기 위해 나이테를 세는 방법을 설명한 뒤(밝은 부분만 세거나 어두운 부분만 센다.) 나이테를 직접 세어보게 한다.
4. 나무의 나이 외에 더 알 수 있는 것이 무엇이었는지 물어본다. 예를 들면 나무의 성장 속도 및 주변 환경을 알 수 있을 것이다.
5. 나무의 생애에서 화재나 병충해, 가뭄 혹은 가지의 손실 같은 과거 사건의 흔적을 발견해 보라고 한다.
6. 나무 원판에 참가자 자신이 태어난 해, 자신의 삶에서 중요한 사건이 있었던 해를 핀과 라벨을 이용하여 표시하게 한다. 이때 참가자 각각이 나이테를 가지고 활동하면 좋지만 나이테를 구할 수 없다면 종이에 나이테를 그리고 접착용 라벨을 붙여 사용하면 된다.

유의사항
1. 나이테가 생기는 이유에 대한 정보를 정확히 알려준다.
2. 나무를 베지 않고도 생장추를 활용하여 나무 나이를 확인할 수 있다는 것도 알려준다.

활용하기
나이테 원판에 일정 기간 우리나라의 역사를 기록해 보는 것도 좋다.

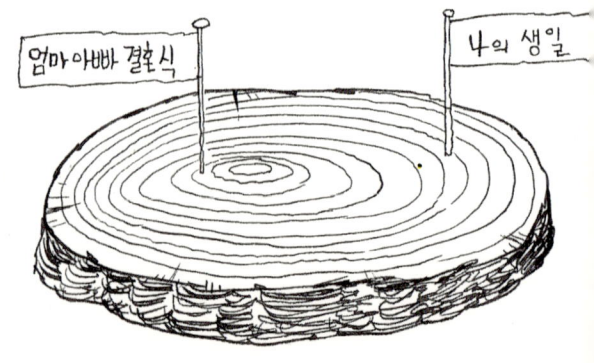

빙고! 빙고! 빙고!

빙고 게임은 가로 세로 5개씩 25개의 네모판을 만들어 각각의 칸 안에 숲해설가가 요구하는 내용을 채우고 하나씩 지워가는 놀이다. 이 놀이도 해설 프로그램 직후에 배운 내용을 확인하고 다시 떠올리게 하는 데 효과적이다.

대상 초등학교 이상 | **소요시간** 30분 | **준비물** 5×5표로 총 25개의 칸이 그려진 빙고 용지, 펜

놀이방법

1. 참가자가 많으면 적당한 수의 모둠으로 나눈다. 보통 4, 5개의 모둠으로 나누는 것이 좋다.
2. 빙고 용지를 각 모둠에 한 장씩 주고 탐방에서 배운 내용을 종이에 채우게 한다.
3. 각 모둠이 돌아가면서 한 가지씩 부르게 하고 빙고 용지에 있으면 표시를 한다. 가로, 세로, 대각선으로 내용을 맞추게 한 뒤 5줄을 먼저 완성한 모둠이 이기는 것으로 한다.

유의사항

참가자의 나이가 어리면 칸의 수를 줄여서 3×3이나 4×4로 한다.

활용하기

1. 탐방에서 배운 내용이 아닌 '봄에 피는 꽃', '우리나라의 강 이름' 등과 같이 다양한 주제를 이용하여 빙고 용지를 채울 수 있다.
2. 5줄이 아니라 전체를 다 맞추게 해서 제일 먼저 전체를 다 지운 모둠이 이기는 것으로 할 수도 있다.

숲에 있는 곤충으로 만든 빙고 용지 예

도전! 골든벨!

이 놀이를 통해 참가자의 기본 상식을 확인하고 새로운 정보를 줄 수 있다. 숲해설 프로그램 참여 직후에 해설한 내용을 바탕으로 문제를 만들면 배운 내용을 복습할 수 있어 좋다.

대상 초등학교 이상 | **소요시간** 30분 | **준비물** 적당한 크기의 화이트보드(하드보드지에 아세테이트지를 붙여서 사용해도 된다.), 보드마카, 화이트보드용 지우개(목장갑으로 지워도 된다.), 골든벨로 울릴 종

놀이방법

1. 숲해설가는 해설 주제와 관련된 퀴즈를 미리 준비한다.

    퀴즈를 만들 때 주의할 점
    - 처음 문제는 누구나 맞힐 수 있는 문제로 낸다. 점차 어려워지게 출제한다.
    - 탐방할 때 다른 내용뿐 아니라 사람들이 상식적으로 아는 내용도 포함하여 출제한다.
    - 생태 지식을 다루는 문제뿐 아니라 문화적, 사회적 내용도 다룬다. 재미를 위한 난센스 문제를 내는 것도 좋다.
    - 놀이 대상에 따라 퀴즈의 난이도를 적절하게 조절한다.

2. 참여자 각각에게 화이트보드와 펜, 지우개를 나누어 주고 숲해설가는 문제를 낸다. 쉬운 문제부터 점차 어려운 문제로 낸다.

3. 참가자 중에 반 이상이 탈락했다면 '패자부활전'을 한다.
4. 마지막 문제까지 다 맞힌 사람에게는 골든벨을 울릴 기회와 작은 선물을 준다.

유의사항

1. 너무 어려운 퀴즈를 출제하지 않는다.
2. 다른 사람들이 문제를 푸는 동안 탈락자들이 소외되지 않도록 정답 발표는 탈락자들에게 시킨다.

활용하기

여러 주제에 맞추어 문제를 낼 수 있다.

숲 속의 비밀 찾아내기

숲속에서 미스터리하다고 생각되는 장소나 비밀을 간직하고 있을 것 같은 자연물을 이용하여 숲에 대한 짧은 이야기를 만들어 본다.

대상 초등학교 고학년 이상 | **소요시간** 1시간 30분 | **준비물** A4용지, 양면테이프, 필기구

놀이방법

1. 숲으로 들어가서 약 30분간 자유롭게 거닐면서 '숲에서 미스터리하다고 생각되거나 혹은 자신에서 특별한 느낌을 주는 것'을 한 가지씩 가져오게 한다. 나무껍질이나 열매, 나뭇잎, 꽃, 돌 등 무엇이든지 상관없다고 말해준다.
2. 돌아오면 원으로 둘러앉도록 한다.
3. 각자에게 종이를 한 장씩 나누어 주고 종이 한가운데 자신이 가져온 자연물을 붙이게 한다.
4. 원으로 둘러앉은 상태에서 자연물이 붙은 종이를 옆 사람에게 돌린다.
5. 종이를 받은 사람은 종이의 여백에 붙어있는 것을 보고 생각나는 하나의 단어(초록, 길다, 이상한 등등)를 쓰도록 한다. 이런 방식으로 계속 옆 사람에게 종이를 돌려 자기 것을 다시 받을 때까지 돌린다.
6. 자신이 가져온 것을 받은 후에는 종이 위에 써 있는 단어들을 포함한 짧은글을 만들라고 한다.
7. 사람들에게 자신이 가져온 것을 보여주며 자신이 만든 짧은글을 읽어준다. 또 왜 이런 물건을 가져오게 되었는지에 대해 함께 이야기한다.

유의사항

1. 숲에 들어갈 때는 혼자 가는 것보다 2~3명이 짝을 지어서 같이 들어가도록 하는 것이 좋다.
2. 참가자들이 작성한 짧은글들을 읽어보면 마치 시같이 느껴지기도 한다. 이 글과 자연물에 대한 느낌을 충분히 이야기 해보도록 한다.
3. 이 활동은 인원이 너무 많은 경우는 활용하기가 힘들고 10명 내외 정도의 인원일 때 적합하다.

활용하기

단순히 자연물을 찾아오는 것뿐만 아니라 '숲에서 가장 아름다운 것', '숲에서만 볼 수 있는 것'과 같이 다양하게 제시하여 놀이를 진행할 수 있다.

글자퍼즐 맞추기

무작위로 배열한 글자 속에서 의미가 있는 단어를 찾는 놀이로 초등학교 고학년 이상에서 성인까지 다양한 계층에서 활용이 가능하다.

대상 초등학교 고학년 이상 | **소요시간** 30분 | **준비물** 10×10표에 100개의 글자가 적힌 종이, 펜

놀이방법

1. 탐방할 때 알게 된 단어 등을 이용하여 100개의 글자를 배열한다. 즉 100개의 글자 속에 15개 정도의 단어를 가로, 세로, 대각선으로 이어 두고 나머지 글자는 무작위로 배열한다.
2. 이 글자 표를 각 사람에게 나누어 주고 글자 속에 숨은 15개의 단어를 찾아내게 한다.
3. 참가자가 어려워하면 숨어 있는 단어에 대한 힌트를 살짝 준다.
4. 놀이가 끝나면 숲해설가는 어디에 어떤 단어가 숨어 있는지 말해 준다.

활용하기

탐방에서 배운 내용 이외에 '나무 이름 찾기'나 '꽃 이름 찾기' 등으로 글자 맞추기를 할 수 있다.

잣	미	정	컴	회	아	별	진	달	래
봄	나	가	송	양	남	까	여	미	직
시	정	무	바	목	비	오	시	디	우
용	상	우	귀	성	엄	소	영	보	꽃
철	명	와	성	후	님	음	마	유	개
쭉	아	동	건	한	고	나	추	화	나
국	자	금	딱	총	나	무	자	모	리
수	작	키	월	치	성	충	산	전	기
귀	나	이	테	신	홍	용	마	수	바
인	무	영	당	북	릉	거	단	삼	유

자연물을 활용한 모빌 만들기

숲에서 얻을 수 있는 열매와 같은 자연물을 활용하여 모빌을 만든다. 수집하는 과정에서 다양한 열매의 이름과 모양 등에 대해서 알 수 있고 열매를 수확하는 기쁨도 느낄 수 있다.

대상 초등학교 고학년 이상 | **소요시간** 1시간 | **준비물** 옆가지가 3~4개 나 있는 길이 40~50㎝의 큰 나뭇가지 1개, 옆가지가 1~2개 정도 있는 길이 10㎝ 전후의 작은 나뭇가지 5개, 면 소재의 끈이나 실 10~20㎝ 길이로 15개, 자연에서 얻는 다양한 나무열매

놀이방법

1. 긴 끈을 준비하고 늘어진 끈에 기본 틀이 될 큰 나뭇가지의 중앙 부분을 가볍게 연결한다.
2. 큰 나뭇가지의 양쪽 끝과 옆가지에 끈을 연결하고 작은 나뭇가지를 연결한다.
3. 작은 나뭇가지에 다시 끈을 연결하여 미리 구해 둔 열매를 균형 있게 연결한다.
4. 만들면서 좌우 대칭과 무게 중심 등을 확인하여 묶는다.
5. 전체적인 균형이 잡히면 매듭을 다시 한 번 묶어 풀어지지 않도록 한다.
6. 완성한 모빌은 바람이 드는 창문 근처 천장에 묶어 둔다.

유의사항

모빌은 바람의 영향으로 항상 회전한다. 이 때 작은 가지와 열매도 함께 회전하게 된다. 회전할 때 서로 맞닿지 않도록 반지름과 높이를 조절하여 배치한다.

활용하기

다양한 소재를 이용하여 모빌을 만들어본다. 예를 들어 학용품, 폐품, 길쭉한 돌멩이 등을 이용해서도 모빌을 만들 수 있다.

*출처 : 이인세, 『숲체험 프로그램 진행과 숲체험 놀이의 사례』, 천안아산환경운동 연합, 2004.

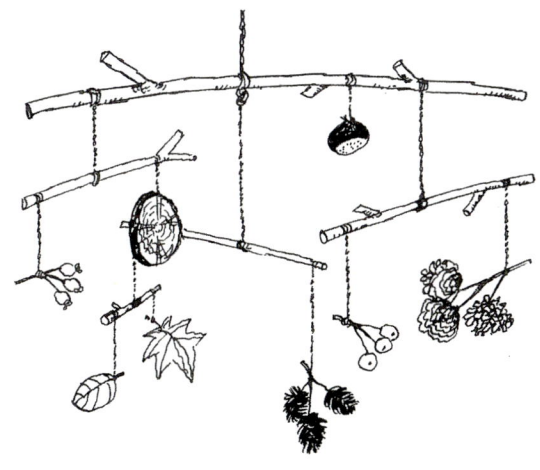

부록

내 뜰에 야생을 심는다

사계절마다 피는 꽃, 생명력이 풍부한 초록빛식물은 우리에게 편안함을 주는 소중한 대상이다. 이러한 꽃과 풀과 나무 가운데 관상가치가 있는 식물을 제한된 작은 공간에 초록배경과 잘 어울리게 심고 가꾸는 것을 화훼원예花卉園藝(floriculture, flower gardening)라 하며, 일상생활공간 내의 뜰과 베란다에서 다양한 식물을 직접 기르며 감상하는 활동을 생활원예라고 한다.

아파트 베란다 같은 제한된 작은 공간에서 스티로폼 상자나 빈 화분에 씨앗을 뿌리고 물과 비료를 주면서 식물을 키우고 수확해보자. 무공해 채소를 얻을 수 있고 실내의 공기가 맑아지며 습도도 조절하니 가족 건강과 에너지 절약 효과를 얻을 수 있다. 내 뜰과 베란다에서 키우는 식물을 통해 건조한 도시 생활에서 자연의 상쾌함을 느낄 수 있으며 식물이 자라는 과정을 체험하고 지켜봄으로써 아이들에게는 생물과 환경에 대한 교육적 효과까지 불러올 수 있다. 숲 체험과 일상생활의 연결성을 위해서도 꽃 한 송이 키워보자.

이 정도는 기본

식물을 잘 키우기 위해서는 기본적으로 싹이 트는 조건과 원예용 흙에 대해 알아야 한다.

싹트기 위해서는

식물이 싹트기 위해서는 온도와 빛, 수분, 산소가 있어야 하지만 식물에 따라 필요한 정도는 다르다.

온도 싹트기 위해서는 효소 활동과 물질대사가 원활해야 하는데 온대식물은 15~25℃, 열대식물은 30℃ 전후가 적당하다.

빛 맨드라미, 백일홍, 시클라멘 등은 빛이 없어야 발아하지만 그 외의 풀은 일반적으로 빛을 좋아하여 빛이 있어야만 싹이 튼다. 그렇다 하더라도 너무 강한 빛은 어린식물에 피해를 줄 수 있으니 한랭사나 차광막을 설치한다.

수분 식물은 적당한 수분을 흡수한 후 발아한다. 그래서 콩과의 식물이나 함박꽃, 나팔꽃은 씨뿌리기 전에 씨앗을 물에 담가 두며 산수유처럼 수분을 흡수하기 어려운 딱딱한 껍질의 씨앗은 상처를 내거나 산 또는 알칼리용액으로 연하게 만든 후에 씨뿌리기한다.

산소 싹이 트기 위해서는 산소도 필요하기 때문에 씨 뿌린 후 흙을 너무 많이 덮거나 물을 잠기도록 주어 산소의 이동을 막지 않는다. 씨껍질이 너무 딱딱하면 산소를 흡수할 수 없어서 수분 공급을 위해 했던 것과 마찬가지로 씨앗에 상처를 내거나 화학약품으로 연하게 만든다.

원예용 용토 알기

용토는 식물에 맞게 여러 종류의 토양을 잘 혼합해서 사용한다. 씨뿌리기와 꺾꽂이, 침엽수와 활엽수, 뿌리 내리는 깊이에 따라 배수성, 보수성, 통기성, 보비성 등을 고려한다.

무기질

마사토 sand
점토질이 거의 없어서 통기성이 좋다. 꺾꽂이할 때 마사토만 쓰거나 씨뿌리기할 때 부엽토나 피트모스와 혼합해서 사용한다. 마사토 중에서도 입자 크기가 비슷하고 투수성이 좋은 강의 모래를 주로 사용하며 바닷가 모래는 염분 때문에 사용할 수 없다.

펄라이트 perlite
진주암眞珠岩을 1,000℃ 정도의 고온으로 처리한 것으로 구멍이 많아 가볍고 통기성과 보수성이 우수하다. 버미큘라이트와 비슷한 용도로 사용하며 입자가 버미큘라이트보다 잘 부서지지 않고 약알칼리성이라서 주로 산성인 피트모스와 혼합하여 사용한다.

버미큘라이트 vermiculite
질석을 1,000℃ 정도의 고열로 팽창시킨 것으로 염기치환용량이 높다. 가볍고 통기성, 보수성, 보비력이 뛰어나다. 무균상태이고 이것만 쓰거나 피트모스, 코코피트 등과 혼합해서 사용한다. 중성 또는 약알칼리성이다.

유기질

부엽토 leaf mold
낙엽이 쌓여 썩은 흙으로 산과 들에 자연적으로 만들어진 흙과 인위적으로 만든 흙이 있다. 피트모스보다 산성이 약하고 모래와 섞어 사용하면 보비력, 투수성, 통기성, 보수력이 좋아진다. 유기질 용토로 없어서는 안 되며 낙엽의 재료로는 침엽수보다 활엽수가 좋다. 특히 잎이 두껍고 넓은 참나무류와 밤나무 등이 이상적이다. 침엽수의 낙엽에는 다른 식물에 해로운 물질이 있으며 대나무 잎은 백견병, 균핵병 등이 자주 발생해 좋지 않다.

피트모스 peatmoss
수태가 쌓인 것을 피트모스라고 한다. 보수성, 보비력이 높고 흙과 흙, 모래와 모래 사이 간격이 크다. 염기치환용량이 높고 pH3.5~5.5로 강한 산성이다. 피트모스는 물을 오랫동안 저장하기 때문에 피트모스만 사용하면 과습의 문제가 있을 수 있어 펄라이트나 모래 등과 배합하여 사용한다.

염기치환용량?

흙에는 식물에게 이로운 성분과 해로운 성분이 있습니다. 이로운 성분은 칼슘, 마그네슘, 칼륨, 나트륨이며 해로운 성분은 수소, 알루미늄이 대표적이지요. 해로운 성분이 흙에 많으면 식물에게 필요한 이로운 성분이 붙을 수가 없어 흙을 산성으로 만듭니다. 반대로 이로운 성분이 많으면 흙이 비옥해지지요. 그런데 식물에게 이로운 네 가지 성분을 '치환성 염기'라고 한답니다. 그래서 염기치환용량이 높다고 하면 이로운 네 성분이 많고 해로운 두 성분이 적다는 말이 되어 흙이 비옥함을 의미한답니다.

씨 뿌려 키우기

꽃이 핀 후 수정을 통해 생긴 씨앗을 이용하여 번식하는 방법을 종자번식이라 한다.

종자번식의 장점	종자번식의 단점
번식이 쉽다. 짧은 시간에 많이 번식한다. 수명이 길다. 우량종을 개발할 수 있다. 비용이 적게 든다. 씨앗을 옮기고 보관하기 편리하다.	유전적 변이가 심해서 불량 묘가 생기기 쉽다. 나무는 꽃이 피고 열매를 맺기까지 시간이 오래 걸린다. 불임종이나 씨앗 없이도 열매가 맺히는 식물의 경우에는 씨앗을 얻을 수 없다.

씨앗을 뿌리는 방법은 씨앗의 크기에 따라 다르다. 작은 씨앗은 고르게 흩어 뿌리거나(흩뿌리기) 한 줄로 줄지어 뿌린다(줄뿌리기). 콩처럼 큰 씨앗이라면 화분에 한 개씩 간격을 두고 심는다(점뿌리기).

씨 뿌리는 방법

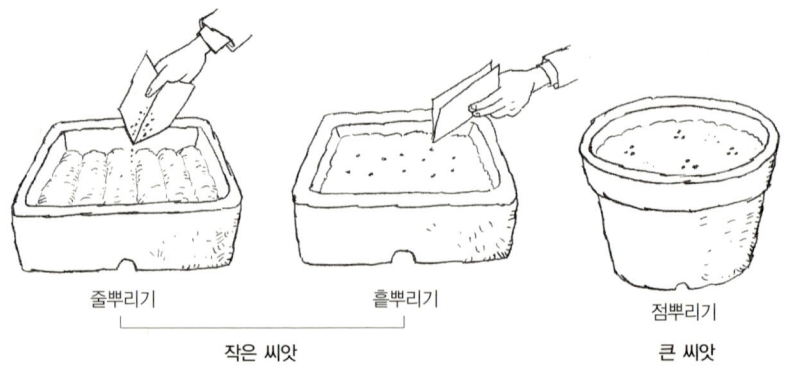

줄뿌리기　　　흩뿌리기　　　　　점뿌리기
　　　작은 씨앗　　　　　　　　　큰 씨앗

하늘매발톱 씨뿌리기

하늘매발톱은 쌍떡잎식물 미나리아재비목 미나리아재비과 여러해살이풀로 야생화이다. 야생화는 산과 들에 절로 나고 자라는 식물이기 때문에 원래의 환경과 비슷한 환경을 만들어 주어야 한다. 하지만 하늘매발톱은 추위와 건조에 잘 견뎌서 누구나 쉽게 씨뿌리기나 포기나누기로 키울 수 있다. 하늘매발톱은 고산지대에서 자라므로 풍부한 유기질 토양에 심고 통풍이 잘되는 양지바른 곳에 둔다.

　집에 하나쯤 있는 큰 화분을 재활용하면 씨를 뿌린 해는 예쁜 잎을 볼 수 있고 다음해부터 꽃을 감상할 수 있다. 요즘은 원예용 재배에 성공하여 묘종도 쉽게 구할 수 있다.

• **준비물** 하늘매발톱 씨앗, 물뿌리개, 나무젓가락, 묘목상자, 용토

- **시기** 봄 3~4월에 묘목상자에 씨를 뿌린다. 하늘매발톱은 뿌리를 깊게 내리므로 뿌리 내린 후에는 깊은 화분에 다시 옮겨 심는다.
- **용기** 묘목상자로는 물빠짐이 좋게 구멍 낸 스티로폼상자나 화분을 사용한다. 하늘매발톱은 뿌리를 깊게 내리기 때문에 깊이가 15cm 이상 되는 것으로 준비한다.
- **용토** 통기성, 보수성, 배수성, 보비성이 좋은 배합토(마사토 : 펄라이트 : 피트모스 + 버미큘라이트 = 1 : 1 : 1)를 사용하거나 원예용토를 사용한다.
- **씨뿌리기** 하늘매발톱의 씨앗은 작기 때문에 스티로폼상자를 준비했다면 흩뿌리기 하거나 나무젓가락으로 얕게 골을 내서 골을 따라 줄뿌리기한다. 화분을 준비했다면 3~5개를 좁은 간격으로 점뿌리기 한다. 씨를 뿌린 후에는 남은 흙으로 살짝 덮어준다.
- **물주기** 물을 너무 많이 주면 산소의 이동을 방해해 싹트기 어려우므로 물뿌리개로 살살 준다.

소나무 씨뿌리기

소나무는 소나무과 소나무속 상록 침엽수 교목이다. 20m 이상 자라고 겨울눈이 붉은색이라 적송赤松이라고도 한다. 꽃은 5월에 피며 암꽃과 수꽃이 한 그루에서 핀다. 열매는 이듬해 9월에 익는다. 수피가 검은 곰솔과 비슷하지만 해변가에서 자라는 곰솔은 겨울눈이 회백색이며 소나무에 비해 잎이 훨씬 억세다.

- **준비물** 소나무 씨앗, 물뿌리개, 나무젓가락, 묘목상자, 용토
- **시기** 솔방울을 털어 씨앗을 얻은 후 겨울눈이 나오는 3~4월 무렵에 뿌린다.
- **용기** 묘목상자로는 물빠짐이 좋게 구멍 낸 스티로폼상자나 화분을 사용한다. 곰솔은 뿌리를 깊게 내리기 때문에 깊이가 15cm 이상 되는 것으로 준비한다.
- **용토** 통기성, 보수성, 배수성, 보비성이 좋은 배합토(마사토 : 펄라이트 : 피트모스+버미큘

소나무 씨앗에서 싹이 나는 모습

라이트=1:1:1)를 사용하거나 원예용토를 사용한다. 마사토만 써도 된다.
- **씨뿌리기** 스티로폼상자를 준비했다면 흩뿌리기하거나 나무젓가락으로 얕게 골을 내서 골을 따라 줄뿌리기한다. 화분을 준비했다면 3~5개를 좁은 간격으로 점뿌리기 한다. 씨를 뿌린 후에는 남은 흙으로 살짝 덮어준다.
- **물주기** 물을 너무 많이 주면 산소의 이동을 방해해 싹트기 어려우므로 물뿌리개로 살살 준다.

씨 없이 키우기

씨앗이 아니라 식물의 일부 조직이나 영양기관(잎, 줄기, 뿌리)으로 번식하는 것을 영양번식 또는 무성번식이라 한다. 영양번식은 종자번식이 안 되는 식물의 번식에 이용할 수 있다. 꽃나무는 영양번식을 하면 꽃피고 열매 맺는 데까지 시간이 적게 걸리고 본래 나무의 유전 형질을 그대로 유지하기 때문에 불량 묘가 생길 확률이 적다. 그러나 종자번식에 비해 기술이 필요하며 한꺼번에 많은 양의 묘를 구하기 어렵고 씨앗에 비해 옮기거나 저장하기 불편하다.

영양번식에는 꺾꽂이(삽목), 접붙이기(접목), 포기나누기(분주), 알뿌리나누기(분구), 휘묻이(취목)가 있는데 여기서는 가장 손쉽게 할 수 있는 꺾꽂이에 대해 알아본다.

꺾꽂이

꺾꽂이는 식물체의 일부인 줄기, 가지, 잎, 눈 등을 잘라 심으면 새싹이 나고 잎, 줄기, 뿌리 등이 생겨서 또 하나의 완전히 독립된 식물체가 되는 번식 방법이다. 일반적으로 겉씨식물과 쌍떡잎식물은 꺾꽂이로도 뿌리를 잘 내리지만 외떡잎식물과 고사리류는 뿌리를 잘 내리지 못한다.

꺾꽂이의 종류

- **잎꽂이** 잎자루가 달린 잎을 그대로 심거나 혹은 상처를 내서 심는다. 산세베리아, 베고니아, 아프리칸 바이올렛, 페페로미아, 렉스베고니아 등이 있다.
- **잎눈꽂이** 겨드랑눈이 달린 곳까지 잘라 심는 방법으로 어미나무가 적을 때 사용한다. 국화, 동백나무, 진달래 등이 있다.
- **줄기꽂이** 풀의 줄기나 나무의 가지를 심는다. 줄기꽂이하는 풀은 국화, 약모밀, 흰쑥, 카네이션, 베고니아, 칼랑코에, 포인세티아, 제라늄 등이 있다. 나무는 초봄에 자라는 부드럽고 유연한 가지를 심는 녹지삽綠枝揷, 지난해에 자란 줄기를 이른 봄에 심는 숙지삽熟枝揷이 있다. 녹지삽을 하는 나무는 개나리, 목련, 조팝나무, 라일락 등이 있으며 숙지삽은 무궁화, 쥐똥나무, 찔레, 장미 등이 있다.
- **뿌리꽂이** 어미나무의 건강한 뿌리에서 새 식물체를 만드는 방법이다. 풀로는 당귀, 민들레, 애기수영 등이 있고 나무로는 버드나무, 오동나무, 아까시나무, 닥나무 등이 있다.

꺾꽂이는 상록 침엽수의 경우 4월 초순에 하며 상록 활엽수는 6월 하순에서 7월 상순 사이의 장마철에 한다. 낙엽 활엽수는 3월 중순경 싹이 트기 전에 하는 것이 좋으나 온도 20~25℃, 습도 65% 이상이고 물을 뿜어내는 분무장치가 되어 있는 곳이라면 언제라도 가능하다. 용토는 거름기가 없고 배수성, 보수성, 통기성이 좋은 버미큘라이트, 펄라이트, 피트모스, 마사토를 사용한다. 꺾꽂이 후에는 꺾꽂이상자의 온도를 20~25℃, 습도를 80% 정도로 맞춰야 하지만 뿌리가 내리기 시작하면 습도를 75% 정도로 조절한다. 그늘진 곳에 두고 바람이 불면 꺾꽂이한 것이 흔들리거나 마를 수 있으므로 비닐이나 페트병으로 씌운다. 이렇게 하면 습도도 자연적으로 조절되어 좋다.

약모밀 꺾꽂이하기

약모밀은 쌍떡잎식물 후추목 삼백초과의 여러해살이풀이다. 메밀의 잎과 비슷하고 약용식물이라 약모밀이라고 부른다. 일본 원폭지인 히로시

마에서 살아난 강인함으로 잘 알려져 있다. 세균성 질환과 항생·항암효과에 탁월하다. 한방에서는 이뇨제와 구충제로 사용하며 민간에서는 벌레 물린 데나 화농, 치질에 사용했다. 스님들은 잎을 말려 차로 애용한다.

약모밀은 풍부한 유기질 토양과 보습성이 있는 토양을 좋아한다. 적당한 빛과 환경에서도 왕성하게 자라며 중부지방의 겨울 추위도 이겨낸다. 번식으로는 씨뿌리기, 포기나누기, 줄기꽂이가 가능하다. 생선 비린내가 나서 어성초라는 이름이 붙기도 했지만 잎과 꽃이 예쁘고 쓰임이 많아 베란다에서도 키워볼 만하다.

- **준비물** 약모밀 줄기, 꺾꽂이용 가위, 꺾꽂이상자, 비닐이나 투명 페트병, 물뿌리개, 모종삽, 나무젓가락, 용토
- **시기** 자연 상태라면 5~6월과 장마철이 좋다. 한여름은 피한다. 꺾꽂이상자의 온도는 20~25℃를 유지한다.
- **용기** 물빠짐이 좋은 밑구멍이 있는 용기면 된다. 꺾꽂이상자나 화분을 준비한다.
- **용토** 밑바닥에는 굵은 마사토로 배수층을 만든다. 그 위에는 마사토 : 펄라이트 : 피트모스 = 1 : 1 : 1로 섞은 용토를 넣고 그 위에는 잔 마사토로 얇게 한 층 덮는다. 마사토만 사용해도 되지만 이럴 경우에는 습도를 80~90% 정도로 유지하도록 주의해야 한다.
- **줄기꽂이** 줄기는 잎이 두세 개 나고 두 마디 정도 되는 5~6cm 길이로 잘라 준비한다. 나무젓가락으로 작은 구멍을 내고 줄기를 적당한 간격으로 꽂는다.
- **물주기** 줄기가 흔들리지 않도록 조심스럽게 충분한 양의 물을 준다. 선반에 올려놓고 줄기가 마르지 않도록 비닐, 투명 페트병으로 덮어준다. 뿌리가 없어 물을 잘 흡수하지 못하는데 이 상태로 증산작용을 하면 가지가 마르기 쉽기 때문이다. 물은 매일 주며 흙이 마른 것 같으면 하루에도 여러 번 준다.

개나리 꺾꽂이하기

개나리는 물푸레나무과 개나리속 낙엽 활엽 관목이다. 봄에는 유난히 노란 꽃이 많은데 그 중에서도 아파트 화단이나 공원 생울타리 등에서 흔히 볼 수 있는 우리나라 나무가 바로 개나리이다. 적응력이 뛰어나 척박한 곳에서도 잘 자라며 잎이 나기 전에 잎눈 겨드랑이에서 샛노란 꽃잎이 살포시 먼저 피어난다. 꽃이 진 후에 잎이 마주난다. 개나리의 열매는 연교라고 해서 발열, 화농, 습진에 약으로 쓰고 줄기와 잎도 약용한다.

- **준비물** 개나리 가지, 꺾꽂이용 가위, 꺾꽂이상자, 비닐이나 투명 페트병, 물뿌리개, 모종삽, 나무젓가락, 용토
- **시기** 숙지삽은 3~4월에 녹지삽은 5~6월과 장마철에 하며 한여름의 무더위는 피한다.
- **용기** 물빠짐이 좋은 밑구멍이 있는 용기면 된다. 꺾꽂이상자나 화분을 준비한다.
- **용토** 밑바닥에는 물이 잘 빠지도록 굵은 마사토를 깔고 그 위에 중간 굵기의 마사토로 한 층 더 덮는다. 그 위에 통기성, 보수성, 배수성을 위해 마사토 : 펄라이트 : 피트모스 = 1 : 1 : 1 로 섞은 용토를 깐다. 마사토만 사용해도 되지만 그럴 경우에는 온도 20~25℃, 습도 65% 이상을 유지해야 한다.
- **줄기꽂이** 잎이 두세 개 난 가지를 6~7cm 길이로 자른다. 나무젓가락으로 작은 구멍을 내어서 가지를 꽂는다. 흙을 살짝 눌러서 줄기를 고정하고 줄기가 넘어지지 않도록 조심스럽게 물을 뿌려준다. 선반에 올려놓고 비닐이나 투명한 페트병으로 덮는다.
- **물주기** 매일 주고 더운 날에는 흙이 마르면 하루에도 몇 번씩 준다.

약모밀 꺾꽂이 따라하기

1. 화분 밑에 그물망을 깐다.

2. 굵은 마사토를 깐다.

3. 피트모스, 펄라이트, 마사토를 1 : 1 : 1의 비율로 섞어 깐다.

4. 마사토를 얇게 한 층 더 깔고 약모밀의 줄기를 준비한다.

5. 나무젓가락으로 살살 구멍을 낸다.

6. 약모밀 줄기를 꽂는다.

7. 살살 물을 주고 페트병으로 덮어 줄기가 마르는 것을 막는다.

아스팔트 틈바구니에 핀 꽃 찾아보기

들풀을 보기 위해서는 꼭 먼 곳까지 찾아가야만 할까? 물론 직접 숲과 들로 찾아 떠나는 것이 가장 좋지만 우리 집 부근의 금이 간 콘크리트 틈새나 벽돌 틈에도 들풀이 자란다. 도랑이나 웅덩이, 모래사장, 자갈 사이에서도 왕성하게 자라고 있는 들풀들을 발견할 수 있다. 주의해서 잘 살펴보면 뜻하지 않은 곳에서 들풀을 볼 수 있다. 주위를 유심히 살펴보며 걷자. 그리고 우연히 들풀들을 접하면 "오늘도 쑥쑥 잘 자라라!" 하고 말을 해 주자.

의외로 꽃과 나무는 우리 주변에 많이 있다. 자연친화적인 환경이 각광을 받으면서 이제는 아파트 곳곳에도 나무와 풀이 자라고 있다. 일반 단독주택 마당에도 꽃나무 한 그루는 있게 마련이다. 담 안쪽에서 흐드러지게 핀 목련에서 봄을 느끼고 네모난 바구니 같은 감꽃에서 여름을

느껴보자. 빨갛게 익은 대추에서 가을을 느끼고 눈꽃이 핀 나무에서 겨울을 느껴보자. 뚜렷한 사계절을 따라 변하는 주변의 풍경을 그냥 지나치지 말고 주의깊게 관찰하며 바라보자. 그저 보고 감상하는 것만이 아
니라 사진을 찍고 스케치해 보는 것도 좋다. 특히 직접 그려볼 때는 강의 지형과 물가의 모습, 물의 흐름, 바위와 돌·흙·강·들판에 피는 꽃, 숲속의 풀과 나무, 하늘에 떠 있는 구름, 물가의 새, 날고 있는 나비와 잠자리 등 자연의 변화를 더욱 강하게 느낄 수 있다.

　이번에는 우리 주변에서 가장 흔히 볼 수 있는 민들레를 자세히 관찰해보자. 민들레는 국화과의 여러해살이풀이다. 따뜻한 봄날, 볕이 잘 드는 들이나 강가에 가면 태양과 같은 모습으로 꽃을 피우고 있는 민들레를 쉽게 발견할 수 있다. 민들레는 재래종과 외래종이 있는데 우리가 도시 주변에서 흔히 보는 민들레는 외래종으로 서양민들레이다. 서양민들레는 번식력과 환경 적응력이 뛰어나 재래종민들레보다 더 토착화되어 가고 있다. 재래종민들레는 4~5월에 꽃이 피며 서양민들레는 3~9월에 걸쳐 꽃이 핀다. 서양민들레는 꽃피는 시기가 긴만큼 씨앗을 만드는 기간이 길고 배우자를 못 만나도 처녀생식으로 혼자 번식할 수 있으며 씨앗이 갓털을 타고 멀리 날아갈 수 있기 때문에 번식력이 강하다. 반면에 재래종민들레는 같은 재래종민들레끼리만 수정하고 꽃이 피는 기간이 짧아 널리 번식하지 못한다. 서양민들레나 재래종민들레는 둘 다 양지식물이라 풀이 무성하여 그늘진 숲속에서는 잘 자라지 못하고 오히려 사람의 손이 닿아 들풀이 적은 길가나 공원, 들판에서 잘 자란다.

잎 관찰하기

대부분의 두해살이풀과 여러해살이풀은 잎이 지표면에 바짝 붙어서 무더기로 돌려난다. 그 모양이 장미꽃 같아서 로제트 잎이라 부른다. 민들레가 대표적인 예이며 빛과 온도, 토양에 따라 잎의 모양이 달라진다.

그늘 | 늦은 봄의 잎	일반적인 잎	양지 | 초봄의 잎
빛이 적으면 잎이 깊게 패이지 않고 연약하다.	가장 흔히 볼 수 있는 잎이다.	빛이 강하면 잎이 깊게 패여 증산량을 줄인다.

꽃 관찰하기

민들레는 작은 꽃이 여러 개 모여 한 송이의 두상꽃차례를 이룬다. 민들레는 꽃잎이 진 후에도 꽃줄기가 자라며 씨앗을 아주 먼 곳에 날려 보낸다. 조금이라도 자신의 자손을 널리 증식하기 위해서이다.

　로제트 싹에서 꽃대가 올라오고 화려한 노란색 꽃잎들로 나비와 벌들을 유혹한다. 곤충을 통해 꽃가루받이가 이루어지고 수정 후 꽃대를 아래로 늘어뜨려 씨앗을 충실하게 한다. 풍향과 풍속과 기후의 우연에 기대어 솜털 같은 갓털을 멀리멀리 날린다. 사뿐히 내려앉은 땅의 습도,

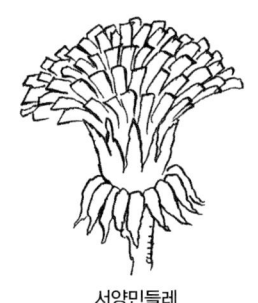
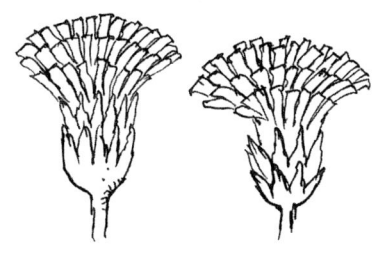

서양민들레 재래종민들레

빛, 온도에 맞추어 싹을 틔우고 겨울을 인내한 후 새봄을 맞이한다.

재래종민들레와 서양민들레는 꽃 모양이 약간 다른데 서양민들레는 총포의 바깥 조각이 좁은 피침 모양이고 총포가 뒤로 젖혀진다. 반면에 재래종민들레는 총포 둘레에 뿔 모양의 돌기가 있고 총포 조각은 곧게 서서 젖혀지지 않는다.

뿌리 관찰하기

민들레 뿌리는 원뿌리에 잔뿌리가 달린 곧은뿌리이며 땅속 1m까지 깊게 뿌리를 내려 건조하고 추운 겨울에도 얼지 않는다. 물빠짐이 좋지 않은 단단한 진흙땅에서 자란 민들레와 물빠짐이 좋은 부드럽고 비옥한 땅에서 자란 민들레는 뿌리 모양이 다르다. 민들레의 뿌리를 캐내어 길이를 비교해 보자.

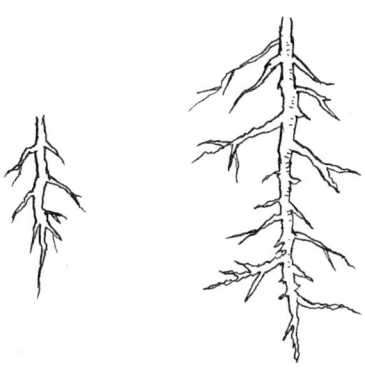

진흙땅(왼쪽)과 비옥한 땅(오른쪽)의 민들레 뿌리

숲이나 나무와 관련된 속담

우리의 속담 중에 '나무만 보고 숲은 보지 못한다.' 하는 말이 있다. 작은 부분에 집착하여 전체적 맥락을 이해하지 못하는 것을 꾸짖는 말이다. 이와 같이 속담들은 흔히 자연적 현상과 사회적 규범의 결합된 형태를 띠고 있다. 몇 년 전까지 채집된 결과를 보면 우리나라에는 이런 속담이 대략 4만~4만 5천 개 정도에 이른다. 이 가운데 숲과 나무에 대한 속담은 200~250개 정도가 있다. 지금도 연세가 많으신 분들은 몇 마디 건너 한 번씩 속담이나 묘한 비유를 섞어 말씀하신다. 그러나 젊은 사람들의 대화 속에서는 속담이 아주 귀해지고 듣기 힘들게 되었다. 더 이상 속담을 기억하지도 못하고 사용하지도 않는 것은 우리와 자연과의 직접적인 접촉이 줄어들고 관계가 약해졌다는 것을 의미하는 것은 아닐까? 한 번 숲과 나무에 관하여 알고 있는 속담을 열 개만 적어 보자. 그리고 아래 속담과 비교해 보자.

될 성 부른 나무는 떡잎부터 다르다.
크게 될 사람은 어릴 적부터 다르다, 또는 결과가 좋을 일은 처음부터 가능성이 엿보인다는 뜻이다.

가지 많은 나무에 바람 잘 날 없다.
자식을 많이 둔 어버이는 걱정이 끊일 날이 없다는 의미이다.

오르지 못할 나무 쳐다보지도 말라.
달성할 수 없는 허황된 꿈과 목표를 세우는 것은 시간과 노력만 낭비하는 셈이니 바람직하지 않다는 경고를 담고 있다.

열 번 찍어 안 넘어가는 나무 없다.
아무리 뜻이 굳은 사람이라도 여러 번 유혹하면 결국은 마음이 변한다는 부정적인 뜻과 아무리 어려운 일이라도 꾸준히 노력하면 이룰 수 있다는 긍정적인 뜻을 함께 담고 있다.

굽은 나무가 선산을 지킨다.
산에 잘생긴 나무는 먼저 잘려서 쓰이고 결국에는 제일 못생긴 나무만 남아서 선산을 지킨다는 이야기로, 평소에 보잘 것 없어 보이더라도 언젠가 중요한 역할을 할 수 있으니 무시하면 안 된다는 뜻이다.

원숭이도 나무에서 떨어질 때가 있다.
아무리 익숙하여 잘하는 일이라도 때로는 실수할 때가 있으므로 항상 조심해야 한다는 의미이다.

감나무 밑에서 감 떨어지길 기다린다.
무언가를 이루기 위해 꾸준히 구체적으로 노력하지 않고 단순히 행운만을 바라고 있는 사람을 꾸짖는 말이다.

뿌리 깊은 나무는 바람에 흔들리지 않는다.
기초가 튼튼하고 의지가 굳으면 밖으로부터 크고 작은 어려움이 닥치더라도 이겨낼 수 있으니 당장 눈앞의 작은 결과에 매달리기 보다는 기초를 다지는 일에 노력해야 한다는 뜻이다.

배나무 아래에서 갓 끈을 고쳐 매지 말라.
배를 딸 생각이 없더라도 배나무 아래에서 갓 끈을 매면 오해를 살 수 있으니 오해를 받을 상황에서는 그럴 만한 행동이나 말을 하지 말라는 의미이다.

숲 속의 호박은 잘 자란다.
남의 눈에 보이지 않는 숲속에서 혼자 자라는 호박은 어쩌다 보니 잘 자라는 것처럼 느껴진다는 뜻으로, 한창 자라는 시기의 사람이나 동식물도 늘 볼 때에는 자라는 것을 느끼지 못하나 어쩌다 한 번씩 보게 되면 몰라 볼 만큼 쑥쑥 자란 것같이 보이는 것을 이른다.

숲에서는 꿩을 길들이지 못하며 못에서는 게를 기르지 못한다.
통제에서 벗어날 길이 많은 환경과 조건에 있는 사람을 단속하고 통제하거나 교육하고 가르치기는 매우 어렵다는 것을 비겨 이르는 말이다.

나무는 옮기면 죽고 사람은 옮겨야 산다.
나무는 자꾸 옮겨 심으면 죽으나 사람은 가만 앉아 있지 말고 활동해야 살아갈 수 있다는 뜻으로, 사람은 널리 활동하여 보는 것이 많고 견문이 넓어야 큰일을 할 수 있다는 것을 가리킨다.

큰 나무 덕은 못 봐도 큰 사람 덕은 본다.
나무는 큰 나무 곁에 있으면 자라는 데 지장을 받아 덕을 못 보지만 사람은 훌륭한 사람 곁에 있으면 그 영향을 받는다는 뜻으로, 훌륭한 사람의 좋은 영향을 받아 일에 성공했을 때 사용한다.
*비슷한 속담 사람은 키 큰 덕을 입어도 나무는 키 큰 덕을 못 입는다.

나무도 나이 들면 속이 빈다.
나무도 나이를 먹으면 썩어서 속이 빈다는 뜻으로, 무엇이나 오래되면 탈이 나거나 못 쓰게 된다는 것을 의미한다.

나무때기 시집가듯.
굴러다니는 나무때기는 쓸 데가 생기면 누구나 마구 주워다 쓴다는 데서, 신랑 될 사람을 잘 알아보지도 않고 시집을 가는 경우에 사용한다.

나무에 잘 오르는 놈이 떨어지고 헤엄 잘 치는 놈이 빠져 죽는다.
나무에 오르기 잘하는 사람이 나무에서 떨어지기 쉽고 물에서 헤엄치기 즐기는 사람이 물에 빠져죽기 쉽다는 뜻으로, 자기의 능력을 지나치게 믿고 경솔하게 행동하다가는 큰 실수를 한다는 것을 경고하는 말이다.

나무에서 고기를 찾는다.
엉뚱한 데 가서 전혀 불가능한 것을 이루어보려고 하는 것을 비겨 이르는 말이다.
*비슷한 속담 나무에 올라가서 물고기를 잡겠다고 한다.

남산골의 소나무를 다 주어도 서캐조롱장사를 하겠다.
산에 있는 소나무를 다 주어도 기껏해야 처녀 아이들 노리갯감인 서캐조롱 장사밖에 못하겠다는 뜻으로, 사람됨이 몹시 잘고 속셈이 매우 좁은 사람을 비웃어 이르는 말이다.

산 밑 집에 방아공이가 논다.
나무가 흔한 산 아래에 사는 집에 나무로 간단히 만들 수 있는 공이가 없어 곤란을 받는다는 뜻으로, 응당 있어야 할 물건이 그것을 생산하는 곳에 살면서도 없는 경우에 사용한다.
***비슷한 속담** 야장간에 식칼이 없다. / 짚신쟁이 헌 신 신는다.

산골부자는 바닷가 개보다 못하다.
물고기 반찬을 먹는 데는 산골부자가 바닷가의 개보다 못하다는 뜻으로, 보잘것없는 산골부자의 처지를 비웃어 이르는 말이다.

산에서는 산을 뜯어 먹으며 살고 바닷가에서는 바다를 뜯어 먹으며 산다.
산이 가까운 곳에서는 산을 잘 이용하고 바닷가 가까운 고장에서는 바다를 잘 이용하라는 뜻으로 이르는 말이다.

산이 깊어야 범이 있다.
일정한 근거나 바탕이 충분해야 거기에 해당하는 내용이 갖추어진다는 의미로 사용한다.
***비슷한 속담** 물이 깊어야 고기가 모인다. / 숲이 커야 짐승이 나온다. / 덤불이 커야 도깨비가 난다.

산이 울면 들이 웃고 들이 울면 산이 웃는다.
산에서 물사태가 나면 들은 물이 많아져 농사가 잘되고 산에 물이 안 나면 들이 메마르다는 뜻으로, 한쪽에서 피해를 입으면 다른 한쪽에서는 이득을 보게 되는 상반되는 관계에 있는 경우에 사용한다.

산중 농사 지어 고라니 좋은 일 한다.
산속에 애써 농사를 지어놓으니 고라니가 와서 다 먹어치웠다는 뜻으로, 기껏 노력하여 이룩한 성과가 결국 남 좋은 일이 되는 경우를 비겨 이르는 말이다.
***비슷한 속담** 산중 벌이 하여 고라니 좋은 일 한다.

산림관계법

현재 발효 중인 주요 산림관계법은 산림기본법(2001년), 산림법(1961년), 산지관리법(2002년), 임업 및 산촌진흥 촉진에 관한 법률(1997년), 수목원 조성 및 진흥에 관한 법률(2001년) 등 5개 법이다. 한편, 산림청은 현재 산림법을 산림자원조성, 국유림경영, 산림휴양문화 등 3분야로 나누는 분법을 추진 중이다. 이 가운데 여기에서는 산림관계법의 가장 기초적인 산림기본법과 산림법, 산지관리법 가운데 중요한 부분만 직접 실어 살펴보도록 한다.

산림기본법(2001년)

산림에 대해서 갖고 있는 국민의 다양한 수요에 대처하기 위해 만들어진 법이다. 보전과 이용이 조화를 이루도록 하고, 산림정책의 기본방향을 설정하여 산림관련 모든 법과 정책의 기본이 되도록 제정한 것이다.

제2조 【기본이념】 산림은 국토환경을 보전하고 임산물을 생산하는 기반으로서 국가발전과 생명체의 생존을 위하여 없어서는 안될 중요한 자산이므로 산림의 보전과 이용을 조화롭게 함으로써 지속가능한 산림경영이 이루어지도록 함을 이 법의 기본이념으로 한다.

제3조 【정의】 이 법에서 사용하는 용어의 정의는 다음과 같다.
① "지속가능한 산림경영이라" 함은 산림의 생태적 건전성과 산림자원의 장기적인 유지·증진을 통하여 현재 세대뿐만 아니라 미래세대의 사회적·경제적·생태적·문화적 및 정신적으로 다양한 산림수요를 충족하게 할 수 있도록 산림을 보호하고 경영하는 것을 말한다.

제11조 【산림기본계획의 수립·시행】 ① 산림청장은 제10조의 규정에 의한 장기전망을 기초로 하여 지속가능한 산림경영이 이루어지도록 전국의 산림을 대상으로 산림기본계획을 수립·시행하여야 한다.
② 특별시장·광역시장·도지사 및 지방산림관리청장은 산림기본계획에 따라 관할지역의 특수성을 고려한 지역산림계획을 수립·시행하여야 한다.
③ 산림기본계획 및 지역산림계획은 10년마다 이를 수립하되, 산림의 상황 또는 경제사정의 현저한 변경 등의 사유가 있는 경우에는 이를 변경할 수 있다.

제17조 【산림의 공익기능 증진】 ① 국가 및 지방자치단체는 수원함양(水源涵養)·대기정화·재해방지 및 휴양 등 산림의 공익기능을 증진하기 위하여 필요한 시책을 수립·시행하여야 한다.
② 국가 및 지방자치단체는 산림의 공익기능에 대한 평가를 실시하고 이를 시책에 반영하도록 노력하여야 한다.

제20조 【산림 휴양공간 조성 및 산림문화의 창달】 국가 및 지방자치단체는 다양한 산림 휴양시설을 조성하여 국민에게 쾌적한

휴식공간을 제공하고 산림에 대한 올바른 이해와 실천을 위한 산림교육과 건전한 산림문화를 진흥하게 하기 위하여 필요한 시책을 수립·시행하여야 한다.

산림법(1961년)

산림자원의 증식과 임업에 관한 기본적 사항을 정하여 산림의 보호·육성, 임업생산력의 향상 및 산림의 공익기능의 증진을 도모하기 위해 만들어진 것이다. 법에 명시된 숲 관련 주요한 내용을 발췌하여 아래에 소개한다.

제2조 【정의】 ① 이 법에서 사용되는 용어의 정의는 다음과 같다.
1. "산림"이라 함은 다음 각목의 1에 해당하는 것을 말한다. 다만, 농지(초지를 포함한다)·주택지·도로 기타 대통령령이 정하는 토지와 입목·죽은 제외한다.
   가. 집단적으로 생육하고 있는 입목·죽과 그 토지
   나. 집단적으로 생육한 입목·죽이 일시 상실된 토지
   다. 입목·죽의 집단적 생육에 사용하게 된 토지
   라. 임도
   마. 가목 내지 다목의 토지 안에 있는 암석지·소택지

> ※ 산림법 시행령
> **제2조 【산림에서 제외되는 토지와 입목·죽】** 1. 과수원·나포·양수포
> 2. 입목·죽이 생립하고 있는 건물장내의 토지
> 3. 입목·죽이 생립하고 있는 전·답의 규반과 가로수가 생립하고 있는 도로
> 4. 입목·죽이 생립하고 있는 지적공부상의 하천·제방·구거·유지 및 하천법에 의한 하천구역

2. "임산물"이라 함은 산림에서 생산되는 다음 각목의 1에 해당하는 것을 말한다.
   가. 목재(원목·제재목 및 외국으로부터 도입하는 목재를 포함한다. 이하 같다)·목탄
   나. 산림 안에서 굴취한 수목·주근(후동목(後棟木)을 포함한다. 이하 같다)·생지(生枝)·수실(樹實)·수피·수지(樹脂)·낙엽·토석
   다. 기타 농림부령이 정하는 산물: 여기에는 다음과 같은 것이 해당한다.(산림법 시행규칙 제2조)

> ※ 산림법시행규칙 제2조
> 1. 대나무(숯 및 대나무를 태워서 얻은 응축액을 포함한다)·장작·떼·꽃·생엽
> 2. 선태류·초본류·만경류
> 3. 버섯(산림밖에서 임산물을 이용하여 생산된 버섯을 포함한다)
> 4. 단목·심목·삭편(삭편판을 포함한다)·죽더끼·톱밥(톱밥숯을 포함한다)
> 5. 합판(외국으로부터 수입하는 합판을 포함한다)·단판(외국으로부터 수입하는 단판을 포함한다)·섬유판·집성재·성형재(외국으로부터 수입하는 성형재를 포함한다)·마루판
> 6. 수액(수목을 태워서 얻은 응축액을 포함한다)

제3조 【산림의 구분】 산림은 그 소유자에 따라 다음과 같이 구분한다.
1. 국유림 : 국가가 소유하는 산림
2. 공유림 : 지방자치단체 기타 공공단체가 소유하는 산림
3. 사유림 : 제1호 및 제2호 이외의 산림

산지관리법(2002년)

산지가 무질서하게 개발되지 못하도록 방지하고 친환경적인 산지이용체계를 구축하기 위해 산림법에서 분리하여 제정한 것이다.

제2조 【정의】 이 법에서 사용하는 용어의 정의는 다음과 같다.
1. "산지"라 함은 다음 각목의 1에 해당하는 토지를 말한다. 다만, 농지(초지를 포함한다)·주택지·도로 그 밖에 대통령령이 정하는 토지는 제외한다.
   가. 입목·죽이 집단적으로 생육하고 있는 토지
   나. 집단적으로 생육한 입목·죽이 일시 상실된 토지
   다. 입목·죽의 집단적 생육에 사용하게 된 토지
   라. 가목 내지 다목의 토지안에 있는 암석지·소택지, 임도
2. "산지전용"이라 함은 산지를 조림·육림 및 토석의 굴취·채취 그 밖에 대통령령이 정하는 임산물생산의 용도 외로 사용하거나 이를 위해 산지의 형질을 변경하는 것을 말한다.
3. "석재"라 함은 산지안의 토석중 건축용·공예용·조경용·쇄골재용 및 토목용으로 사용하기 위한 암석을 말한다.
4. "토사"라 함은 산지안의 토석중 제3호의 규정에 의한 석재를 제외한 것을 말한다.

※ 시행령
제2조 【산지에서 제외되는 토지】
산지관리법(이하 "법"이라 한다) 제2조 제1호 각목 외의 부분 단서에서 "대통령령이 정하는 토지"라 함은 다음 각호의 1에 해당하는 토지를 말한다.
1. 과수원, 차밭, 삽수(揷穗) 또는 접수(接穗)의 채취원(採取園)
2. 입목, 죽이 생육하고 있는 건물 담장 안의 토지
3. 입목, 죽이 생육하고 있는 논두렁, 밭두렁
4. 입목, 죽이 생육하고 있는 하천, 제방, 구거(溝渠), 유지(溜池)

제3조 【산지전용에서 제외되는 임산물생산】 법 제2조 제2호에서 "대통령령이 정하는 임산물생산"이라 함은 입목, 죽, 그루터기, 초본류 등 식물류를 굴취, 채취하는 것을 말한다.

제3조 【산지관리의 기본원칙】 산지는 임업의 생산성을 높이고 재해방지·수원(水源)보호·자연생태계보전·자연경관보전·국민보건휴양증진 등 산림의 공익기능을 높이는 방향으로 관리되어야 하며 산지전용은 자연친화적인 방법으로 하여야 한다.

제4조 【산지의 구분】 ① 산지의 합리적인 보전과 이용을 위하여 전국의 산지를 다음 각호와 같이 구분한다.
1. 보전산지
   가. 임업용산지 : 산림자원의 조성과 임업경

영기반의 구축 등 임업생산기능의 증진을 위하여 필요한 산지로서 다음의 산지를 대상으로 산림청장이 지정하는 산지

(1) 산림법에 의한 요존국유림(要存國有林)·채종림(採種林) 및 시험림의 산지

(2) 임업 및 산촌 진흥 촉진에 관한 법률에 의한 임업진흥권역의 산지

(3) 그 밖에 임업생산기능의 증진을 위하여 필요한 산지로서 대통령령이 정하는 산지

나. 공익용산지 : 임업생산과 함께 재해방지·수원보호·자연생태계보전·자연경관보전·국민보건휴양증진 등의 공익기능을 위하여 필요한 산지로서 다음의 산지를 대상으로 산림청장이 지정하는 산지

(1) 산림법에 의한 보안림·산림유전자원보호림 및 자연휴양림의 산지

(2) 사방사업법에 의한 사방지의 산지

(3) 제9조의 규정에 의한 산지전용·제한지역

(4) 야생동·식물보호법 제27조의 규정에 의한 야생동·식물특별보호구역 및 동법 제33조의 규정에 의한 시·도 야생동·식물보호구역 및 야생동·식물보호구역의 산지

(5) 자연공원법에 의한 공원의 산지

(6) 문화재보호법에 의한 문화재보호구역의 산지

(7) 수도법에 의한 상수원보호구역의 산지

(8) 개발 제한구역의 지정 및 관리에 관한 특별조치법에 의한 개발 제한구역의 산지

(9) 국토의 계획 및 이용에 관한 법률에 의한 녹지지역 중 대통령령이 정하는 녹지지역의 산지

(10) 자연환경보전법에 의한 생태계보전지역의 산지

(11) 습지보전법에 의한 습지보호지역의 산지

(12) 독도등도서지역의생태계보전에관한특별법에 의한 특정도서의 산지

(13) 사찰림(寺刹林)의 산지

(14) 그 밖에 공익기능 증진을 위하여 필요한 산지로서 대통령령이 정하는 산지

2. 준보전산지 : 보전산지 이외의 산지

② 산림청장은 제1항의 규정에 의한 산지의 구분에 따라 전국의 산지에 대하여 지형도면에 그 구분을 명시한 산지이용구분도(이하 "산지이용구분도"라 한다)를 작성하여야 한다.

③ 산지이용구분도의 작성방법 및 절차 등에 관하여 필요한 사항은 농림부령으로 정한다.

제25조【채석허가 등】 ① 산지에서 석재를 굴취·채취하고자 하는 자는 대통령령이 정하는 바에 따라 산림청장에게 채석허가를 받아야 한다. 허가받은 사항 중 농림부령이 정하는 사항을 변경하고자 하는 경우에도 또한 같다.

제32조【토사채취허가 등】 ① 산지 안에서 토사를 굴취·채취하고자 하는 자는 대통령령이 정하는 바에 따라 산림청장에게 토사채취허가를 받아야 한다. 허가받은 사항 중 농림부령이 정하는 사항을 변경하고자 하는 경우에도 또한 같다.

제37조【재해의 방지 등】 ① 산림청장은 산사태·토사유출 또는 인근지역의 피해 등 재해의 방지나 복구를 위하여 필요하다고 인정하는 경우에는 대통령령이 정하는 바에 따라 산지전용, 석재의 굴취·채취 또는 토사의 굴취·채취를 일시중단하게 하거나 시설물설치·조림·사방 등 재해의 방지나 복구에 필요한 조치를 하도록 명령할 수 있다.

참고문헌

단행본

강영희 외, 『식물생리학』, 지구문화사, 1999.
과학세대 역, 데이비드 애튼보로 저, 『식물의 사생활』, 도서출판 까치, 1995.
교육인적자원부 편, 『숲과 인간』, 교학사, 2002.
구미래, 『한국인의 상징세계』, 교보문고, 1992.
국립공원관리공단, 『국립공원 자연해설 안내서』, 국립공원관리공단, 2004.
김기원 편, 『숲과 음악』, 수문출판사, 1997.
김동집, 『원색과학대사전 7권 – 생명/인간』, 학원사, 1972.
김명자 역, 토마스 쿤, 『과학혁명의 구조』, 까치글방, 2002.
김선영 역, 린다 리어 편, 『잃어버린 숲』, 그물코, 2004.
김선풍 외, 『매사냥 조사보고서』, 문화재 관리국, 1993.
김주경 역, 오귀스탱 베르크, 『대지에서 인간으로 산다는 것』, 미다스북스, 2001.
김진일·이원규, 『쉽게 찾는 우리 곤충』, 현암사, 1999.
김진일·이원규, 『우리가 정말 알아야 할 우리 곤충 백가지』, 현암사, 2002.
김채수, 『21세기문화이론 – 과정학』, 교보문고, 1996.
김학범·장동수, 『마을 숲』, 열화당, 1994.
김홍식, 『한국의 미 14 – 궁실민가』, 중앙일보사, 1986.
노도양 역, 『택리지』, 명지대학교 출판부, 1977.
류재명, 『지리교육철학강의』, 한울, 1999.
문원·이승구, 『재배식물생리학』, 한국방송통신대학교출판부, 2004.
민족문화문고추진회 역, 『신증동국여지승람』, 민족문화문고간행회, 1986.
박봉규 외, 『생태적 조화를 이루는 인간환경』, 동성사, 1994.
박영철·최재천, 『곤충의 행동생태』, 초롱출판사, 2002.
부경생, 『곤충생리학』, 집현사, 1989.
산림청, 『산림과 임업기술』, 2000.
신경림·안규남 역, 밴 매넌, 『체험 연구 : 현상학적 해석학의 인간과학 연구방법론』, 동녘, 1990.

신영오, 『토양생태계와 토양자원』, 한림저널사, 1992.
신준환, 『숲가꾸기의 생태적 의미와 반전』, 생명의 숲, 2004.
우건석, 『곤충분류학』, 집현사, 1988.
원용진, 『대중문화의 패러다임』, 한나래, 1996.
유아교육교재편찬회, 『유아 놀이지도의 이론과 실제』, 학문사, 1996.
유홍준, 『나의 문화유산 답사기』, 창작과비평사, 1993.
윤재근, 『문화전쟁』, 둥지, 1996.
이경준, 『수목생리학』, 서울대학교출판부, 1997.
이경준·이승제, 『조경수 식재관리기술』, 서울대학교출판부, 2001.
이명우·최승·신용석, 『현대환경론』, 한길사, 1987.
이문웅 역, 『문화의 개념』, 일지사, 1973.
이우신 외, 『삼림환경보전학』, 향문사, 1997.
이우신·김수만, 『우리가 정말 알아야 할 우리 새 백가지』, 현암사, 1994.
이유성, 『현대식물분류학』, 도서출판 우성, 1999.
이윤기 역, 『샤마니즘』, 까치, 1992.
이윤기, 『이윤기의 그리스 로마신화』, 웅진닷컴, 2000.
이은봉 역, 『한길 그레이트북스 2 - 종교형태론』, 한길사, 2000.
이임균, 『낙엽의 소중함을 생각하자』, 산림지, 2000.
이재호 역, 『삼국유사』, 명지대학교출판부, 1992.
이종석, 『한국의 목공예』, 열화당, 1988.
이창복, 『신고수목학』, 향문사, 1986.
이희승 감수, 『민중 엣센스 국어사전』 제4판, 민중서림, 1996.
임동석 역주, 『설원(說苑)』, 동문선, 1996.
장상욱 역, 조셉 B. 코넬, 『아이들과 함께하는 자연체험 1·2』, 우리교육, 2002.
전영우, 『산림문화론』, 국민대출판부, 1997.
정진·성원경, 『유아놀이와 게임』, 학지사, 2004.
조선총독부 임업시험장, 『조선의 임수』, 조선총독부 임업시험장, 1938.
조우 외 8인, 『국립공원 자연학습탐방 프로그램 및 자연해설기법 개발에 관한 연구』, 국립공원관리공단, 1999.
조흥윤, 『한국민족문화대백과사전 8』, 한국정신문화연구원, 1991.
주강현, 『우리 문화의 수수께끼』, 한겨레신문사, 1996.
차종환 외, 『식물생태학』, 문운당, 1968.
최길성 역, 『대우학술총서 17 - 시베리아의 샤머니즘』, 민음사, 1988.
한국응용곤충학회·한국곤충학회 편, 『곤충용어집』, 정행사, 1998.
한국철학회 편, 『문화철학』, 철학과현실사, 1995.

한국환경교육학회 편, 『체험환경교육의 이론과 실제』, 한국환경교육학회, 2001.
『천연기념물 백서』, 문화재관리국, 1998.

논문

김인호, 「학교 조경 과정 참여가 학생들의 환경에 대한 태도에 미치는 영향」, 서울대학교 대학원 박사학위 논문, 2002.
김정규, 「Phytoremediation의 현재와 미래」, 한국환경농학회 추계학술대회 Froceeding, 1999.
오정수 외, 「도시 속의 자연, 도시림의 실태와 생태적 접근」, 숲이 있는 아름다운 도시를 위한 국제 학술심포지엄 Froceeding, 2003.

잡지

박봉우, 「봉산 고」, 『산림경제연구』 4호, 1996.
박봉우, 「숲을 보는 새로운 시각 : 숲은 우리에게 어떤 의미를 갖는가」, 『숲과 문화』 1호, 1992.
방희정, 「한국사회에서의 청소년 놀이문화 분석」, 『청소년정책연구』 제2호, 2001.
신종원, 「단군신화의 신화에 보이는 수목신앙」, 『한국사학사학호』 8호, 2003.
이기선, 「숲과 인간」, 『목재공학회지』 21호, 1993.

외국서적

段玉裁, 說文解字 注, 上海古籍出版社, 1988.
筒井迪夫, 「森林文化の道」, 『朝日新書』 529, 朝日新聞社, 1995.
Appleton, J., 『The Experience of Landscape』, Wiley, 1977.
Binkley, D., 『Forest Nutrition Management』, JONH WILEY & SONS, 1986.
Brady, N., 『The Nature and Properties of Soils』 8th eds., Macmillan Pub. Co., 1974.
Doug Knapp & Raymond Poff, 『A Qualitative Analysis of Immediate and Short-term Impact of an Environmental Interpretive Program, Environmental Education Research』 7(1) : 54~65, 2001.
Freeman Tilden, 『Interpreting Our Heritage』, University of North Carolina Press, 1967.
Grant William Sharpe, 『Interpreting the environment』, Wiley, 1976.
Gutkind, E. A., 『Our world from the air』, Doubleday, 1952.

J. Peter H. Kahn & Kellert Stephen R. ed. 『Children and Nature : Psychological, Sociocultural, and Evolutionary Investigation』, MIT Press, 2002.

J. Peter H. Kahn, 『The Human Relationship with Nature : Development and Culture』, MIT Press, 1999.

Jellicoe Ceoffrey and Susan Jellicoe, 『The landscape enlarged ed』, T&H, 1989.

Lee Jae-Young & Lee Sun-Kyung, 『Paradigm Shifts in Korean Environmental Education for the last 30 Years』, Annual Conference, North American Association for Environmental Eduction : Boston, MA, 2002.

Michael Chinery, 『Collins Field Guide : Insects of Britain and Northern Europe』, Haper Collins Publisher, 1976.

Moore. R. & W. D. Clark & D. S. Vodopich., 『Botany』 2nd, McGraw-Hill Co. Inc., 1998.

R. Hart, 『Children's Participation - From Tokenism to Citizenship, Innocenti Essays』 no.4, UNICEF, 1992.

R. Hart, 『Children's Participation - the theory and practice of involving young citizens in community development and environmental care』, Earthscan, 1997.

Sam Ham, 『Environmental Interpretation』, Fulcrum Pub., 1992.

Seward, A. C., 『Plant life through the ages』 2nd ed., Cambridge University Press, 1941.

Taiz & Zeiger, 『Plant Physiology』, Benjamin Cummings Publishing Inc., 1991.

Triplehorn, C. A. and N. F. Johnson, 『Borror and Delong's Introduction to the Study of Insects』, 7th ed., Thomson Brooks/Cole, 2005.

홈페이지

(사)생명의 숲 국민운동 http://www.forest.or.kr
농업과학기술원 곤충표본관 http://insect.niast.go.kr/
사이버곤충생태원 http://www.niast.go.kr/cig/default.htm
The Tree of Life Web Project http://www.tolweb.org
산림청 http://www.foa.go.kr/
환경부 http://www.me.go.kr/

도감 찾아보기

식물

가래과 114	도라지 114	샐비어 113
가래나무과 108	동백나무 109	생강과 116
가문비나무 104	때죽나무과 110	생강나무 105
가지과 113	메꽃과 113	석죽과 108
감나무과 110	메타세쿼이아 104	선인장과 108
강아지풀 116	목련과 105	소나무과 104
개구리밥과 115	물옥잠과 117	수국과 111
개나리 113	물푸레나무과 113	수련과 106
개불알꽃 117	미나리 112	십자화과 110
개비자나무과 105	미나리과 112	아까시나무 111
개쑥부쟁이 114	미나리아재비과 106	애기똥풀 106
개잎갈나무 104	바위취 111	야자나무 115
골풀과 115	박과 109	양귀비과 106
구상나무 104	방동사니 116	양버즘나무 107
국화과 114	백합과 117	연꽃과 106
금낭화 106	버드나무과 109	용담과 113
꽈리 113	버즘나무과 107	원추리 117
꿀풀과 113	범의귀과 111	은행나무과 104
나팔꽃 113	벗풀 114	인동과 114
낙우송과 104	벼과 116	자작나무과 108
난초과 117	부들과 116	장미과 111
너도밤나무과 108	부레옥잠 117	제비꽃과 109
녹나무과 105	붓꽃과 117	종려과 115
느릅나무과 107	사초과 116	주목과 105
단풍나무과 112	산수국 111	진달래과 110
닭의장풀과 115	산형과 112	차나무과 109
대극과 112	삼과 107	참나무과 108
	상수리나무 108	천남성과 115

철쭉과 110	구멍벌과 145	메뚜기붙이목 135
초롱꽃과 114	길앞잡이 139	메뚜기아목 135
측백나무과 104	길앞잡이과 139	모기과 144
층층나무과 112	깔따구과 144	무당벌레과 141
콩과 111	꽃등에 144	물땡땡이과 140
택사과 114	꽃등에과 144	물매암이과 140
파초과 116	꽃무지과 141	물방개과 140
패랭이꽃 108	꿀벌과 145	민벌레목 137
포도과 112	나방 143	밑들이 143
할미꽃 106	나비 143	밑들이목 143
함박꽃나무 105	날도래목 143	바구미과 142
향나무 104	낫발이목 133	바퀴목 135
현호색과 106	넉점박이큰가슴잎벌레 142	반날개과 140
호박 109	노린재아목 138	반딧불이과 141
화백나무 104	다듬이벌레목 137	방아깨비 135
환삼덩굴 107	대벌레 136	방아벌레과 141
황새냉이 110	대벌레목 136	벼룩목 144
	돌좀목 133	부채벌레목 142
곤충	동양하루살이 134	분홍다리노린재 138
각다귀과 144	두눈강도래 136	뿔소똥구리 141
갈르와벌레목 135	등검은실잠자리 134	사마귀목 136
강도래목 136	등빨간먼지벌레 139	사슴벌레 140
개미과 145	딱정벌레과 139	사슴벌레과 140
거위벌레과 142	똥파리과 144	산바퀴 135
검은다리실베짱이 135	말벌과 145	산좀잠자리 134
검정물방개 140	매미아목 138	산호랑나비 143
검정빗살방아벌레 141	맵시벌과 145	소똥구리과 141
고려왕자루맵시벌 145	먼지벌레과 139	쉬파리 144

찾아보기 269

쉬파리과　144
실잠자리아목　134
애반딧불이　141
어리호박벌　145
여치아목　135
왕거위벌레　142
왕사마귀　136
왕파리매　144
우리딱정벌레　139
우묵날도래　143
유지매미　138
이목　137
일본왕개미　145
잎벌과　145
잎벌레과　142
잠자리각다귀　144
잠자리아목　134
장수말벌　145
점호리병벌　145
좀목　133
좀벌상과　145
좀붙이목　133
좀집게벌레　136
진딧물　138
진딧물아목　138
집게벌레목　136
참오리나무풍뎅이　141
총채벌레목　137

칠성무당벌레　141
털이목　137
톡토기목　133
톱하늘소　142
파리매과　144
풀잠자리　139
풀잠자리목　139
풍뎅이과　141
풍뎅이붙이과　140
풍이　141
하늘소과　142
하루살이목　134
호리병벌과　145
혹바구미　142
혹벌상과　145
흰개미목　136
흰개미붙이목　136

야생동물

고라니　169
고슴도치　169
까치　182
너구리　170
노루　168
다람쥐　172
두더지　172
멧돼지　168
멧비둘기　184

멧토끼　171
박새　181
붉은머리오목눈이　183
쇠딱따구리　183
아물쇠딱따구리　183
오소리　169
족제비　170
직박구리　181
참새　182
청설모　171

표·도판·상자글 찾아보기

표

Cronquist 체계에 따른 6개의 문 96
계절에 따른 침엽수 잎의 테르펜 양 변화 57
곤충 각 목별 특징과 분류 132
본 해설의 4단계 정의 및 지침 214
산림의 공익기능 평가 52
서로 다른 환경의 대기 중에 포함된
  음이온의 양 58
세계 산림의 구성 50
세계 육지 중 산림의 면적 50
숲과 다른 생태환경의 먼지 흡착 능력 54
숲과 다른 환경의 물이 스며드는 능력 비교 53
식물 각 과별 특징과 분류 103
식물의 기능과 양분 결핍 증상 69
식물의 분류 95
유형별 좋은 질문의 사례 215
자연체험의 유형별 특성 비교표 193
지질 연대 구분과 생물의 탄생 17
켈러트가 구분한 자연의 9가지 가치와
  발달 시기 197
환경교육의 유형별 특성 204

도판

곤충 관찰 실습 준비물과 복장 146
곤충의 다양한 더듬이 형태와 구조 123
곤충의 다양한 입 형태 123
기공 76

기공의 위치 76
꽃의 구성 요소 80
나무의 줄기 구조 77
나무의 형태와 잎 모양에 따른 구분 93
나방 암컷과 수컷의 더듬이 비교 123
눈의 종류 86
데본기의 숲 18
먹이대 만들 때 주의사항 186
물의 순환 49
민들레의 한살이 81
백악기의 숲 20
불완전 변태류 비단노린재 125
뿌리의 굴지성 79
뿌리의 종류 79
새집 제작도 187
석탄기의 숲 19
성충의 구조 122
소나무 씨앗에서 싹이 나는 모습 246
숲 생태계의 구성 요소 40
숲 생태계의 순환 39
숲의 공기정화 55
숲이 가진 방풍 효과의 영향 범위 53
숲해설 계획 기록장의 예 208
숲해설 프로그램 평가 218
식물학적 오염토양복원기술 예 65
쌍떡잎식물강과 외떡잎식물강의 아강간 진화계
  통도 96
쌍안경 사용법 166

씨앗의 구조와 기능 89
약모밀 꺾꽂이 따라하기 251
예상되는 산림 면적 감소 64
완전 변태류 호랑나비 124
외떡잎식물과 쌍떡잎식물 비교 94
유충의 구조 122
잎 모양 76
잎맥의 종류 76
잎의 구조 75
잠자리와 나비의 날개맥 비교 122
조류 관찰 실습 준비물과 복장 173
조류의 구조 163
증산작용 눈으로 보기! 82
질소의 순환 48
참나무 숲에 사는 곤충 119
탄소의 순환 47
포유류 관찰 실습 준비물과 복장 165
포유류의 구조 162
풀의 줄기 구조 77
향나무와 송악의 유년기와 성숙기 88

상자글

거미가 곤충이 아니라고요? 130
곤충강이 톡토기강과 다른 점 131
곤충은 해충 아니에요? 118
광견병이 있는 동물인지 어떻게 아나요? 222
교토의정서, 탄소배출권, 그리고 숲해설 71

나무는 가만히 있는데 어떻게 영양분이
  식물 내에서 이동할 수 있나요? 70
나무의 나이는 나무를 베어야만 알 수 있나요? 78
대나무는 나무? 풀?? 92
도시숲을 조성하자! 60
독성 식물인지 어떻게 아나요? 222
바람의 소리 32
살아있는 해설이 되려면? 217
새 관찰 기록하기 184
새싹은 봄에만 나는 것 아닌가요? 어떤 나무는
  여름에도 잎이 나요! 87
숲? 15
숲의 또 다른 구성 요소 낙엽층 45
숲의 산소 배출량 56
숲의 울창함 측정하기! 51
염기치환용량? 243
올해는 유난히 단풍 색이 짙네요 84
잎은 왜 녹색인가요? 83
자연놀이의 교육적 가치 225
종자휴면을 깨뜨리는 인위적인 방법 90
주제란 무엇인가? 211
토양생성작용 43
흰개미는 개미가 아니라고요? 128